中国城镇公共空间的变迁与营建
——以珠三角为例的研究

梅策迎　著

中国建筑工业出版社

图书在版编目（CIP）数据

中国城镇公共空间的变迁与营建：以珠三角为例的研究/梅策迎著. —北京：中国建筑工业出版社，2019.7
ISBN 978-7-112-23804-0

Ⅰ. ①中… Ⅱ. ①梅… Ⅲ. ①城镇-城市空间-空间规划 Ⅳ. ①TU984.11

中国版本图书馆 CIP 数据核字（2019）第 106333 号

本书按照"基本概念—理论推演—实践探索"的逻辑，在中国快速城市化过程中截取"公共空间"这个重要的载体进行剖析研究。珠江三角洲作为改革开放的前沿阵地，也是我国城市化水平最高的地区之一。因此，本书以珠三角为例，首先从历史的角度对明清时期城镇公共空间的层次体系、形态分类以及特征进行整体分析，并从中挖掘出"传统"公共空间丰富的文化内涵。然后，以中小城镇从农村到城市的转型过程为背景，对珠三角"现代"城镇公共空间进行全面系统的考察和评价，分析其特征和存在问题。通过对城镇"传统"和"现代"两种不同时期公共空间的形成方式、体系类型、特征和文化内涵的对比，探索从明清时期到当代的城镇公共空间功能转型、内涵差异、形态变迁及其发展规律。

责任编辑：朱晓瑜
责任校对：张惠雯

中国城镇公共空间的变迁与营建——以珠三角为例的研究
梅策迎　著

*

中国建筑工业出版社出版、发行（北京海淀三里河路 9 号）
各地新华书店、建筑书店经销
霸州市顺浩图文科技发展有限公司制版
北京京华铭诚工贸有限公司印刷

*

开本：787×1092 毫米　1/16　印张：13¼　字数：331 千字
2019 年 11 月第一版　　2019 年 11 月第一次印刷
定价：**60.00** 元
ISBN 978-7-112-23804-0
（34127）

版权所有　翻印必究
如有印装质量问题，可寄本社退换
（邮政编码　100037）

序　言

公共空间，是城镇空间中承载各类公共活动，满足居民之间的交往等不同需要的开放场所，也是城市形象的重要表现，往往是城市设计和景观设计的核心区域。改革开放以来的40年是中国城镇高速发展的黄金时段，但是，在高速城市化过程中，往往强调城市经济、产业空间的安排，而忽略了公共空间的规划设计，建设效果也出现了布局不均、空间层次不成体系、空间质量差等现象。随着我国经济实力的增强，城市化率已经超过50%，生活和工作在城镇中的人口比重越来越大，人们对城市生活质量的要求也越来越高。因此，在中国快速城市化、经济全球化的背景下，针对城镇发展过程中的公共空间设计研究十分必要。

《中国城镇公共空间的变迁与营建——以珠三角为例的研究》是我的学生梅策迎在他的博士论文基础上历时10年的持续研究总结而成。2009年博士毕业后，他在高校、设计单位和房地产公司均有丰富的实践工作经历，亲自参与了珠三角多项城镇建设项目。他以珠三角城镇公共空间为主要研究对象，实地考察众多城镇从农村到城市的转型案例，也深刻体会改革开放以来我国城市飞速发展和剧烈的空间形态变迁。特别是党的十九大提出了"乡村振兴"和"粤港澳大湾区"发展战略，指出了中国城镇继续发展和融合的可能性。因此，在城镇公共空间的变迁与城市营建方面的研究，具有一定的本土现实和时代发展意义。

在研究方法上，本书也对比研究了西方城市公共空间的范式，从历史的角度指出我国的城乡空间发展的独特性，深入分析城镇"传统"和"现代"公共空间形态的类型、关联特征和发展变迁过程。通过对中国"传统公共空间"的经验总结和传承，作者提出了中小城镇的理想公共空间布局模式，积极探索以文化为导向的城镇公共空间现代化营建的策略。因此，希望本书的出版，能在我国城镇规划设计，特别是公共空间设计和建设方面提供新的思路方法和实践案例，并产生一定的积极指导意义。

孙一民

华南理工大学建筑学院院长、博士生导师

2019 年 8 月

前　言

改革开放 40 年来，社会经济的长期高速发展，中国进入了快速城市化的过程并取得前所未有的成绩。大量的中小城镇发生了翻天覆地的变化，完成了从传统到现代、从乡村到城市的转型过程。在如此迅猛的城市化过程中，这些城镇必然产生由城乡结构整合、空间形态剧变带来的各种矛盾和复杂问题。另一方面，中国经济融入全球化的过程也改变了人们物质、精神生活需求和心理认知，从而提高了人们对理想城市生活方式和品质的要求。因此，与城市化和全球化相伴的城市形态变迁与文化转型，将深刻地影响到我国城市设计的理论和实践探索。

公共空间作为城市空间系统的一个子系统，是城市发展与城市空间演进的重要部分，也是现代城市规划和城市设计的主要研究课题之一。由于历史原因而导致的城市发展高速、盲目、混乱，公共空间建设也出现了布局不均、空间层次不成体系、空间质量差等现象。因此，公共空间的建设无疑又是最为引人注目的，也是问题最多的。

本书按照"基本概念—理论推演—实践探索"的逻辑，在中国快速城市化过程中截取"公共空间"这个重要的载体进行剖析研究。珠江三角洲作为改革开放的前沿阵地，也是我国城市化水平最高的地区之一。因此，本书以珠三角为例，首先从历史的角度对明清时期城镇公共空间的层次体系、形态分类以及特征进行整体分析，并从中挖掘出"传统"公共空间丰富的文化内涵。然后，以中小城镇从农村到城市的转型过程为背景，对珠三角"现代"城镇公共空间进行全面系统的考察和评价，分析其特征和存在问题。通过对城镇"传统"和"现代"两种不同时期公共空间的形成方式、体系类型、特征和文化内涵的对比，探索从明清时期到当代的城镇公共空间功能转型、内涵差异、形态变迁及其发展规律。

本书立足于建筑学、城市规划学科并融贯文化地理学的理论与方法，在对珠三角城镇公共空间进行历史和实地调查研究的基础上，提出了以文化为导向的中国城镇公共空间营建策略。通过探索"传统公共空间"在现代语境下的经验传承和借鉴外国当代公共空间建设的先进经验，进行城镇"现代公共空间"的系统化构建，从而为建立适合中国快速城市化时期的城镇公共空间发展理论提供新的思路。

目　　录

第1章 研究的背景及目的

1.1 研究的背景

1978 年改革开放以来，我国的社会经济取得巨大发展，城市化进入了加速的过程。我国城市化速度是同期世界城市化平均速度的 2 倍左右，预计到 2050 年之前城市化率要从目前的 45% 提高到 70% 左右。[①] 每年城市化率平均约增加近 1 个百分点（即每年约 1200 万人从乡村转移到城市），这意味着约 3 亿～5 亿人口将从农村转向城镇。根据西方发达国家的经验和我国改革开放以来的发展情况，快速的城市化进程通常伴随着城市空间形态的剧变，以及社会内部各种矛盾冲突的加剧。

中国经济高速发展，同时也面临着全球化的各种问题。经济的全球化不仅带来了资源的自由流动，也极大地促进了各种文化的交融；同时，也改变了人们生活需求和精神意识，包括社会价值观取向、对生态环境问题的关注、对传统的重视与历史保护等。与城市化和全球化相伴的人口集聚、环境改变以及文化转型、地方传统保护等方面的问题，深刻地影响着中国城市规划与建设的理论思想和实践探索，并将作为一个时代性课题摆在学界面前。

在这迅速发展的城市化、全球化浪潮中，城市公共建筑、公共空间的建设无疑又是最为引人注目的，也是问题最多的。由于历史原因而导致的城市发展高速、盲目、混乱，城市公共空间建设也出现了布局不均、空间层次不成体系、空间质量差等现象。我国目前的规划体系中尚没有公共空间系统规划，更没有相应的指标控制，因此公共空间的建设多是感性经验，无章可循。虽然这种情况在大城市有所改观，但在中小城镇中仍较为严重，并且存在形象工程多、公共空间管理不善等现象。

广东省是我国最早改革开放的地区，珠江三角洲在广东省内又有着独特的自然地理、社会经济和地域文化背景，是国内最发达、城市化水平最高的地区之一，代表着大量的城镇群从传统到现代、从乡村到城市的转变过程。2019 年 2 月 18 日，中共中央、国务院印发《粤港澳大湾区发展规划纲要》。按照规划纲要，粤港澳大湾区不仅要建成充满活力的世界级城市群、国际科技创新中心、"一带一路"建设的重要支撑、内地与港澳深度合作示范区，还要打造成宜居宜业宜游的优质生活圈，成为高质量发展的典范。因此，珠三角地区的城镇化水平和公共空间建设质量，将在全国具有重要的示范引领作用。

---

① 中国统计年鉴 2000. 中国统计信息网：www.stats.gov.cn.

但在珠江三角洲城镇空间结构调整和公共空间建设过程中，也存在诸多现实问题。例如，一方面是传统空间的丧失，以前伴随着自然状态演变而生成的丰富的村镇层次和交往空间，在现代化过程中被抹杀。另一方面是地域性差异的消弭，公共空间的建设出现了由"大城市—中等城市—镇—村"的逐级拷贝现象，模式化、简单化设计而致使本应具有较好形态结构的公共空间出现了单调的景象。城镇正在失去自己的传统，也失去了应有的地区识别性，从而造成千城一面的面貌。当然，相对大城市来说，中小城镇公共空间建设缺乏应有的重视和管理，存在更多问题。例如：

（1）公共空间数量较少。现有公共空间职能不完善，不能适应人们日益增长的物质生活需求。具体表现在两方面，其一是数量少，尤其在密度较大的旧城；其二是种类少，公共生活单调。

（2）公共空间质量较低。由于缺乏专业的设计和指导，公共空间品质不佳、功能单一、复合性不足，部分存在严重的质量问题。一方面，在人气旺盛的旧城里普遍存在"有活动、无空间；有空间、无环境、有环境、无设施"的局面；另一方面，在新区，又往往是"有空间、无活动"的尴尬局面。

（3）公共空间缺少内涵。公共空间建设中没有考虑"人文性、生态性、文化性"等内涵要求。公共空间建设普遍重视实体形态，对于精神文化和生态建设比较忽视，也普遍缺乏人性化考虑，比较多地参考国外广场等造型要素而对本土文化的借鉴较少等。

（4）公共空间缺乏系统性。公共空间整体性差，各个单元各自为政，个体空间之间衔接较差，依赖围墙连接。公共空间结构布局不合理、等级层次分布不均匀，与城市衔接较差而不成体系。

（5）公共空间管理不善。我国目前的规划体系中尚没有公共空间系统规划，更没有相应的指标控制，多是依靠经验进行管理；建设、管理机制不健全，规划体系不完善，缺少相关规范和部门协调。

如前所述，由于城市化的急剧发展，我国中小城镇公共空间建设存在很多问题；而且往往不顾自己的实际情况盲目照搬大城市的气派做法。例如"橱窗化""私有化"和"贵族化"的倾向，[①]"大广场、大草坪"建设之风，和所谓的政绩工程、形象工程，使城镇公共空间建设偏离了正轨和降低了公共空间的质量。如何清醒地认识到现代中小城镇公共空间建设现存的问题，从大、中城市公共空间建设的阴影和误区中走出来，走一条适合自己的公共空间建设的道路，这也是本文研究的一个基本起点。

1.2 研究的目的和意义

城市规划作为国家对城市发展进行宏观调控的手段之一，其核心任务是配置土地资

---

① 缪朴. 谁的城市——图说新城市空间三病 [J]. 时代建筑，2007（1）：4.

源；城市设计是城市规划的一个重要组成部分，主要的任务是控制城市的（公共）空间形态发展。[1] 公共空间作为城市空间系统的一个子系统，是城市发展与空间演进的重要部分，也是现代城市规划和城市设计的主要研究课题之一。

故此，本研究在中国经济全球化、城市化的背景下，在社会转型和现代化过程中截取"公共空间"这个特定的断面对相关问题进行重点剖析。本文通过考察珠江三角洲地区城镇从农村到城市的转型过程，运用城市设计、形态学和文化地理学等基本理论与方法深入分析城镇"传统"和"现代"两种公共空间形态的类型、特征和发展、演变过程。主要目的是通过借鉴"传统公共空间"在历史发展过程中的经验传承，探索城镇公共空间现代化发展的策略，从而为建立适合中国快速城市化时期的城镇公共空间建设理论提供新的思路。

本研究具有三点创新和实践意义：（1）从历史的角度，填补对珠江三角洲城镇传统公共空间形态的研究空白。本文通过深入挖掘历史文献资料，对传统公共空间的功能、性质的分类和个案研究，可以得出珠三角古代城镇存在着丰富的公共空间和公共生活的新结论，并从中挖掘出丰富的文化内涵。（2）以系统的观点，对珠江三角洲城镇现代公共空间现状进行分析评价。本文通过分析珠江三角洲城镇现代公共空间的分类、使用和变迁，从宏观到微观、从整体到局部、从外到内逐渐去把握城镇现代公共空间系统的建设情况和效果。（3）参考传统公共空间的历史经验和国外优秀设计理念，探索中国特色的城镇公共空间营建策略。

像任何理论研究一样，城市设计理论研究的重要目的之一就是指导城市实践。[2] 本书通过分析城市化过程中珠江三角洲城镇公共空间建设的问题与矛盾，对传统公共空间的优秀文化传承进行总结，并与国外优秀城镇公共空间设计进行了纵横对比。在此基础上，本书提出在今后城市化演进中对于具有丰富文化历史资源的城镇公共空间进行保护和继承发展的思路，同时提出以文化为导向的现代城镇公共空间营建策略，引导城镇公共空间朝正确、理性的方向发展。通过认真挖掘悠久而灿烂的历史文化资源，对于形成地域特色的公共空间与城镇面貌，在倡导建设和谐社会的今天应该具有一定的理论意义与现实意义。

1.3　研究对象和范围：公共空间，城镇，珠江三角洲

1.3.1　公共空间的概念及特征

公共空间，是城市中提供给居民进行公共交往活动的开放场所，也是城市形象的重要

---

① 孙施文. 城市规划哲学 [J]. 北京：中国建筑工业出版社，1997：39.
② 王建国. 城市设计 [M]. 江苏：东南大学出版社，1999.

表现之处，往往是城市设计和景观设计的核心区域。对于"公共空间"（Public space）的具体理解，学界目前并没有一个完全统一和准确的概念。①《城市规划原理》（第三版）采用了如下的定义："城市公共空间狭义的概念是指那些为城市居民日常生活和社会生活公共使用的室外空间。它包括街道、广场、居住区户外场地、公园、体育场地等。根据居民的生活需求，在城市公共空间可以进行交通、商业交易、表演、展览、体育竞赛、运动健身、消闲、观光游览、节日集会及人际交往等各类活动。公共空间又分开放空间和专用空间。开放空间有街道、广场、停车场、居住区绿地、街道绿地及公园等，专用公共空间有运动场等。城市公共空间的广义概念可以扩大到公共设施用地的空间，例如城市中心区、商业区、城市绿地等。"②

如果深入观察空间的属性，"公共空间"和"私有空间"通常被静态地理解为对立而又互为补充的两个概念。私有空间是具有私密性的、受个人意志支配的空间；而公共空间则是公众所拥有和使用的空间，其公共所有的属性就是城市公共空间的本质特性。同私有领域相比，它是受到社会监督的、他律的空间。③ 在城市中，除去人们个人所拥有的私有空间外，其余的就是公共空间。P. 杜理斯（Perry Duis）则把城市空间划分为三种类型：一是真正"公开"的地方，像街道、路旁、公园、国家财产等；二是私人所有，像企业财产、私人住房等；三是介于"公"和"私"之间的、可称之为"半公共"（Semi-public）的地方，它们由私人拥有但为公众服务。④ 因此除了城市道路、广场和绿地之外，剧场、街道、商业购物中心等，都是城市的公共空间，必要的社会基础设施，如教育、卫生、治安等机构和拥有行政、司法和立法等职能的建筑也可以被认为是公共空间。

当然，"公共空间"又是一种复杂、多维度的和历史的现象；从人类文明发展的历史来看，对公共空间的理解因历史时期的不同、东西方文明的不同而有很大的差异。例如，中国古代城市构成基本上以院落空间为特征，即使存在较小的前庭广场也不供公众活动使用，这与开放的西方城市公共空间（广场）的概念大相径庭。广场是西方城市的主要公共空间形式，而街巷则普遍被认为是中国古代城镇中最主要的公共空间，不仅具有交通功能，而且具有商业、游憩功能，是邻里交往、城市活动的重要场所。在中国城镇发展的历史过程中，从唐代封闭的"里坊制"到宋代线状开放的"坊巷制"，再到明清城市街巷空间的丰富，可以看到城镇街巷空间的格局逐步走向开放、人性和活动的多样性（图 1-1）。随着社会生活的繁荣发展，人们对社会交往和公共生活的需求仍然深刻地体现在公共空间的内容上，公共活动的领域又拓宽到书肆戏院、茶馆酒楼各类场所。市民在其中饮茶喝酒、谈天说地、社会交往、听书看戏等，市井场所与街巷空间相结合并与居住街坊互渗，

---

① 也有学者（例如哈贝马斯）把公共空间定义为一种社会和政治空间。

② 李德华. 城市规划原理（第三版）[M]. 北京：中国建筑工业出版社，2001：491.

③ （德）迪特·哈森普鲁格. 走向开放的中国城市空间 [M]. 上海：同济大学出版社，2005：13-14.

④ Duis. The Saloon：Public Drinking in Chicago and Boston. 1880-1920, p3.

形成人情味十足的公共空间，并产生了独特的市井生活。①

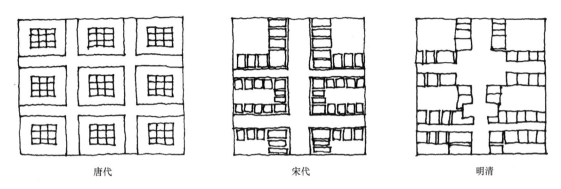

唐代　　　　　　　　　宋代　　　　　　　　明清

图 1-1　古代城镇街巷空间变迁（作者自绘）

中国城市发展的过程，基本上都是各级统治中心的发展过程；封建伦理、政治制度，长期左右着中国城市的发展，也支配着中国主要城市的公共空间结构。② 根据城市形成与社会经济发展演变的特点，可以将中国城市公共空间的发展与演化过程分为四个阶段：封建时期、半封建半殖民地时期、计划经济时期、社会主义市场经济建设时期。③

本书重点研究的对象是珠江三角洲的城镇公共空间，是在特定的区域、特定的历史条件下形成的，因而具有特定的历史内涵、相对的稳定性和共同的时代属性。因此，本书根据研究对象的历史属性，把珠江三角洲城镇公共空间分为两种。一种是封建社会时期（包括半封建、半殖民地时期）的城镇"传统公共空间"，一种是新中国成立后所形成的城镇"现代公共空间"。另外，本文对物质属性的"公共空间"采用了比较宽泛的定义，即以人与人之间公开的、实现多重目标和具有多层次的交往功能、公共精神及活动过程的人工空间体（包括室外和室内空间），与空间的归属性质无关。

"公共性"是公共空间的首要特征。空间公共性概念涉及物质空间与公共生活之间的关系，公共性本身指的不是物而是人的活动，是对人类社会活动状态的一种描述。④ 公共性的最重要功能是交往，市民使用公共空间的过程，就是通过公共活动进行社会交往的过程（例如经营、就业、管理、娱乐等活动）。

"标志性"是指公共空间的形态因其具有的特色而成为城市的标志，往往是人们认知、体验城市的最主要领域。国外学者林奇（1960）⑤、培根（1978）⑥ 等的研究表明城市道

---

① （美）王迪. 街头文化——成都公共空间、下层民众与地方政治，1870-1930 [M]. 李德英等译. 北京：中国人民大学出版社，2006：132-143.

② 董鉴泓. 中国城市建设史 [M]. 北京：中国建筑工业出版社，1989：47.

③ 周波. 城市公共空间的历史演变 [D]. 成都：四川大学，2005：77.

④ 于雷. 空间公共性研究 [M]. 南京：东南大学出版社，2005：16-17.

⑤ 林奇指出：道路是具有统治性的城市因素，主要的交通路线就是主要的印象特征。……集中的沿街活动和专门用途会在观察者思想中产生显著的特征。参见《城市意象》。

⑥ 培根认为："在路上运动"是市民"城市经历"的基础。城市中有很多人会在同一时间、用同一类的交通工具、往同一的方向、去同一的目的地，因此也容易形成同一的感受和经历。参见《城市设计》。

路、广场等公共空间在人们认知城市时具有重要影响，公共空间与城市印象密不可分，它不仅承载人们的各种使用活动，还为人们观察城市提供必要的条件。例如上海外滩、香港维多利亚海湾等均是城市的标志之一，大型公共绿地和优秀的城市公园也在很大程度上体现出标志性特征等。

"场所性"指公共空间不仅是物质的空间，还具有"意义"而被市民认同的特征。城市公共空间在心理感受和文化内涵方面的结合就产生所谓的具有意义的空间—场所，其实质就是对形式和内容在深层次的结构上相似的空间的理解和认同感，并由此产生归属感和安全感。① 城市公共活动是丰富多样、因人（群）而异、因时而异、因场所而异的，人们通过这些不同的公共活动使用公共空间的过程中赋予了其特定的"意义"。美国的著名学者拉普卜特（Amos Rapoport）认为，"很多环境的意义是通过使它个人化而产生的，即通过占有它、完成它、改变它而产生环境的意义。意义不是脱离功能的东西，而其本身是功能的一个最重要的方面"。②

1.3.2 公共空间的作用及构成要素

公共空间首先是客观存在的物质空间，其核心功能是承载城市的各类公共活动，满足居民之间的交往等不同需要。这些不同层面的需要是人们使用公共空间的原始动机，最大程度地满足这些需要是城市发展和社会进步的动力。具体来说，公共空间一般具有以下作用：为居民提供合适的公共活动场所，改善城市交通和商业环境，提高城市形象、城市对外宣传品牌，维护生态环境、防灾、预留发展用地等。这些作用并不像单独的建筑那么明显，但其实是城市影响力的真正内核。

公共空间也是城市巨系统的子系统，从本质上讲，公共空间系统是城市中的"空"，但是它的运营却需要相关的支撑体系。因此，相关的支撑和配套也是公共空间系统的有机组成部分。构成公共空间的要素，主要包括物质要素、社会要素和文化要素。③

1. 物质要素

公共空间的物质要素主要包括场地和设施，空旷的场地是进行各种公共活动的平台和载体，而配套设施则是活动的物质支撑。场地的位置选址决定了公共空间的主要性质和对象，地形地势赋予公共空间的自然形象特征。如果没有服务设施支持，公共空间就不可能提供完善的活动环境，或者说脱离了公共设施的公共空间就没有意义。因此，从物质组成上来说，公共空间不仅包括场地，还应该包括其中的设施。

---

① （日）相马一郎，佐古顺彦. 环境心理学［M］. 周畅等译. 北京：中国建筑工业出版社，1986：7.
② （美）阿摩斯·拉普卜特. 建成环境的意义［M］. 黄谷兰等译. 北京：中国建筑工业出版社，2003：5.
③ 王鹏. 城市公共空间的系统化建设［M］. 江苏：东南大学出版社，2002：16-20.

公共设施所包含的内容十分丰富，例如：雕塑、喷泉、小品等景观性设施，座椅、电话亭、小商店等功能性设施，草坪、铺地、小舞台等活动性设施。设施布置取决于公共空间的服务性质和要求，设施的多样性、灵活性和复合性决定了公共空间的场所意义。通过对设施的合理布置，不同的人以及同一个人的不同要求在公共空间里得到最大程度的满足，这是公共空间充满活力的保证。

2. 社会要素

社会活动是公共空间发展的根源，一个完整的公共空间必须具备社会要素。主要的社会要素包括：（1）道德规范、规章制度、法律约束等行为管理策略；良好的社会管理是公共空间充分发挥作用的保障，这既有对公共设施的维护修缮、也有对使用者的行为管理。（2）地方风俗习惯，民众活动以及大型社团活动等行为活动模式。一些由政府、民间社团等定期组织的大型公共活动也对公共空间的发展起到了良好的推动作用。

3. 文化要素

公共空间支持社会交往、满足城市公共活动的需要，反映了城市的文化传统与历史内涵，形成的心理认同和精神归宿感，最终构成公共空间的意义和文化要素。这种文化要素既包括公共空间中保留的历史文化遗产，又包括在公共空间建设过程中新创造的文化因子。文化的形成有一定的历史延续性和地域性，因此公共空间的建设不能割断历史、一蹴而就，也不能将外来的文化强加给本地。[①] 相反，保留具有历史意义和地方特色的文化并发扬光大，同时融汇外来文化是公共空间建设中对待文化建设的两条重要思路。

1.3.3　公共空间的理论及价值观念转变

近年来，由于改革开放带来的经济繁荣和城市建设快速发展，人们对城市空间的关注逐渐多了起来，尤其是对公共空间的研究不断增加，有关城市公共空间研究的著作在2000 年前后大量出现。从设计角度进行的研究多以物化的分析为依据，探讨城市公共空间的物质属性及利用途径。有的学者还从城市空间的多维发展、城市历史文化保护、文脉与场所、生态与技术、城市交通、土地利用等角度展开研究，在此不一一列举。

台湾学者夏铸久则依循社会政治、文化途径对公共空间进行研究，他在所著的《公共空间》一书中提出公共空间是在既定权力关系下，由政治过程所界定的、社会生活所需的一种共同使用之空间。公共空间是一种社会生产的空间，他在想象空间（Imagined Space）、生活空间（Lived Space）与真实空间（Real Space）三个向度上展开。在书中他依照 C. 亚历山大提出建立一套公共空间的模式语言，以"解释在不同脉络下，什么人用

---

① 吴庆洲. 建筑哲理、意匠与文化 ［M］. 北京：中国建筑工业出版社，2005.

什么方式界定公共空间的历史意义以及公共空间的功能如何运作，公共空间的形式如何表现"。①

东南大学于雷撰写的博士学位论文《空间公共性研究》对公共空间研究提出了新的理解，他从空间的社会属性角度进行研究，并关注公共活动过程的完整性。他认为，空间公共性是指物质空间在容纳人与人之间公开的、实在的交往以及促进人们之间精神共同体形成的过程中所体现出来的一种属性。② 空间公共性概念指物质空间与公共生活之间的关系，物质空间本身无所谓公共与否，只是当特定的社会生活与物质空间之间发生耦合时，空间的公共性才成为可能；而且，随着所承载的社会活动性质发生改变，空间公共性的状态也会随之改变。③

四川大学的周波博士在其论文《城市公共空间的历史演变》中，从城市史的角度研究近代中国城市公共空间的发展，主要的研究范围是广场、街道、公园绿地。该论文通过中西方城市公共空间的发展轨迹比较，重点研究了 20 世纪中叶我国城市公共空间的发展、演变和对城市发展要素及条件的影响等具体问题，最终揭示出新中国成立后城市公共空间的发展与演变的历史变迁轨迹及特点规律，有助于对中国城市公共空间发展的整体把握。通过实例的分析与展示，该论文系统梳理出城市公共空间与城市发展间的内在关系，从一个侧面揭示城市的内在本质属性及历史演变规律。

回顾世界城市发展历史，普遍经历了"神的城市—贵族的城市—机器工业的城市—人的城市"几个阶段；第二次世界大战后西方城市规划思想也从单纯的空间形态规划设计转向系统规划和以问题为核心的理性综合过程。④ 城市设计的价值目标关注重点也经历了功能—景观—生态—人文—社会的转换过程。具体来说：(1) 强调对基地自然和人文环境特质的挖掘利用，注重可持续发展和生态环境质量。如突出滨水区环境景观和基地内自然水体、湿地的保护与改造。(2) 尊重公共生活，创造结构清晰、层次明确、紧凑连续的城市公共空间网络。充分利用自然景观提升开放空间的环境品质，塑造场所感。(3) 以人为本，优先发展完善的步行及自行车交通网络。道路分级明确，在保证效率的同时弱化机动交通对公共空间的影响，同时提供充足的停车空间。(4) 重视规划发展的可适应性和弹性。⑤

在此价值目标下，国际上城镇公共空间的发展有三个最重要的观念转变，那就是人文主义的回归、生态主义的苏醒和地域个性的重生：(1) 人文主义的回归。20 世纪 80 年代前后，国际上长期以来占据统治地位的形式美以及单纯追求功能等原则要求趋于减弱，社会发展更加重视对人的关注，人文主义成为城市设计的基本出发点与归宿。人文主义的视

① 夏铸久. 公共空间 [M]. 台北：艺术家出版社，1994：17.
② 于雷. 空间公共性研究. 南京：东南大学出版社，2005：16.
③ 这方面的例子很多，例如，苏州拙政园原属私家园林，仅供一部分人观赏；而在今天却已经成为城市的公园，任何市民均可进入游览。本文第 4 章也对广东四大名园之一"清晖园"进行类似分析研究。
④ (英) 尼格尔·泰勒. 1945 年后西方城市规划理论的流变 [M]. 李白玉，陈贞译. 北京：中国建筑工业出版社，2006.
⑤ 孙一民，李敏稚等. 基于景观视野的城市设计方法初探 [J]. 城市规划，2006 (11)：93.

角是以具体的人为尺度，强调对满足人的生理与心理需求的场所塑造。具体在公共空间设计上，对街道、广场、公园的社会功能的关注，强调其作为居民日常生活的容器和社会交往的场所。特别是进入 21 世纪以来，在个体的人性需求继续得到重视的同时，对不同文化、阶层、种族、年龄等社会群落的关注及一些深层次的社会问题逐渐成为国外城市设计和景观规划关注的重点。（2）生态主义的苏醒。面对日益严重的全球生态问题，城市政府、学者开始寻求在生态学原则下建立动态的和协调的、又能够满足人们需求的城市空间，例如可持续发展概念就是西方社会环境保护运动的一个结果。例如，麦克哈格的生态主义思想认为城市是一个复杂的生态系统，具有开放性，存在着物质和能量的输入输出，并强调人类作为城市中的有机体与环境尤其是自然环境的关系。① （3）地域个性的重生。除了普遍意义上的城市人文、生态保护需求，现代城市发展在全球化的影响下更注重对地方个性和民俗文化的保护和发扬。地方特质、民俗文化具有传统性和时代性的双重特征，跨文化地域的交流是其发展和进步的必经之路。

由此可见，人文主义把空间设计的注意力转回了人本身，生态主义把设计的视野扩大到整个自然界，对地域个性的要求则需重新审视本地的乡土人情和文化特色。在这种大背景下可以体现西方城镇公共空间的价值观念转变，也是对我国城镇公共空空间提供了一套新的评判标准和衡量尺度，关注社会、生态、地方生活的需求和变化是城镇公共空间发展的必然趋势。因此，在我国全球化进程中的城市规划与设计领域，应强调地域差异、重视地方发展，并坚持促进中西方交流的动态发展观和文化观。一方面要有地域文化的自觉意识，对地域建筑文化的多样性进行必要的保护、发掘、提炼、继承和弘扬。另一方面更要以开放、包容的心态和批判的精神，吸收外来优秀的建筑文化，自觉地融入全球化的现代化进程中。②

1.3.4 "城镇"的概念

关于城镇的具体概念，因时代情况不同而差异较大，一般以人口规模为界定标准。根据我国《城市规划法》等法律法规的解释，城市是"人口集中、工商业发达、居民以非农业人口为主的地区，通常是周围地区的政治、经济文化中心"，镇（这里指建制镇）属于城市，集镇是"以非农业人口为主的、比城市小的居民区"，而"较大的集镇"则为市镇；城市与集镇合称为城镇。③ 实际上这个解释也反映了当代"城镇"的两个层面：（1）城镇是对城市和行政建制镇的统称；（2）城镇泛指"小城市"和具有一定基础设施的"集镇"和"村镇"。

实际上，现在很多建制镇的镇区都是在原来的农村聚落的基础上发展而来，只有部分

---

① （美）麦克哈格. 设计结合自然 [M]. 芮经纬译. 天津：天津大学出版社，2006.
② 郑时龄. 全球化影响下的中国城市与建筑 [J]. 建筑学报，2003（2）：7.
③ 城市设立的标准，国际上没有通用的规定，1887 年国际统计学会曾提出一个各国通用的居民点分类系统，规定任何一个居民点，其人数在 2000 人以上即可称为城市居民区（中国还规定非农业人口超过 50%）；不足 2000 人的为农村，但这一规定无法适应各国的具体情况，未被各国所普遍采用。

是源自历史上的集镇。除了拥有较多的公共设施和大型企业之外，镇区（尤其是旧镇区）与村聚落在形态上并无太大区别。由于本文主要关注于城镇的公共空间发展问题并涉及研究明清时期的传统城镇空间，历史和尺度跨度都比较大；因此本文所指的城镇主要指介乎于乡村与城市之间，以非农业人口为主的居民密集区，即日常所说的村和镇，人口规模范围由几千到数万人不等。

本文把不同行政级别的村镇、集镇、城镇共同作为研究对象，除了从历史的角度考虑比较容易找出它们在自然和传统文化上的许多线索；还因为这些城镇一方面是区域经济的发展动力，又是乡村和城市之间的联系结点和过渡形态，也是城市化过程中有活力的传承文化和发挥功能的有机体。另外，中小城镇人口规模、地域范围不大，对某些问题可以比较容易实现或突破，比起大城市的大规模建设和实施程度来说要容易得多。

1.3.5 研究的范围——珠江三角洲

珠江三角洲位于广东省的中南部，原是一个多岛屿的浅海湾，在地质学上称为"广州溺谷湾"，西、北、东三江从不同的方向流入其中，按范围大小分为"广义"和"狭义"的珠江三角洲。广义珠江三角洲（亦称大三角洲），以珠江三角洲平原为主体，包括其外围平原，如肇庆盆地、清远盆地、惠阳盆地、四会平原等；总面积约 48000km^2，占广东省面积的 23.3%。其范围：西自肇庆，东至惠州，北起清远、佛冈，南至沿海岛屿，包含广州、佛山、江门、中山、东莞、肇庆、惠州、深圳、珠海等九市和南海、番禺、顺德、新会、台山、开平、恩平、高要、高明、鹤山、新兴、三水、四会、从化、增城、博罗、惠阳、龙门、宝安等 21 县，以及清远、佛冈两市县的一部分。

狭义珠江三角洲（亦称小珠三角），处于北纬 21°55′～23°73′之间，是指以三水区的思贤滘、东莞的石龙为顶点，南至珠江口海岸地区。其范围包括今天的广州、佛山、和江门、中山、珠海等市全部，以及东莞、深圳两市和高明、三水、台山、开平、增城等八县（区）的一部分；土地面积为 17200km^2，占广东省面积的 7.8%。

小珠三角的覆盖范围是珠江三角洲平原的主体部分，也是广府文化的核心区域，这一带的历史因其自然环境与周边的山地丘陵地带显著不同而具有相对独特的发展过程。在中国近现代发展史中，由于临近香港、澳门的发达经济区域，在改革开放初期得益于政策红利，小珠三角地区迅速成为广东经济最发达、城市化水平最高的地区。党的十九大把"粤港澳大湾区"发展作为一个国家战略，也说明了珠江三角洲在国家经济、城市发展中的重要引领作用。毫无疑问，珠三角在未来的"大湾区"经济发展红利中，城乡融合程度会更加紧密，在其迅猛的城市化过程中，缺乏经验和规划的中小城镇必然产生由城市结构扩张和空间形态剧变带来的各种矛盾和复杂问题。这些问题和解决的策略，也是中国其他地区同样会遇到的，因此，本文研究的地域范围以小珠三角为主体，正是以中国中小城镇城市化的过程为背景，针对公共空间历史发展和形态变迁进行分析研究。

第2章　珠江三角洲城镇传统公共空间分析

2.1　珠江三角洲城镇传统公共空间概述

　　传统，是历史上流传下来的社会习惯力量，存在于制度、思想、文化、道德等各个领域，对人们的社会行为有无形的控制作用。[①] 按照现代城市设计的定义，"公共空间"是指所有民众可达和共享的，满足人们休闲、娱乐、交流等需求的场所，是城镇空间系统的重点所在。由于中国传统城市的空间都是内向发展的，对于古代中国城镇是否存在公共空间（或者公共生活），学术争论颇多；甚至很多学者认为由于严格的城市管理方式，中国古代城市几乎不存在公共空间。但是，公共空间对于公共生活的作用并不像其物理属性一样与生俱来，而是在与人的社会活动发生关系之后才具有的。事实上，我国古代的《东京梦华录》和《清明上河图》等记述或描绘的市井生活、节庆、庙会活动等，就勾勒出一幅幅街巷生活的美好画面，说明了当时公共空间的存在和浓厚气息，也反映出公共空间和社会生活互动发展的良好关系。[②]

　　美国历史学家王笛在《街头文化》一书中通过对下层民众公共空间与日常生活关系的细微描述，从一个较广的视野探讨了成都在 1870～1930 年间的下层民众与地方政治变迁及意义，而且对中国传统城市的公共空间进行了详细考察。他认为"公共空间"是城市中对所有人开放的地方，"公共生活"则是人们在公共空间中的日常生活；公共空间和公共生活是地方文化的最有力表现，在中国城市生活中总是扮演一个中心角色，因为城市居民利用这种空间参与经济、社会和政治活动。"街道是市民共有的最基本的公共空间，其面貌和功能也各有不同……对成都市民来说，茶馆恐怕是除街头外最重要的公共场所……市民们也喜欢聚集在市场、空坝、街角以及庙前庙后等找乐子"。[③]

　　台湾学者李孝悌在《中国的城市生活》中，也从微观角度描述了明清城市日常生活与各种民俗活动，反映了那时候公共活动的繁盛和各种活动空间的情况。例如政府署衙等官方建筑前留有广场空间以作展示、公告之用；祠堂、寺庙、同乡会馆及其他非官方建筑物

---

①　辞海 [M]. 上海：上海辞书出版社，1990：242.

②　李蕾，李红. 聚落构成与公共空间营造 [J]. 规划师，2004（9）：81-82.

③　（美）王迪. 街头文化——成都公共空间、下层民众与地方政治. 1870-1930 [M]. 李德英等译. 北京：中国人民大学出版社，2006：38-70.

所属的院落（包括前广场），通常会用来举行公众集会、节日演出和社团活动等，逐渐演变成为了当地重要的公共空间。"在中国传统社会中，寺庙与民众生活之间的密切关系往往是现在的人们难以想象的。实际上，当我们审视地方志中的地图时，会发现除了署衙之外，标识最多、最醒目的就是本地的寺庙，这实际表明了绘图者的某种认同，即对寺庙的重要性的判断"。① 伴随着社会生活的繁荣发展，居民自由交往的领域又从街道、广场拓宽到书肆店铺、会馆戏楼（甚至歌舞妓院等娱乐场所），尤其是众多的茶馆酒楼。

因此，本书试从实际应用的角度理解和分析传统公共空间，探讨中国历史上的城镇空间发展的背景、存在哪些形式的公共空间以及与公共生活的相互关系（公共空间的体系与类型）等。如前所述，在历史城镇中许多场所均可以按照当时的生活场景理解为公共空间，例如寺庙、戏台、祠堂，甚至水井、河边埠头、大树头等；因为人们可以自由地聚集在这样的场所，交流和传播各种信息并进行娱乐休闲活动。本文第1章所提出的"传统公共空间"的概念，就是从历史的角度把这些场所统摄起来，并置于城镇当时的生活场景中进行分析。由于朝代更替，村落、城镇空间还是祠堂寺庙等建筑分布经历无数变化，所以本书主要依据明清时期的情况来考察分析。一是因为这一时期的资料相对丰富、易于把握，更重要的是这一时期接近现代社会，今天的生活方式往往受到当时传统的影响。因此，本书所指的城镇传统公共空间，是珠江三角洲明清时期城镇所形成和发展的公共空间类型。

2.2　珠江三角洲城镇的产生背景

2.2.1　水系的形成与发展

广东地理环境复杂多样，是社会历史发展的决定性因素之一；尤其在历史早期，地理环境的作用是各种割据的文化类型得以产生的基础。珠江三角洲旧称粤江平原，由西江、北江和支流共同冲积成的大三角洲，与东江冲积成的小三角洲形成一个放射形的三角洲复合体。现代三角洲的初步成型，是由宋代的老三角洲，与后来珠江三大支流冲积成的各自三角洲复合成为现代的三角洲。宋代以后，珠江的三大支流进入古海湾区后分汊、裂变、衍生出大小河汊1000多条。同时河道由于水流受阻而发育成曲折的形态，最终形成放射状的形态密集、迂回的分汊水系并汇集成八大股注入南海。明代西、北江三角洲沿海线在今中山市港口镇—马安—横档—黄阁一带，到了清代已经退到了六乡—坦洲一线；东江三角洲滨线在明初为今东莞麻涌—大步，到了清初则推移至东莞漳澎—沙头—横流，同时也

---

①　赵世瑜. 狂欢与日常——明清以来的庙会与民间社会 [M]. 北京：三联书店，2002：67-68.

积累了大片可开发的沙田平原。① 由于珠江的水文条件有利于在洪水期河汊的形成，非洪水期又能使其保持稳定的状态，所以这些水道在历史演进的过程中，不仅交织形成高水网密度的水网空间格局，同时也疏通各地的交通运输的脉络，促进城镇之间的协作与发展，对珠三角地区经济兴衰有着深远的影响。连接全国和海外的水上交通网络，是明清珠江三角洲城镇经济发展的重要地理条件。②

2.2.2　陆路交通与航运发展

岭南的开发从秦代开始，由于五岭是阻碍南北联系的最大的障碍，所以解决交通的问题是开发岭南的先决条件。秦代开拓了三条水陆交通线——桂洲路、郴州路、大庾岭路，加强了北方与岭南的联系，在封建末期，这三条线仍是进入岭南的主要交通线。公元 719 年，张九龄开凿了大庾岭新路，从此大庾岭路（梅关古道）成为进入岭南的最佳路线，交通优势的转变使岭南的开发重点由湘桂走廊、西江流域转移到粤北地区。"兹路既开，然后五岭以南人才出矣，财货通矣，中原之声教日近矣，遐陬之风俗日变矣"。③ 开创了继广信时期之后的又一重要时期——珠玑巷时期。粤北逐步成为中原向岭南移民的重点，由此所带来的粤北乃至珠三角的商贸文化繁荣，意义深远。

珠江三角洲河网区主要水道 105 条，长 1738km，加上主要汊道后，河网密度高达 0.81km/km² 及 0.88km/km²。密集的河网为地方的交通和农业生产都提供了天然优越的条件，因此隋唐时期开创了海上交通的新航道，后来在唐代开通了前往印度、波斯湾和非洲的海上丝绸之路。广州到福建的海运航线开通，粤东沿海交通日渐活跃，广州与东南沿海地区的经济往来日益频繁。1563 年，泉州、宁波二市舶司废，只存广州，广州遂成为对外贸易的唯一口岸。澳门也以广州外港的地位，成为中国对外出口的重要商路。④

由于广州从清代乾隆 22 年（1757 年）成为中西唯一贸易口岸，全国的进出口都取道广州、澳门，珠三角和内地的商品交流也因此空前兴旺，始终繁盛未衰。粤商中从事海上贸易的海商，以及广州口岸商人即明代的三十六行商人、清代的广州十三行商人和近代的买办商人，都同航运业紧密相连。自 19 世纪 70 年代以后，在广东开始进行近代化航运设施的建筑。至清末为止，广州的港区布局，码头货栈的设施，以及航政管理，已初步构成一个近代化的港市。以此为中心，形成了大中小港口相联、互通轮船的航运网络。⑤

---

① 司徒尚纪. 岭南历史人文地理——广府、客家、福佬民系比较研究 [M]. 广州：中山大学出版社，2001：66.

② 吴建新. 明清珠江三角洲城镇的水环境 [J]. 华南农业大学学报（社会科学版），2006，5（2）：133-141.

③ 明. 邱睿. 广文献公开大庾岭路碑阴记.

④ 周源和. 珠江三角洲水系的历史演变 [J]. 复旦学报（社会科学版），1980（S1）：85-95.

⑤ 叶显恩. 粤商与广东的航运业近代化：1842-1911. 民营报，2007-01-08.

2.2.3 手工业与商业繁荣

1. 手工业的发展

在宋代，由于三大资源齐备：人力资源——北方移民大量涌入，土地资源——海坦的出水成陆，技术资源——北方技术流入，珠江三角洲进入大开发阶段。农业在大开发的浪潮中，有了显著的发展，促进了手工业和农业的分离。商品性农业的专业化分区，又促进了处于产业链下游的加工型手工业的区域化。商品性农业和手工业紧密关联，一些以某种手工业的原材料生产发达的地区，形成了城乡有机结合的从原材料生产到加工成品一体化生产模式。例如南海九江的丝织业，东莞、番禺的榨糖业，陈村的花卉加工业等都是这类城乡结合模式的代表。

从宋代开始，以广州为代表的珠三角城镇经济开始起步，明以后，市场经济结构逐步完善，手工业和工商业进入兴旺的时期，冶铁业、陶瓷业、丝织业、造船业使许多城镇远近驰名。可见，明清时期是珠江三角洲的手工业蓬勃发展的一个时期，"织丝、制糖、花卉加工、蒲葵加工、编席手工业相继勃兴"。

2. 商业的发展

珠江三角洲在宋代之前，生产技术一直落后于中原地区，特别是由于南朝以来铜钱被禁止输入岭南，所以货币一直到唐代初期都未能在珠江三角洲地区普及使用，极大地阻碍了商品经济的发展。珠三角在宋朝经济才有了突破性的进展，农民有了一定的剩余产品，出现了一些产品交换的墟市，珠三角的商品经济开始萌芽。到了明清时期，农业开始向以产品交换为目的转变。和萌芽阶段不一样，致使这次转变的核心原因不是产品大量过剩，而是人口的急剧膨胀，"广东所产之米，即年岁丰收，亦足供半年之食"。[①] 人口压力使农业优化土地使用结构，开始走商业化道路。手工业和农业一样，逐步走上了商业化的道路。

到了明朝，商品经济发展有了质的飞跃，珠江三角洲开始形成大量的墟镇，其中发展较好的开始走专业化道路。在明朝中期珠三角凭借其优越的地理区位和密布的水网，为产品提供了天然的流通渠道，加上基塘生产模式使土地资源得到了充分的利用，农业经济迅猛发展，珠三角成为商品性农业生产的重要基地之一。大量的手工业产品和经济性农产品流入墟镇，必然促使墟市的规模扩大和商品经济在社会中的地位的提升。明代后期，这里出现了一批工商业城镇和港口型城镇，充分体现了珠三角的海洋经济的特征。

明清时期珠三角的商贸发达，城镇建设水平有着较大提高。珠三角商贸发达的原因是

---

① 嘉靖. 广东通志. 卷 5.

多方面的：（1）商品性农业的发展是商业和商业资本发展的基础。（2）手工业生产的高度发展，是商品繁荣和商业资本发达的前提条件，如铸铁、陶瓷、造船、丝织业、棉织业等手工业品销售到国内外市场，而珠江三角洲手工业所需要的大量原料，如铁砂、木材、蚕丝等，又需要仰给于外省各地，两者互相作用的结果必然使珠江三角洲的商业繁荣，商人活跃，商业资本发达。（3）水陆交通便利，为商业贸易提供了重要条件。佛山就是这方面的典型例子。（4）人多田少，也是促进商业与商业资本发展的一个因素。所有这些条件的互相促进互相作用就使整个珠江三角洲的商业和商业资本呈现了空前蓬勃发展的现象。①

2.2.4　岭南文化与西方文化交融

随着历史上多次移民，不断占据岭南以扩大其覆盖区。② 大量的移民，带来了人口和先进的技术、文化，并与当地文化逐渐融合而成为新的岭南文化，体现了浓郁的区域特色。"这部分文化在宋代基本形成，乃荆楚文化、吴越文化、中原汉文化与岭南土著文化融合的结果"。③ 岭南文化是在南越土著文化基础上不断汉化，并随着历史的发展融合其他民族和地域文化乃至海外文化的结果。"岭南文化是一种原生型、多元性、感性化、非正统的世俗文化"。④ 从岭南文化的形成和发展来看，岭南文化有几个鲜明的特点：

（1）开放、兼容、多元。岭南文化的形成史就是多元文化碰撞、融合的历史。由于岭南文化的本源——南越土著文化是一种弱势文化，也不存在悠久的历史，因而它在接受先进文化，诸如中原汉文化以及荆楚、巴蜀、吴越文化时并成为自己的新文化。岭南文化兼容的结果就是在同一个时空多种文化状态并存，这也体现了岭南文化中的一种宽容精神。

（2）重商务实，不尚虚名。岭南远离政治中心，对政治、文化比较淡泊；同时没有沉重的历史包袱，重视在实际探索中解决问题，因而岭南文化有求实用、重功利的倾向。岭南的思想家也对这种重利务实思想大加赞赏，例如近代思想家康有为也主张济人经世，不作无用之空谈。

（3）平民化、世俗化。岭南文化的平民化、世俗化和它重商务实的价值观和行为取向分不开。珠江三角洲地区在历史上是一个市场社会，它的重商、务实观念使它的文化是一种充满商品意识的世俗文化，"重商""重钱""重用"是它的基本特征。

岭南文化经过长期交融、渗透、分化后形成的三大板块——广府文化、客家文化、潮

① 叶显恩，蒋祖缘. 明清广东社会经济研究［M］. 广州：广东人民出版社，1987：57-97.

② 公元前 219 年，秦始皇派遣五十万大军进入岭南，征服岭南后便大规模移民落户定居。汉代继续实行罪人戍边的政策，六朝时期由于中原战乱，大约有 250 万的北方人口南迁。唐代安史之乱后，北方市民再次南迁而掀起移民的高潮。北宋时期，由于粤北的人口过于饱和，生产技术的改进降低了拓荒的难度。所以南迁的移民继续南下至珠江三角洲开拓新的生存空间。南宋之后珠江三角洲的优势更为凸现，粤北的人口开始减少，珠江三角洲的人口则开始激增。

③ 司徒尚纪. 广东文化地理［M］. 广州：广东人民出版社，1993：382.

④ 李权时. 岭南文化［M］. 广州：广东人民出版社，1993：19.

汕文化，形成别具地方特色的岭南文化分支。广府文化区位于广东省的中部和西南部，与粤语的方言区范围基本吻合。这个区域一直向东延伸至番禺（广州），西江也在此与北江、东江交汇，各方文化在此交融、碰撞，最后形成了岭南最大的文化中心。本文主要研究区域为小珠江三角洲地区，正是广府文化的核心区域。

最能代表珠三角广府文化分支的莫过于俗谓的"上四府"（南海、中山、番禺、顺德）和"下四府"（台山、开平、恩平、新会）。学者对广府文化特征的描述，主要有以下几方面：（1）海洋性：开放；兼收并蓄；冒险进取，敢为天下先；较易接受新鲜事物，包括西方物质文明和精神文明。（2）浪漫性：活泼多样、充满水乡浪漫情调；绮丽纤巧；极富人情韵味，带有浓郁的市井风情；感性自然。（3）移民性：包容性的移民文化。（4）落后性：崇鬼敬神；讲迷信重兆头。

2.2.5 珠江三角洲城镇的形成与发展

珠江三角洲属于亚热带气候，终年温暖潮湿，动植物生长条件较佳且种类繁多，对工农业生产比较有利。由于战乱令大量的移民南迁而带来了先进的生产技术和水利技术，岭南一带的人民从火耕水"溽"的原始生产中解脱出来，开始以传统农业的精耕细作为主要的生产模式。在漫长的水乡聚落形成和发展过程中，珠江三角洲水乡古镇的形成主要有两种形式。第一种是由中央政府设置的府（市）、县，具有正式建制的城镇。这种城镇一般都是区域内的政治、经济、文化、军事中心。早在战国时期，番禺城（今广州）就开始成为岭南地带的重要城镇和商业都市。第二种是由农村中的"圩""场""墟"等演变而成的市镇、县，甚至府州，是珠江三角洲古代城镇化的一个主要的形式。商品经济开始出现和发展，便要求比墟市更大规模的城镇承载地域性的市场网络中枢的功能。其发展层次依次是原始墟市、基本墟市、专业墟市和市镇，市镇再发展成为县或州。[①] 明代以前，此类墟市发展十分缓慢，并不发达；明代以后，农村墟市开始大量形成，例如嘉靖年间各府州县有墟市439个，[②] 专业墟市此时也有了一定的发展。到了清代，墟市的数量迅速的增加，仅珠江三角洲地区在乾隆时就达570个之多。珠三角由"墟市"而产生了大量的"集市"，这些集市中的一部分最终发展成为珠三角的传统城镇。随着广东商品经济的发展和对外贸易的兴起，还出现了一批新兴的工商业城镇和港口型城镇，其中的佛山镇则更加发展成为区域性经济中心城市。

随着澳门的脱颖而出，"广东四大镇"中的石龙、陈村以及其他市镇群的崛起，珠江三角洲城镇体系开始进入城镇体系发展的第二阶段。周毅刚在其博士论文《明清时期珠江

---

① 陈建新，邓泽辉. 长江三角洲与珠江三角洲城镇历史沿革研究 [J]. 华南理工大学学报（社会科学版），2005，7 (6)：24-31.

② 嘉靖. 广东通志. 卷20.

三角洲的城镇及其形态研究》中，对明清珠三角府县治城镇对中国古代城市建设思想和规划制度的体现作了总结："1.《匠人》营国制度在明清珠三角府县治城市中的体现有限；2. 多数珠三角府县治城市的空间形态符合《管子》的建城思想；3. 受到象天法地和风水思想的影响，其中风水思想影响显著。"他指出，城市系统具有自组织性，珠江三角洲传统社会发展和变迁具有很强的"传统内自治"的特点，从而构成了城镇发展的内在动因之一。[①]

2.3　珠江三角洲城镇传统公共空间的体系

2.3.1　珠江三角洲传统城镇的类型与分布

由于历史称谓的不同，珠江三角洲的城、镇、市和墟难以区分，和现代城镇规模、性质有所差异，因此可以笼统称为"聚落"。《说文》中解释"聚，会也""邑落曰聚，今曰邨，曰镇，北方曰集皆是"。"聚落"一般指人类住宅及其附带的各种营造物之集合体，在现代泛指一定地域内，具有一定人口数量，有相对独立的文化结构（如语言、文字、生活方式、风俗习惯等）的聚居处。日本学者藤井明《聚落探访》一书中，其聚落调研是以文化人类学为研究方法，从传统聚落内部所观察到的物理性质现象所应有的状态出发来解读空间秩序，推测聚落的制度、信仰、宇宙观等。[②]

本文所指的珠江三角洲传统城镇，实际上是"广府水乡"，是指以连片桑基鱼塘或果林、花卉商品性农业区为开敞外部空间的、具有浓郁广府民系地域建筑风格和岭南亚热带气候自然景观特征的水乡聚落类型，按规模又可分为"水乡古城""水乡古镇"和"水乡古村落"，[③] 如图 2-1 所示，珠江三角洲的水乡聚落大部分成型于明清两代。一般来说，"水乡古城"有番禺（现在的广州西关一带）；水乡古镇则遍布各地，一般规模都比较大，例如清初广东四大镇，广（州）—佛（山）—陈（村）—（石）龙作为一个城镇系列已经形成，其他地区以府州县治为核心的城镇体系亦初具规模。屈大均对顺德陈村水乡古镇景致进行了情有独钟的描写："顺德有水乡曰陈村，周迴四十余里，涌水通潮，纵横曲折，无有一园林不到。夹岸多水松，大者合抱，枝干低垂，时有绿烟郁勃而出。桥梁长短不一，处处相通，舟人者咫尺迷路，以为是也，而已隔花林数重矣。"[④]

周毅刚博士通过对明清时期珠三角城镇形态的研究，指出当时城镇的整体空间形态分

① 周毅刚. 明清时期珠江三角洲的城镇发展及其形态研究 [D]. 广州：华南理工大学，2004：49-50.
② （日）藤井明. 聚落探访 [M]. 宁晶译. 北京：中国建筑工业出版社，2003：7-16.
③ 朱光文. 岭南水乡 [M]. 广州：广东人民出版社，2005：1-5.
④ 屈大均. 广东新语，卷二-地语 [M]. 北京：中华书局，1985.

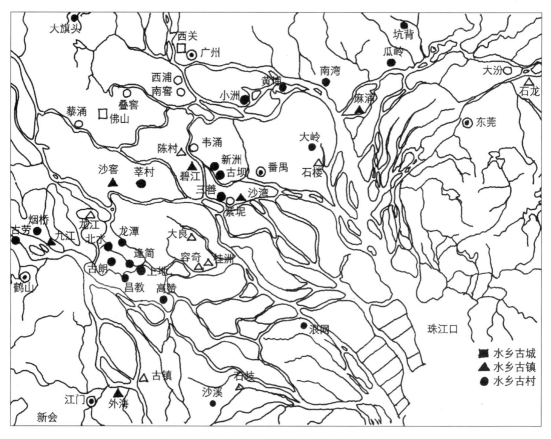

图 2-1　珠三角水乡聚落分布图（作者自绘）

为线形（带形）、多组团形、团块形三种。① 在这些城镇形成的过程中，广州的专业市场出现并逐渐壮大，到清代由清政府特许为中国唯一的通商口岸后，广州不断扩张而成为一个国际商业中心城市。与此同时，佛山则成为各地商贩聚集地和广州对外中转的站点而形成"广佛轴线"。因此广州与佛山成为了珠江三角洲的两大经济轴心，带动整个珠江三角洲的发展、崛起，并已发展成为岭南地区乃至中国的重要的经济区域。

除了这条主要的轴线，珠江三角洲的城镇分布还有以下几个集聚的地区和特点：

（1）具有农业生产优势的地区，例如东莞、顺德、南海、惠州。这些地区生产条件好，农业发达，易于积聚人们进行生产和交换。（2）具有交通优势的地区，例如沿海的一些城镇如香港、澳门、广州，海上贸易频繁带来城市经济的兴旺，这些城市一直都是区域内的经济中心。而江河沿岸的江门、石门、三水等城镇，陆路交通线上的四会的隆庆、中山的小榄等，这些城镇的经济对交通优势依赖性很强，一旦失去交通优势，就会受到很大的负面影响。（3）受大城市经济辐射，形成积聚效应的一系列小城镇，例如广州和佛山一带都出现了上百个小城镇。它们的性质、职能、规模虽然不一，但总趋势是朝着多功能和

---

① 周毅刚. 明清时期珠江三角洲的城镇发展及其形态研究［D］. 广州：华南理工大学，2004：187-191.

专业化两方向分化，从而使其文化风格和景观也发生相应转变，成为明清广东城镇发展的主要特征。

2.3.2　珠江三角洲城镇传统公共空间的体系

珠江三角洲墟市、城镇的形成，为社会生产力的提高、社会生活的多元化提供了坚实的物质基础，也为公共空间的形成、发展提供了契机。同样地，传统水乡聚落在规模上由小到大、由村到镇（墟）到市的发展过程，也都是围绕着公共空间有机地进行的，形成以多个墟市、宗祠和寺庙为核心的多核心特征。[①] 例如，从古代方志的地图可以看出，正式建制的城镇县署、学宫、寺庙往往作为标志性建筑而标注清楚；这些建筑和政治文化活动空间又构成城镇中最重要的公共空间（如高明、三水县城，图 2-2、图 2-3）。

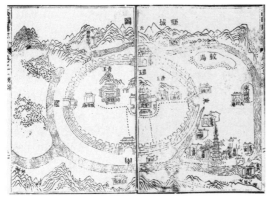

图 2-2　高明县城图[②]

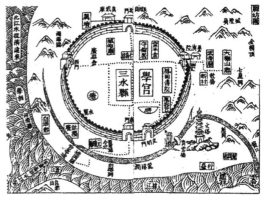

图 2-3　三水县城图[③]

一般村落中宗祠是最重要的建筑物，是血缘空间的核心，也是各聚居区的中心。而墟市、水道等作为商业和运输功能的公共空间则以线形分布在聚落的周边，街巷空间与埠头、水口等社会生活场所联系非常紧密（图 2-4、图 2-5）。在规模较大的城镇中，则还有戏台、会馆、茶座（楼）、庭园等小型公共空间分散各处，与丰富的社会生活场所融合在一起，满足了社会生活多样化的需求，也给城镇空间带来了浓厚的生活气息和旺盛的生命力（如佛山）。

当然，不能简单按照西方公共空间理论所定义的广场、街道等类型区分珠江三角洲城镇传统公共空间。因为作为城市史研究中的公共空间类型，它是一个历史范畴，也是一个地域文化的范畴，与现代城市公共空间类型的划分既有联系又有区别。传统城镇公共空间一般有相对稳定性，也具有共同的时代属性，因而同一历史时期城镇公共空间类型的划分

① 周毅刚. 明清时期珠江三角洲的城镇发展及其形态研究 [D]. 广州. 华南理工大学，2004：255.

② 引自清光绪版《高明县志》.

③ 引自清嘉庆版《三水县志》·舆地志.

是根据同一的性质为前提的。通过系统分析与研究，本文将珠江三角洲城镇、村落的传统公共空间按性质不同分成三类（图2-6）：

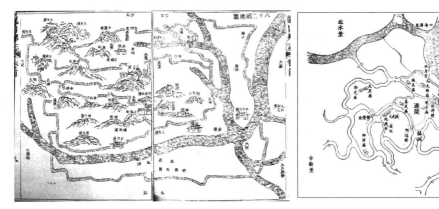

图2-4　龙山乡图①　　　　　　　　图2-5　顺德逢简堡图②

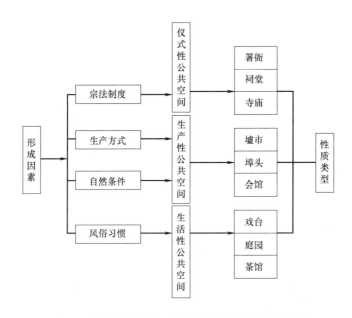

图2-6　传统公共空间的体系与类型（作者自绘）

（1）仪式性公共空间：往往处于城镇、村落的中心或重要位置，通过举行一定的仪式体现出政权、宗族、宗教信仰等建筑的象征意义，也是民众肃穆、拜祭或寄托精神的所在，例如署衙、祠堂、公约、寺院佛堂及城隍庙、财神庙前的广场一类。

（2）生产性公共空间：主要带有商业、手工业等生产或交易功能的空间，只对文人、商人或者特定的团体服务，例如墟市、运输埠头、会馆、行业协会之类。

---

① 引自清光绪《龙山乡志》，卷首.

② 引自清光绪《顺德县志》.

（3）生活性公共空间：主要为普通民众日常生活、娱乐服务和交流的一些空间，也是狭义上真正的公共空间，例如戏台、庭园、茶馆等。

2.4　珠江三角洲城镇传统公共空间的类型

为了便于与第 3 章珠江三角洲现代传统公共空间的对比研究，本节结合上一节的性质分类方法，把传统公共空间按照形态的分类分为祠堂、寺庙（广场）、墟市（街市）、埠头（水口）、庭园、戏台及其他形式的公共空间几种类型进行具体分析。对于每一种类型，都会简单介绍其产生与发展历程，具体的分类或型制、作用与风俗等相关因素。

2.4.1　祠堂、寺庙（广场）

1. 祠堂的产生与发展

中国历史上是一个以血缘、地缘为主的农耕社会，有着根深蒂固的宗族文化传统。传统的宗法制度，使人们对于以血缘为纽带的宗族有特别的依赖；同时，自给自足的小农经济生活，导致了"安土重迁"观念的产生。于是，聚族而居成为中国传统社会的一种普遍现象。

经过唐末的社会大动乱，出于加强对地方管治的考虑，宋代理学家主张重建宗法制度、提倡"三纲五常"来维护统治者的权威和社会稳定。其中最具代表性的就是托名朱熹编定的《朱文公家礼》，并把士庶祭祀祖先的建筑叫做"祠堂"，且再三宣扬建祠堂的重大意义："报本反始之心，尊祖敬宗之意，实有家礼名分之守，所以开业传世之本。"这样就论证了修建祠堂的普遍意义，为日后的民间祠堂大发展建立了理论基础。直到明末嘉靖十五年（1536 年），世宗皇帝下诏"许民间皆得联宗立庙"，才正式明确了民间祠堂的合法地位。[①]

到了清初，统治者标榜以孝治国，把宗族的任务扩大到了外部的国家事务上去，才把宗族真正当成了国家体制中的基础单位。例如康熙九年（1670 年）颁布《上谕十六条》，确定了宗族的功能；后来雍正皇帝的《圣谕广训》里明确"立家庙以荐丞尝，设家塾以保子弟，置族田以赡贫乏，修族谱以联疏远"，宗族制度更加完备。于是，祠堂成为宗族文化的一个不可或缺的组成部分和物质载体。当然，在祠堂的发展过程中，南方和北方出现了较大的差异。因为北方经历了战乱和朝野更替，亲人离散而宗族性血缘村落较少，宗族组织涣散；少数民族也不断侵入，以致宗族观念淡化。所以北方祠堂很少，而且比较简

---

① 李秋香. 宗祠［M］. 北京：三联书店，2006：3-5.

陋。相反，由于南方战乱少，长期稳定发展，因而多血缘村落；宗族势力强大，祠堂自然发展壮大和华丽。

明清时期珠江三角洲宗族制度的繁荣，祠堂几乎遍布大小乡村。而且一个村庄常常不止一间祠堂，除了大宗祠外，还有各房的支祠。如果不是单一姓氏的村庄，则各姓均建有祠堂。珠江三角洲历来重视祠堂的建筑，屈大均在《广东新语·宫语》中说，广东"其大小祖宗弥皆有祠。代为堂构，以壮丽相高，每千人之族，祠数十所，小姓单家，族人不满百者，亦有祠数所"。① 历代《佛山忠义乡志》对佛山的宗祠都有记载，从这些记载中可知乾隆年间佛山有宗祠91个，道光年间有宗祠177个，清末民初有宗祠376个。万历《顺德县志》云："俗以祠堂为重，大族祠至二三十区，其宏丽者所费数千金。"② 广为流传的"顺德祠堂南海庙"也反映了明清顺德修祠之风的盛行，杏坛镇的各个乡村现存明清时代的祠堂达240多间，占了顺德全区祠堂文物的一半以上（表2-1）。

顺德部分著名祠堂③ 　　　　　　　　　　　　　表 2-1

名称	地点	年代	级别	简 介
碧江金楼及民居群	北滘镇碧江	清代	省级	晚清碧江苏少谲之父所建，三间两层砖木结构，硬山顶式建筑，木雕艺术精品
陈家祠	勒从镇南村	清光绪21年	省级	族内称"本仁堂"，是佛山市保存最好的晚清广东典型民间宗祠建筑
何氏大宗祠	乐从镇水藤	明代	省级	康熙49年重修，占地900m²，族内称"厚本堂"
黄氏大宗祠	杏坛镇右滩村	明代	省级	占地1614m²，三门五间三进，是明代状元黄士俊家族祠堂
黎氏家庙及民居群	杏坛镇昌教	清代	县级	典型的岭南风格和水乡建筑，民居群据称有99道门，俗称"大宅门"
梅庄欧阳公祠	均安镇仓门村	清光绪8年	县级	占地1000多m²，正门"梅庄欧阳公祠"石匾及后座横额为探花李文田手书
罗氏大宗祠	大良蓬莱路	明代	区级	头进保存完好，石雕、木碣、梁架等为晚清风格
梁氏家庙	乐从镇大墩村	清光绪重建	区级	是明崇祯皇帝为表彰翰林大学士梁衍泗而恩准他回乡所建，以此光宗耀祖

2. 祠堂的型制和分类

祠堂是指按官制所设的家庙等民间祭祀建筑，是族人祭祀祖先或先贤的场所。一般来说，珠江三角洲的祠堂分为两类——"合族祠"（例如陈家祠）与"家庙"。由于对宗族势力的强大和炫耀心理，全族的大宗祠是村落里最重要的建筑物，地位通常超过庙宇。大宗

---

① 屈大均. 广东新语·宫语［M］. 北京：中华书局，1985.
② 明万历. 顺德县志. 卷四.
③ 资料来源：2005年顺德区第二次文物普查.

祠不但宏大壮丽，还综合了建筑、雕刻、绘画等多种艺术和技术，成为一个地方建筑水平的代表。

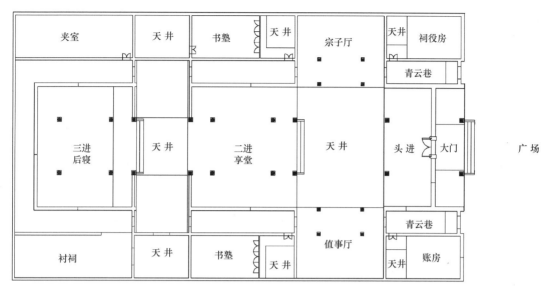

图 2-7　典型祠堂平面图（作者自绘）

祠堂的型制由《朱文公家礼》确定并经过长期的历史发展过程，逐渐由居祠合一的方式演变到独立的大型四合院式，并在外观上形成了明显的地方特色。院落式的祠堂建筑（图 2-7）布局严谨对称，主要有三部分：从前到后，一是大门门屋；二是位于中部最大的单体建筑拜殿（又称享堂、祀厅），是举行祭拜仪式的地方，也是族人重要的聚会议事、执行宗法等族内重大事务的主要场所；三是寝室，专门供奉祖先神位。[①]这三进房子之间是两个院落，院落左右有廊庑。大型的祠堂利用两侧廊庑作为教育后代的私塾，以提高族人子弟文化水平。有的把后院廊庑发展成厢房，也用作寝室，或作宗族办事用房，如谱房、账房或长老的议事室。规模大的祠堂还设前门、仪门、前后享堂，周围以墙围绕封闭，两侧设有廊庑（如沙湾留耕堂）。随着祠堂进深和层次的增加，令其序列更完整，纪念气氛也大大加强。

同时，宗祠作为本社区的公共场所，结合天井、广场、河道、池塘等室内外空间构成有机的整体。[②]除了"崇宗祀祖"之用外，祠堂前的广场亦可以有多种用途，例如主神巡游时的拜会等活动，各房子孙平时有办理婚、丧、寿、喜等事情时，便利用这些宽广的空间作为活动之用。祠堂前的广场通常可以按照建筑位置的不同以及河道池塘关系分为三种（图 2-8）：

（1）前凹型广场：是较常见的一种，祠堂相对周围的建筑离河岸退缩，形成较大的前

---

① 据说是由《礼记·王制》中的"庶人祭于寝"的"寝"字引发出来的名称。

② 祠堂前一般为水塘，若是河道也会适当改造成半月形；其原因除了风水观念外，也可以扩大空间以容纳更多的来往船只，符合举办庆典活动的需要。

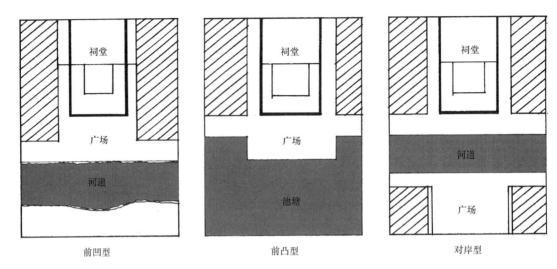

图 2-8　祠堂前广场类型（作者自绘）

广场，河道也多扩至半月形。

（2）前凸型广场：广场向河岸一侧突出而形成良好的空间，并有较大的埠头。

（3）对岸型广场：由于地形限制祠堂与周边建筑相平，在河对岸则形成开阔空间。

除了本身的建造型制，祠堂往往成为村子建筑艺术的重点和居住团块的构图中心，对村落的结构布局也起着重要的甚至决定性的作用。经调查，在珠江三角洲有许多村落的前面是一排宗祠，如番禺大岭村石板街两侧的祠堂布局（图 2-9）、顺德碧江、昌教等沿河涌布局等；由于宗祠具有风水的要求，村子和宗祠都要正对水面（水塘），各房派的住宅就在这些宗祠的后面排列。有些祠堂则建在聚落的中心或最前端，例如在三水大旗头村就有郑氏、钟氏两大宗族，采用以总祠为核心的团块式结构——分祠分布在全村，房派的成员往往聚集在分祠周围居住，如此形成了层层相套的组团空间（图 2-10）。①

3. 祠堂的作用与生活风俗

祠堂是乡土社会里宗法制度最重要的建筑，它的基本功能是供奉宗族祖先的神位，以及定时祭祀。祭祀祖先是宗族最重要的活动之一，主要分"时祭"和"大祭"两种。通过祭祀祖先，把族人从精神上扭结在祖先的周围，起到了团结宗族，敬宗收族和加强宗族统治的作用。雍正的《圣谕广训》里继"立家庙以荐丞尝"之后关于宗族事务的后面三项是："设家塾以保子弟，置族田以赡贫乏，修族谱以联疏远。"② 功名是宗族的大事，因此祠堂设置书塾教育后代使其兼具教育功能，主要是为了族人能考取功名。购置族田作为宗族的公共财产和物质基础，可以救助族内贫困家庭或应付突发灾害；利用这部分资金，宗

---

① 李凡等. 探幽大旗头 ［M］. 北京：中国评论学术出版社，2005：6-16.
② 李秋香. 宗祠 ［M］. 北京：三联书店，2006：11.

族还可以进行铺路、建村墙、整治水系、修建学堂等关系到全族利益的事业，归根到底也是为了团结宗族和发展宗族。而修族谱是从宗族创业的始祖开始一直流传下来的家族世系谱牒，记载了世系分支、族产、房屋、土地方位等，也起到了维系宗族内的等级辈分长幼次序，加强宗族团结、识别、联系宗族成员等作用。

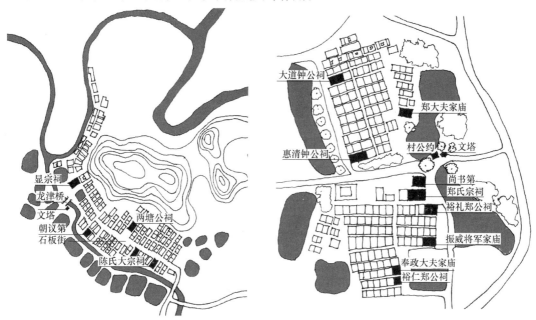

图 2-9　番禺大岭村（作者自绘）　　　图 2-10　三水大旗头村（作者自绘）

由于封建社会皇朝政府的统治只达到县级，许多血缘村落则变成由宗族管理的自治单位，所以宗族的功能早已越出了赡亲睦族的内聚作用，而几乎成了基层的类政权机构，甚至还有司法权力。珠江三角洲许多村落的族规里规定，凡发生纠纷、诉讼、治安等事件，先由宗族审理，案情较大或不好办的，再移送官府衙门。总之，在一个血缘村落里，宗祠和村落文化生活、经济生活、社会生活、政治生活、道德风尚的一切方面都有直接的或者间接的关系。宗法制度更是限制人们日常行为和生活的道德规范，在住宅内部功能分区、祭祀活动及祠堂里的位序排列等方面无不体现长幼有序、男尊女卑等观点。

当宗族成为民间社会的重要势力，祠堂就相应具有"外族交涉"的功能——即要为本族的利益与邻村别姓进行交涉，也是宗族乡村通过宗族组织与外界进行联系的重要功能的体现。例如，城镇墟市的发展就与当地宗族的关系密切。一方面由宗族设立与管理集市，对墟市经济渗透很深，宗族的管理职能较强。另一方面墟市为周边各宗族提供了生活来源和发展机会，宗族、村落围绕墟市发展自己的传统手工艺，出现了较明确的经济分工。谭棣华和叶显恩在研究明清时期广东佛山经济运作与发展时，注意到佛山的大小宗族先经济后政治而称雄佛山，造成整个佛山地域的定期墟场、市肆、码头、铺舍等，为大大小小的宗族所占据分割。[①]

宗祠对村落的结构布局起着重要的、某些方面甚至是决定性的作用。平时，祠堂是祭

———————————

① 叶显恩，蒋祖缘. 明清广东社会经济研究［M］. 广州：广东人民出版社，1987.

祀和人们交往的场所，宗族各分支的居住区域往往以本支祠为心理和祭祀的中心，而各分支祠又是以宗祠为心理和祭祀中心布置。在岁时年节的民俗活动中则更成为重要的活动场所，举办迎神赛会、节时演戏等宗教或文化娱乐活动。在珠三角的其他村镇也有类似的巡游和地方主神"坐祠堂"的现象，例如番禺沙湾的北帝神像每年在当地5大宗祠轮流"坐祠堂"，12年一大轮，反映了该地宗族的势力对比；顺德容桂和杏坛镇昌教（以黎姓和林姓为大族），至今还保留着每年正月初一至十五的出神巡游和轮坐的传统，龙灯、抬搁都要巡游到每个祠堂并逗留，到时全村老少一起出动，气氛甚为热烈（图2-11、图2-12）。

图 2-11　昌教巡游场景（作者自摄）

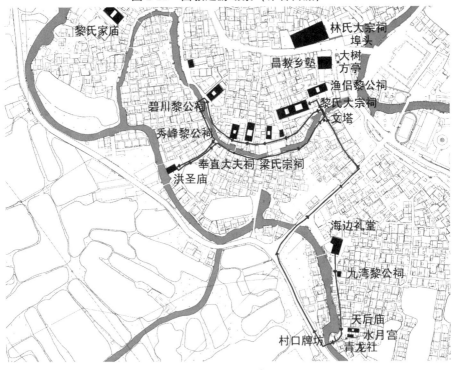

图 2-12　昌教巡游路线图① （作者自绘）

---

①　巡游从海边礼堂开始，经过九湾黎公祠到天后庙拜祭；穿出村口牌坊，折回大南路到文塔，在梁氏宗祠前广场停留拜祭；然后经过奉直大夫祠、秀峰黎公祠到碧川黎公祠前拜祭；巡游到洪圣庙前广场，然后折返村心路，最后到黎氏大宗祠。整个过程约两小时，沿途群众加入游行队伍，经过各家在门口拜祭，热闹非常。

可以看到，地方主神"坐祠堂"和巡游反映了各村镇的血缘社区和地缘社区的整合方式；每年重复的各种迎神赛会、灯节、社日等仪式活动则强化了信仰圈内地缘的认同，加强了不同社区的联系，均在财力和文化意识上显示宗族的强大力量。总之，宗族在乡镇建设中起着很大的作用，它也保证了聚落的整体性、合理性以及环境的和谐。祠堂作为宗族的物质载体和公共空间体现了和谐团结的宗族观念（见本章第 5 节），并且逐步与族谱、族规整合发展为一种宗族文化。

4. 寺庙（广场）的产生与发展

与祠堂所代表的祖先崇拜不同，寺庙是以神灵崇拜为中心营建起来的宗教场所，涉及一般群众的宗教生活和世俗生活。因此无论是佛寺、道观还是民间杂神庙宇，都在中国传统社会的民间文化中扮演重要角色。

在宋以前，严格的坊里制使城镇居民只有在宗教活动之日才有游憩的机会。由于城市的发展、政治控制的相对松弛、人身依附关系的相对松懈，民众生活的自由度有了较大的增加。宋代的坊里制被推翻之后，寺庙作为重要的公共活动空间被延续了下来，这些寺庙除了作为人们求神拜佛的场所外，还把市场功能与寺庙结合起来而产生了新的功能，从而成为综合性的公共活动场所和独特的城市公共空间，导致了庙会（庙市）的出现。"寺观与市井的结合形成了集祭祀、娱乐、商业、消闲于一体的庙会活动，宗教仪式、聆听俗讲、商人设摊、娱乐表演等，并约定俗成演变为传统的节日"。[①]

明中叶以来民间文化的空前繁荣，复杂多样的民间信仰和民间宗教的存在和发展，实际上是宋代以来寺庙文化高潮的延续。"乡村俱有文会，或集文昌庙，每逢会期，大小毕集，胜衣懦管，必率而至"。[②] 这类庙会朝拜活动，实际上是各阶层的聚会和交往的过程，寺庙（广场）为民众提供了公共生活的空间。平日难以介入社会公共生活的人群，如底层贫民、妇女等，在这种场合可以公开合法地参与其间，王公贵族、皇戚勋臣也都乐于参与其中。例如清康熙《肇庆府志》的风俗、岁时志介绍了春节期间的盛大活动，"元旦晨起送香于坛庙，男妇行贺年礼毕，幼于亲长携果酒致敬。……迎春太守率僚属陈鼓吹迎春于东郊，民间相邀啖春饼生菜。……元夜，城市有鱼龙走马花球琉璃鳌山诸灯，男妇嬉游达旦，途歌巷舞以花筒相胜。乡落亦然"。[③]

5. 寺庙广场的分类与型制

如前所述，在中国传统社会中，寺庙与民众生活之间的关系非常密切并得到了官方的认可。例如在各地方志的地图中除了署衙之外，标识最多、最醒目的就是本地的各个寺

---

①　曹文明. 城市广场的人文研究［D］. 北京：中国社会科学院，2005.
②　清光绪. 新宁县志. 舆地略（下）.
③　清康熙. 肇庆府志. 卷二十一，风俗岁时.

庙，如社稷坛、城隍庙、文昌宫、天后庙、真武庙、乡贤祠等（图 2-13），反映了寺庙在城镇中的重要性。[①] 在礼制意义上寺庙可以分为必须崇拜的（正祀）、允许崇拜的（杂祀）、不允许崇拜的（淫祀）三种。如果按地域来分类，可以分为南方和北方寺庙。一般来说，北方（特别是华北地区），民间信仰受官方意识形态影响较大，地方文化传统的独立性不强，因此表现出来一种相对整体化和单一化的特点；南方（特别是岭南地区），民间信仰多种多样，水乡文化比较强烈而具有鲜明的地区风格。

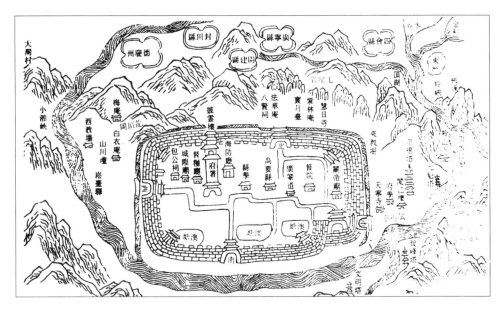

图 2-13 肇庆府城图[②]

在传统中国，农业始终是经济的命脉，是国家和个人生存的基础，因此与农业相关的寺庙众多，社庙以及相关的土地庙、土谷祠也到处可见。在沿海一带，由于水旱灾害频繁，龙王庙也就成为最常见的一种寺庙。普遍存在的观音信仰，就是因为后者具有"送子"的功能。珠江三角洲又是个多神崇拜的地区，而各式各样的寺庙也自然成为珠江三角洲典型文化景观。民国《佛山忠义乡志》载，当时镇内有各种庙宇 153 座、寺观 29 座、家祠 376 座、里社 27 座、神坛 4 座、坊表 16 座、节孝坊 32 座、文塔 5 座；平均每平方公里有 100 座以上庙、寺、观、庵、祠等，几乎我国民间所有神佛在此都建有庙宇。[③]

其他地方如南海、番禺一带就有 100 多座南海神庙，顺德各处也普遍供奉着洪胜庙、龙母庙、天后宫、北帝庙等。其中，佛山的真武庙（祖庙）则规模最为宏大，影响最广，一直是佛山各宗派系公众议事的地方，成为联结各姓的纽带，所以佛山人习称它为祖庙。[④] 始建

---

① 赵世瑜. 狂欢与日常——明清以来的庙会与民间社会 [M]. 北京：三联书店，2002.

② 清康熙版《肇庆府志》. 卷四. 舆地志.

③ 民国《佛山忠义乡志》. 卷九. 氏族祠堂.

④ 据《重建祖庙碑记》载：祭法曰法施于民能御大灾，大患则祀之。观此，则佛山之民崇奉祖庙，不妄矣。庙之创不知何代，以其冠于众庙之始，故名之曰祖庙。

于北宋元丰年间的祖庙经历代 20 多次重修，以山门、前殿、大雄宝殿、庆真楼为中轴线，以钟楼、鼓楼、灵应牌坊、万福台、禅堂、方丈室等配套建筑群；总用地面积达 3500m²，严谨对称，集岭南宗教建筑艺术大成，具有鲜明地方风格和民俗特色（图 2-14）。

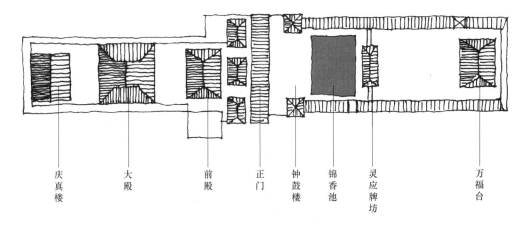

图 2-14　祖庙平面图（作者自绘）

　　寺庙广场是应宗教、贸易、文化等公共活动的需要而产生的，它是城镇公共活动的主要场所。除了少量与庙宇、戏台一起修建外，大多数的寺庙广场都是在长期的生活中自然形成的。平日广场的气氛相当严肃，但是在庙会期间，广场就成为商业贸易、娱乐活动的场所，吸引着成千上万的游人和善男信女，体现出多种功能及作用。在城镇中的岁时活动从寺庙一直延伸到附近的主要街道；在乡村，活动则在道路上举行，甚至联络至其他村落。

　　按规模的不同，寺庙前广场可以分为院落式、单体式和土台式（图 2-15）。不论是佛教、道教或其他大型寺庙的布局一般为院落式，规模大，多建在城外、山中，以塔或大殿为中心，重重院落、层层深入，回廊周匝绘有壁画而引人入胜（如祖庙）。寺庙广场位于庙宇的

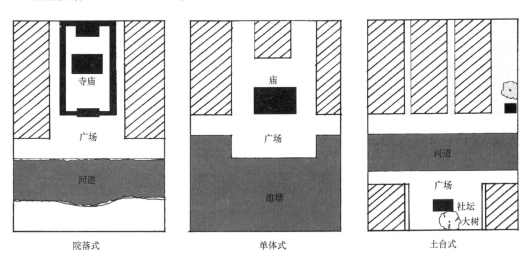

图 2-15　寺庙前广场类型（作者自绘）

前面，往往以庙宇的山门为主体，配以照壁、牌坊、戏台等来界定空间，广场往往有明确的中轴线，供宗教祭祀及其他庆典活动使用。由于地理位置的原因，珠江三角洲的单体式寺庙多修筑在城镇中心、河道一侧或河汊拐弯之处；寺庙前有小广场，正对河涌较宽阔的弧形水面，寺庙多采用马鞍形封火山墙。最简陋的则为土台式的社坛等，例如顺德杏坛镇各个自然村都有社坛，一般在村头大树或靠水边建社稷坛并砌筑小埠头，供奉本村的社神（图 2-16）。

图 2-16　大树及河边社稷坛（作者自摄）

6. 寺庙的作用与民间文化

寺庙的作用主要有四个，一是精神慰藉，二是文化娱乐，三是商业功能，四是社区维系和统治工具。民间普通百姓的神灵信仰，包括围绕这些信仰而建立的各种仪式活动，往往没有组织系统、教义和特定的戒律，因而既是一种集体的心理活动和外在的行为表现，也是人们日常生活的一个组成部分而具有更明显的实用性。中国传统的庙会最初的功能主要是用于娱神，然后逐渐增加了娱乐的和商业贸易的功能。庙会在传统社会中起着调节器的作用，一方面它是平日单调生活、辛苦劳作的调节器；另一方面，也是平日传统礼教束缚下人们被压抑心理的调节器，又起到了社会控制中的安全阀的作用。在精神层面上，各群体祭祀活动中热烈的气氛、狂放的情绪造成集体情绪的高涨，十分有利于强化群体的凝聚和认同，而各种社区关系在此得到调和。

赵世瑜以庙会为中心对明清以来的中国民间社会进行研究，认为明清以来与寺观神庙有关的各种酬神赛会活动表达了民间社会在封建伦理纲常之下"非理性"形式的感情迸发，故而可用"狂欢"形容。所以原始宗教的祭典极富狂欢精神，而文明社会庙会活动中的群体狂欢，乃是这种原始狂欢精神某种程度的延伸。不同阶级、阶层和等级的人，不同职业、性别、民族、地域的人，都可以不受限制地参加这类活动，尽管他们参加的程度、范围、态度等都不完全相同。① 庙会所展示的社会活动也有力地证明，中国四合院式的城镇空间布局并不必然排斥公共场所，反而可以提供一种敞开式与封闭式相结合的结构形

---

① 赵世瑜. 狂欢与日常——明清以来的庙会与民间社会 [M]. 北京：三联书店，2002：116-139.

式，形成人们进行社会活动的特色空间。

在珠江三角洲地区，清代佛山与寺庙有关的活动就十分丰富（表 2-2）。乾隆《佛山忠义乡志》载："越人尚鬼，而佛山为甚……夫乡固市镇也，四方商贾萃于斯，铗贷以贾者什一，徒手而求食者什九也。凡迎神赛祷类皆商贾之为，或市里之饶者耳。"除了日常生活中的民间信仰活动之外，特定的岁时年节则是民间信仰活动得到集中表现的时候，各种宗教节日、法会、斋会等都有大量市民参加，常常伴随很多娱乐游戏、观光游览活动，因此寺庙自然成为市民的公共活动中心。

清代佛山的岁时活动① 表 2-2

时间	活动	备注
元旦	拜年	烧爆竹
一月初六	灵应祠神出祠巡游	备神仗盛鼓吹导神舆出游，人簇观，愚者谓以手引杠则获吉利，竞挤而前，至塞不得行
元宵节	开灯宴	普君墟各灯市……他乡皆来买灯，持灯者鱼贯于道，通济桥边，胜门溪畔弥望率灯客矣
二月二日	祀土神，烧大爆	二月二日土地诞大爆，以佛山真武庙（灵应祠）暨新渡庙（在广州）为最
二月十五日	谕祭灵应神祠神，游行	先一日绅耆列神仗，饰彩童迎于金鱼塘陈祠，二鼓还灵应祠，至子刻住房同知谐祠行礼，绅耆咸集祭毕，神复出祠
三月三日	灵应词神诞游行	乡人士赴祠肃拜各坊，结彩演剧，日重三会，鼓吹数十部，喧腾十余里，神昼夜游历，无暂刻停。四日在村尾会真堂更衣仍列社仗迎接回舆
清明	扫墓拜山、踏青	插柳与门，月中扫墓郊行
三月二十三日	天后神诞演剧	天后司水乡人事之甚，谨以居泽国也。其演剧以报，肃筵以迓者，次于事北帝
四月八日	浴佛节	以枣栗杂投汤中分遗诸佞佛者，曰佛汤，佞佛者饮之喜，捐钱米答之
五月朔日	饮菖蒲酒	以角黍菱荔荐其先人
五月初五日	饮雄黄酒，观龙舟	乡之习者少，故竞渡之风不炽，而乘舟出游者独多于他处云
五月初八日	龙母神诞烧香	庙当水来汇处，神甚著灵异，男女祷祀无虚日，是晨咸赴庙烧香
五月十三日	乡人士赴会武庙祀武帝	早稻始登，夏至餐荔，乡所产荔多上品；栅下果栏香红堆满，肩贩百十为群，分走衢巷，家家餍饫，或互相饷焉
六月初六日	普君神诞演剧	凡列肆于普君墟者以次率钱演剧，几一月乃毕
六月十九日	妇女观音会	或三五家或十余家结队醵金钱，以素馨花为灯，以露头花为献，芬芳浓郁，溢户匝途，游人缓步过层层扑袭，归来犹在衣袖间也
七月六日夕	乞巧	闺人陈瓜果筵乞巧
七月初七日	朝汲水	水汲于日未出时永不生沙虫，他日则否
七月十四	盂兰盆会万人缘	乡中得盂兰盆会，每醵钱建水陆道场以超度幽魂，谓之万人缘
七月十五日	结缘	闺中妇女以彩丝结同心缕，镂菱藕为花鸟形，佐以龙眼青榄互相馈遗，曰结缘，婢仆络绎于道

---

① 乾隆. 佛山忠义乡志. 卷六.

续表

时 间	活 动	备 注
八月十五日	谕祭灵应祠神	仪如春仲
社日	出秋色	祭社,会城喜春宵,吾乡喜秋宵。……种种戏技,无虑数十队,亦堪娱耳目也,灵应祠前,纪纲里口,行者如海,立者如山,柚橙纱笼,沿途交辉,直尽三鼓乃罢
九月九日	重阳登高	亦有扫墓者
九月二十八日	华光神诞建火青醮	是月各坊建火青醮,以答神贶,务极奢,侈互相誇。尚用绸绫结成享殿,缀以玻璃之镜,衬以翡翠之毛,曲槛雕欄,锦天绣地,瑰奇错列,龙凤交飞;如巫作法事,凡三四昼夜。醮将毕,赴各庙烧香,曰行香。购古器,罗珍果,荤备水陆之精,素擅雕镂之巧,集伶人百余,分作十队,与拾草捧物者相间而行,璀璨夺目,弦管纷喧,复饰彩童数架,以随其后,金弦震动,艳丽照人,所费盖不赀焉,而以汾流大街之肆为首
十月	庆秋收	多请外乡人自是月至腊尽,乡人各演剧以酬。北帝万福台中鲜不歌舞之日矣
十一月冬至	祀祖、团冬	乡最重冬祭,春秋之祭间略,冬则无不举者。祀毕与家人宴于室,曰团冬

2.4.2 墟市(街市)

一般来说,中国古代城镇缺乏如西方城市广场般的公共空间,很多学者认为街道才是中国传统公共空间的主要形式,街道是公认的生活交流的最佳场所。本文所指的"街市"是城镇中的街道和墟市(通常在城外),通常在地方志中也可清晰辨认(图 2-17)。例如,

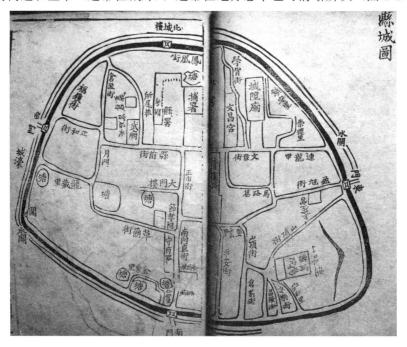

图 2-17 新宁县城图①

---

① 引自清光绪《新宁县志》·图说,新宁县即现在的台山市。

1830 年禅山怡文堂印行的《佛山街略》记录了佛山全盛时期末年的地理交通、主要街道出售之货品，粤海关与有影响的外省会馆和待业会馆所在地、各地客商聚居处以及佛山附近 15 个墟市的日期、路径等情况。由黄佛颐（1886～1946 年）编著的《广州城坊志》则根据广州建城史料，以坊巷为主线系统地编辑城区和街道的发展，以及与之相关的史事、人物、园林府第、坛庙古迹、掌故传说等，反映了古代广州的繁盛和街道生活的丰富。很多学者亦对传统城镇的街道进行了专门研究和相关学术讨论（图 2-18），本小节则扩充研究范围，主要对珠江三角洲城镇的特色街道——墟市进行详细研究。

珠江三角洲的城镇形成原因，除了官方建制镇外，墟市是最为重要的一种力量。另一方面，墟市在街道的基础上发展了商业功能，并逐步演变成各种活动集聚的中心，成为珠三角乡镇更有复合意义的公共空间，也是现代步行街的前身。

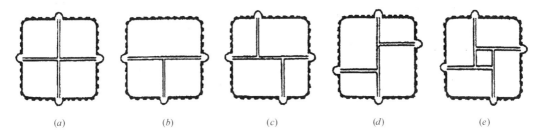

(a)　　　　　　(b)　　　　　　(c)　　　　　　(d)　　　　　　(e)

图 2-18　传统城镇街道模式①

1. 墟市的产生与发展

墟市是聚落中专供商业买卖使用的街道或场所，北方通常称为集市，南方则又称"墟"。屈大均在《广东新语》中指出"粤谓野市曰虚。市之所至，有人则满，无人则虚。满时少，虚时多，故曰虚也。"② 珠江三角洲一带的墟市多产生于明朝，它的形成受商品化程度、交通条件、人口密度、居民生活需要、政治和文化等因素的影响，因而它又带有浓厚的地域文化色彩。例如江门在明代成化年间是"日日来鱼虾"和"商船夺港归"的热闹墟市③；但也有墟市是因为一种传说而建立起来的，例如：顺德杏坛北水神仙墟。④ 农历十二月二十一日的"神仙墟"，从甘竹滩北水一社学的码头边开始，经北水市场、北水牌坊、左至龙潭村路口、右至吉佑村路口共 1.2km 长的路段成为交易集市，百货尽有，人潮如涌。⑤

由于交通不发达和商品数量的原因，这类集市以一定的周期举行；所谓"三天一

---

①　施坚雅. 中华帝国晚期的城市：105.

②　屈大均. 广东新语·宫语 [M]. 北京：中华书局，1985.

③　陈白沙. 白沙子全集. 卷 8、9.

④　相传神仙墟起源于明末清初，有一年农历十二月二十一日，一艘开往江门的货船途径北水村的锦鲤北围时遭遇狂风骤雨而进村躲避，在"社学"遇到神仙指点而在当地设市摆卖，生意奇好而代代相传为一年一度的盛大节日式墟市。

⑤　寒风里"神仙墟"万人空巷. 珠江商报，2008-1-29，C2 版.

市"、"月半而市"指的就是这类集市举行的周期。每逢市期，大量各地的商贩云集进行商品贸易，时间一过便移至他处市集。而后来逐渐也发展出一些日常性的市场，场所也从无序的自由形态发展成有序的、经营规模较大、品种丰富的专业市场和商业街的形态。在岭南，尤其是珠江三角洲地区，墟与市本来各有所指：以若干天为期，叫做墟；以早晚为期，叫做市。[①] 这些墟市植根于农村市场的土壤，直接联系着乡村、村民，"乡非镇则财不聚，镇非乡则利不通"，这生动地说明墟市与周围的村落唇齿相依的密切关系。经过长期的经济发展，珠三角城镇的墟市到后来大都与市镇联系在一起，即墟与市合而为一。

由于墟市是中国社会中最常见到的一种社会经济现象，许多学科如经济学、历史学、社会学、经济地理学等对中国地方墟市都有足够的重视。历来学者对墟市，尤其是岭南墟市，有着浓厚的兴趣。在国外有施坚雅、黄宗智、杜赞奇等人对中国农村市场、城市和社会结构等方面的深入研究；在国内有叶显恩、谭棣华、罗一星、蒋祖缘等人对岭南墟市的个案研究；在港台等地区，则有刘石吉等人对江南市镇的探讨。[②] 他们的研究表明，墟市不仅是农村经济的命脉，而且还是农村居民社会生活和文化生活的窗口。

2. 墟市的形态分类

原始的乡村墟市设施一般很简陋，一般选择在交通要道及交叉口，人流量大、交通便利的地方，市镇中一般选择在开阔地带及社区中心地带。墟市没有固定的铺位和商店，集罢即"虚"，后来才逐渐出现地点较为固定的廊肆、墟亭等构筑物。作为墟市，一般都具备：（1）墟廊、墟亭、墟肆之类的设备，以供从贸易范围内运来的产品作交易地。（2）固定的店铺，以出售日用百货。（3）酒店、客店、牙店等设施，以便外地客商住宿。[③] 清代以后，各墟市几乎都设有典当铺，有的墟市还设有娼寮、赌场，为村民和外来客商提供各种服务。

明清时期墟市发展迅速，功能也不断完善，并出现了桑市、蚕市、丝市等专业墟市。例如光绪年间南海九江大墟有"街弄二十有六，为行市七，为铺肆一千五百有奇"。宣统《顺德县志》记载，新设墟市 65 个，其中 47 个是专业墟市。"县属各乡，均有桑市，不能悉数，谨从略"。[④] 如果加上新开设的 40 多个桑市，顺德县专业墟市的比率更高。南海官窑发展至清代，河堤上的墟市东西走向成"一"字形，分为石市、驿市、铁网陈市，沿街用花岗石铺砌而成，有"十里长街"美称（表 2-3）。

---

① 据叶显恩先生的研究，墟与市的区别有：（1）墟大市小，墟有常期，市无虚日。（2）交易的商品品种和流通量不同，服务对象的侧重面不同。（3）墟的场区较讲究，一般设在交通便捷的地方，设备也较复杂。（4）营业时间不同，墟定期举行，市则早晚开放。

② 胡波. 岭南墟市文化论纲 [J]. 学术研究，1998（1）：66-70.

③ 胡波. 岭南墟市文化论纲 [J]. 学术研究，1998（1）：66-70.

④ 清宣统. 顺德县志. 卷 3·墟市.

清代珠江三角洲专业墟市分布① 表 2-3

地域	年代	专业墟市的内容	依据史料	其他
南海县	1835 年以前	桑市 10 个;丝墟、丝市各 2 个;猪市;猪仔墟;猪谷市;大谷市;竹墟;菜市;瓜菜市;瓜墟;紫洞新墟(土布)(总计 23 个)	道光 15 年《南海县志》,卷 13·墟市	专业墟市数占全体 159 个中的 23 个
	1835~1872 年以前	新桑墟;桑市;布市;纱布墟;谷埠;谷墟;谷市 2 个;塘鱼栏;海鲜埠;猪墟 2 个;猪市;鸡鸭市;鸭栏;卖书坊;花市;灯市;芦竹墟;石市;瓜菜市(总计 21 个)	同治 11 年《南海县志》,卷 5·墟市	咸丰、同治年间新设 48 个中专业墟市有 21 个
	1872~1911 年以前	桑仔市;桑市;旧桑墟;茧市 2 个;蚕纸行;布行 2 个;鲜鱼埠;鱼行;鱼市;鱼种行 2 个;虾干市;虾市;蚬埠;猪谷埠;猪仔墟;猪墟 2 个;瓜行;瓜菜行 2 个;菜墟;菜市;柴市;猫狗市;鸡行 2 个;鸡鸭墟;花市;萝行墟 2 个 (总计 33 个)	宣统 3 年《南海县志》,卷 6·墟市	光绪年间新设 62 个中专业墟市 33 个
顺德县	1856 年以前	丝墟;蚕丝墟;桑市 2 个;大布墟;米市;花市(总计 7 个)	咸丰 6 年《顺德县志》,卷 5·墟市	全体 90 个中 7 个
	1856 年至宣统年间	桑秧市 2 个;蚕纸市 3 个;茧市 19 个;茧壳市;茧纱市;丝市 11 个;茧绸市 2 个;纱绸市;鱼种市 2 个;鱼市;米市;大布市;边带市;猪仔市(总计 47 个,加桑市 40 个时总计 87 个)	宣统《顺德县志》,卷 3·墟市	新设 65 个中专业墟市 47 个
番禺县	1871 年以前	乌涌墟(梅实);黄陂墟(狩猎物)	同治 10 年《番禺县志》,卷 18·墟市	
	1911 年以前	布墟 2 个;果市;果栏;乌榄市;花生市 2 个;鱼栏;花市;花墟;牛墟 2 个;猪仔墟;竹料墟(总计 14 个)	宣统 3 年《番禺县续志》,卷 6·墟市,卷 12·工商业	132 个中专业墟市 14 个
东莞县茶山乡	1935 年以前	菜市;柴市;灯市;果市;香市;牲口墟;猪墟;山货墟;谷墟;布墟(总计 10 个)	民国 24 年《茶山乡志》,卷 2·建置略	12 个中 10 个
三水县	1819 年以前	木棉墟	嘉庆 24 年《三水县志》,卷 1·墟市	

　　除了专业分工的不同,在商品经济的促进和刺激下,珠江三角的墟市自身发生了明显的形态演进。墟市自身的演化可以分为三个过程:(1)墟、市分离。墟定期而开,保证批发交易所需大量货源的聚焦,市在明清时期已经发展成为日日开市的情形。(2)墟、市合一。随着经济的发展,原来单一为"墟"的地方成为"墟中有市"的形式。(3)墟市的规模不断扩大,大量标准墟市逐步发展为中心市镇。而且,墟市(镇)呈现出多级结构,标准墟市向中心市镇的转化速度加快,两者往往区分的界限模糊。这种现象,尤其在专业的商品性农业区域和经济作物的中心产地最为常见。

　　罗一星认为,珠江三角洲墟市(镇)的分布状态为同心圆形分布,墟市分布的网络,

---

　　① 中国社会科学院历史研究所清明史研究室. 清史论丛 [M]. 北京:中国广播电视出版社,2002:33.

以广州、佛山为中心，从密到疏分布在其周围。①南海、顺德、番禺三县的墟市密度大，其中石湾、南海九江、顺德陈村既是大乡的中心墟，通常也被认为是城镇。以龙山为例，该乡土地面积为 62.33km²，墟市有三个桑市和大冈墟（图 2-19）、螺冈墟等共 15 市。每市贸易范围平均面积为 4.16km²，平均人口 6667 人。作为弹丸之地龙山，如此密集的墟市实在非常繁荣。②

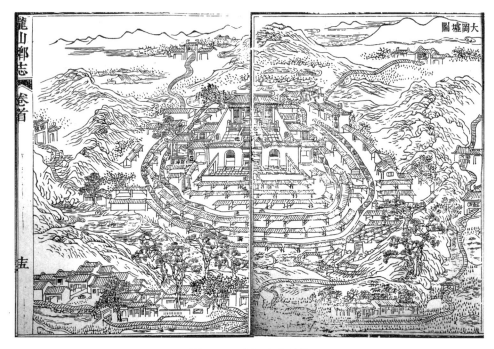

图 2-19　龙江大冈墟③

根据墟市所设置的位置和形态来分类，墟市可分为市镇型（集中点式）和街道型两种。大冈墟是典型的市镇型墟市，亦有一些地方结合寺庙形成中心庙市，例如龙江相公庙市（图 2-20）等。街道型墟市也分为河道型——通常建在河涌与麻石道之间，铺面开在石板道上，与对面的商铺构成以桥、庙为中心与河涌平行的商业中心。例如顺德杏坛镇高赞村的大成市，以大成桥为中心，附近还有闸头桥、福安桥等桥梁，在桥头处往往会建有珠三角乡村常见的三圣、天后、北帝、观音等庙宇和宗祠（图 2-21）。当然，有学者指出，这种河道型的墟市与长江三角洲的"市河"形式又略有不同；因为多数三角乡村的沿河建筑背对河道，墟市则垂直河道，这与江南市镇的以河道为商业空间主角的场所特征有所区别。另外一种墟市则修筑在村镇中交通要道上，主要担当村域交通的功能，交通要道同时亦是村中的商业中心区，即"市头"（图 2-22）。这种形式多见于江门、中山一带平

① 罗一星. 试论清代前期岭南市场中心地的分布特点 [J]. 开放时代，1988.

② 邱衍庆. 明清佛山城市发展与空间形态研究 [D]. 广州：华南理工大学，2005：113-123.

③ 引自清《龙山乡志》·卷首.

地广阔、河流密度较小的城镇中。例如《石岐志》载："一为沙岗墟，乃四郊农民土产品集散之市集，逢三六九日热市非常。"①

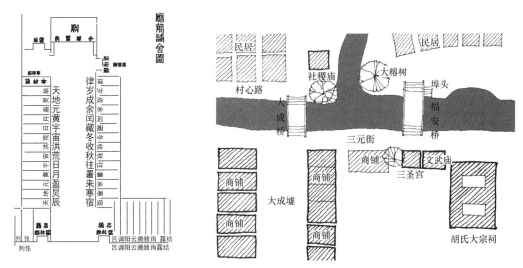

图 2-20　相公庙市②　　　　　图 2-21　高赞村大成市（作者自绘）

图 2-22　开平水口商业街③

3. 墟市的作用与相关风俗

墟市是进行生产交换、商业贸易的中心，也是宗族之间获取信息、沟通思想的地方。此外，墟市往往又是乡村中心神庙所在地，是各村落的神明信仰的中心。因此，墟市作为乡村经济组织单位和基层社会结构，其重要性不言而喻。在功能作用上，珠江三角洲墟市

---

① 现在沙岗墟已转变成一个公园。

② 引自道光《龙江乡志》。

③ 描自民国 17 年陆军测量《开平水口详细市区图》。

也较北方集市齐全和广泛，主要具有以下几种功能：

（1）产品交换集散功能。墟市的产生就是为了满足当地居民生活的多种需要，达到以有易无的目的，因此对产品的交换调剂成为墟市的首要功能。在墟市上，居民们可以买到自己所需的东西，也可以出售自己生产的产品，买卖双方都能得到一定的满足。另外，墟市通常不仅销售本地的产品，而且还将外地运来的货物销售给当地的居民，起到承上启下的作用。如嘉靖时顺德陈村"诸奇卉果，流俎天下"① 而成为一个大的产品集散中心。

（2）信息沟通传递功能。墟市既是一个信息源，又是一个信息库。在墟市上可以了解到各种商品的供求关系、价格标准、质量优劣、数量多寡、消费潮流，可以获得社会政治、经济、文化等方面的新信息。所谓"呼郎早趁大冈墟，妾理蚕缲已满车。记问洋船曾到几，近来丝价竟何如？"② 就是最好的佐证。居民根据从墟市得来的各种信息，确定自己的生产和生活方式。

（3）娱乐消遣功能。珠三角墟市还有许多文化生活设施和文化娱乐活动，以及江湖艺人精彩的表演，对于那些为生活所累而又很少娱乐的居民来说，无疑具有极大吸引力。居民逛墟或趁墟成为一种习惯和乐趣，也是一种消遣；不仅可以参与娱乐和直接享受，而且琳琅满目的商品也可以令人一饱眼福。例如：广东阳春南部的龙门墟，以该墟为中心进行的地方文化活动主要是宗教祭祀活动和娱神戏剧，而且两种活动同时举行。

（4）社会管治功能。居民通过墟市不但进行经济上的交换，而且同时由许多社会活动建立起各种社会关系。墟市也成为社区宗族势力角逐、较量的主场，同时墟市的形成和发展，也在一定程度上影响了农村社会结构的嬗变和社会秩序的维持。墟市发展不仅加速了农村的社会流动（如个体农民向工商行业流动，社会地位低微的农民由于勤劳致富而向社会上层靠拢），而且也促进了农村城市化（如佛山、顺德、东莞、中山等地的市镇在明清以后的发展）。③

总之，墟市的产生是由于生产发展和产品交换的需要。但是，交换活动不是简单的物物交换，而是一种典型的社会交换活动和社会互动的过程，人们同时还交流了思想、情感、观念、知识、信息等非物化的东西。墟市对岭南农村社会和城市社会的辐射是多方面的、持久有力的，形成的地方制度和传说也发展成为一种墟市文化。事实上，也正是墟市文化的长期存在和发展，影响了岭南农村社会变迁的模式、速度和方向。

2.4.3　埠头（水口）

1. 埠头的产生与发展

对于水乡来说，埠头是日常生活不可缺少的依靠，是汲水、洗涤、停泊、交易、运输

---

① 转见佛山地区编：珠江三角洲农业志（六）：73.

② 清嘉庆．龙山乡志．卷12.

③ 胡波．岭南墟市文化论纲［J］．学术研究，1998（1）：66-70.

的场所，是人与河联系的纽带，是水乡的特殊构造物。由于防洪的要求，河道驳岸常高于水面，为了便于贴近水面，必须入水建造台阶，埠头正是指由岸边陆面下到水面的地方。《正字通-土部》释曰："埠，船舶埠头。"《通雅》曰："埠头，水濒也。埠，古皆作'步'，从俗作'埠'者，《宋史》始也。"可见，"埠头"最先指水濒，后又指商业码头、渡河码头，今天统指停船的码头。① 由此而来的"步"则多见于地名当中，例如佛山南海的盐步、炭步，台山的水步，顺德的沙步。

埠头是河道空间重要的形态特征符号之一。埠头由原来主要供船运货物和人的上落之用的埠头，逐渐也发展成为一个人群积聚的地方。规模较大的埠头附设有交易的商铺，也有可供休息的茶楼，各种外界的货物和信息都可以在这里得到转换和传播，因此也成为了极具水乡特色的公共空间。另外，埠头也是赛龙舟等节庆活动的始发点和高潮空间。

水乡河道空间的另一种形态特征是水口，所谓"水口"是指村落中水的流入或流出的地方。② 另外根据风水习俗，村落除了选择好的水口以外，还要造桥，并辅以树、亭、堤、塘，以及文昌阁、奎星楼、文风塔等高大建筑物，利用天然溪流和山林将山水、田园、村舍融为一体，同时弥补自然环境的不足，使整体景观趋于平衡与和谐。可见水口一般有"壮景观、固地脉"的作用，例如番禺大岭村的水口（图 2-23）。

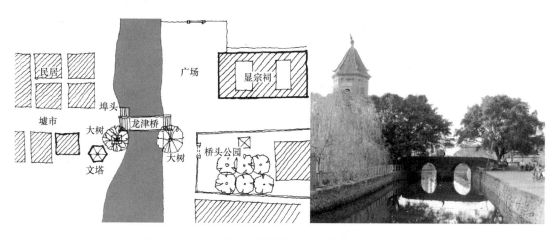

图 2-23 大岭村水口平面及现状（作者自绘及自摄）

2. 埠头的形态分类

珠三角水乡的河涌多迂回曲折，流经村落的河道两岸用麻石、红砂岩砌筑驳岸，每隔一段设置小埠头。埠头一般用石砌的踏阶一直通到水中；这些踏阶有时凌空悬挑，有时靠

---

① 张继平. 何为"河埠头"[J]. 语文知识，1995（07）.
② 朱光文. 广府传统的复原与展示——番禺大岭古村聚落文化景观 [J]. 岭南文史，2004（2）：31-40.

墙实砌，有时完全凹入河岸，有时全部凸出河岸，有时则半凹半凸。有的为跌落河涌的阶梯状，有的突出河岸两边或一边开石阶，一般正对一侧的巷门方便村民上下船和洗衣物。此外还有一面入水、两面入水等多种形式。

埠头形态多种多样，因地形变化而改变，各地建造方法也略有不同。通过对现存珠三角水乡（顺德杏坛镇、番禺古楼镇、鹤山古劳村等）的实地考察，依据埠头与河岸的关系（实际上是河与街、巷的关系），埠头通常可以简化成三种模式：平行式、转折式、垂直式（图 2-24）。

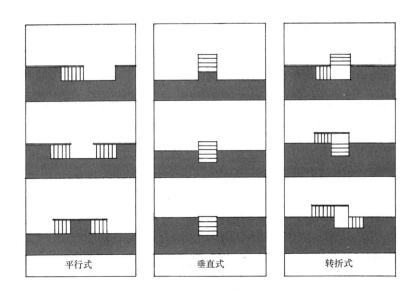

平行式　　　　　　垂直式　　　　　　转折式

图 2-24　埠头形式（作者自绘）

根据使用性质埠头可以分为家族用的、官用的、商用的，甚至祠堂用的埠头；从大小规模来说一般分为仅供一户或几户人家共用的小水埠以及大家公共使用的大水埠（即码头）两种。顺德水乡的各姓氏和房分以河涌为界分居村落各处，每一组团都有自己固定的土地神（又称"社"）。例如顺德逢简村共有十六个社（现称"街"）：见龙、村根、坛头、明远、后街、高社、麦社、午桥、嘉厚、高翔、直街、碧梧、西岸、东岸、槎洲、新联，共同组成既相对独立又联系紧密的聚落共同体。[①] 每个社都有各自的社神和埠头，区分十分严格，各房、族分及家族、个人均使用不同的埠头；有的埠头还特意用渤石加以说明，如顺德逢简村的"三世梁姓水埠"、桑麻总社村的"黎恒传祖水埠"等。另外村中较大的祠堂也专用水埠，并特意用渤石加以说明，如顺德昌教村林氏大宗祠前的水埠渤石上刻"光远堂水埠"五个大字，逢简村宋参政李公祠前的"李德昌堂水埠"等。

---

① 据笔者对杏坛逢简村的考察总结。

2.4.4　庭园

1. 庭园的产生与发展

庭园是一种以建筑空间为主的造园艺术，它的出现开始是为了解决民居中采光、通风、降温等问题，以及满足一定的休闲和景观需求，将室外的天井院落逐渐扩大成庭园。珠江三角洲地区山清水秀，四时花果不绝且多奇石，因此在唐宋以来随着地方经济的发展和生活水平的提高，商贾、文人、仕官都开始构筑或扩展自己的私家庭园。这些私家庭园不仅是历史文化的产物，同时也是中国传统思想文化的载体，在园林建筑中普遍蕴涵着天人合一的人生观和虚静淡泊的隐逸思想，并反映出古代岭南民间的生活方式和礼仪习俗。

古代岭南园林已自成风格，私家庭园的繁盛则出现于明清时期；特别是清代以后的宅居庭园，无论从史料或现存园林都比较丰富，但主要集中在广州、粤中和粤东等地。明清时期广州有名的庭园就有五六十处之多，且规模相当大，除了城中心的一部分世家大宅外，更多的分布于城郊外。据史料记载，至清末顺德园林建筑计有 68 处，其中有大良清晖园、帆园等 16 处，陈村有玩芳园等 19 处，龙江有梅花庄等 7 处。[①] 现在保存较为完整的是清代广东四大名园——顺德清晖园、东莞可园、番禺余荫山房和佛山梁园（十二石斋）；均以精巧玲珑、小中见大著称，对于形成今天岭南园林起着承先启后的作用。

明清时岭南造园活动主要在宅园，特别是庭院艺术的运用。近代园林的发展则朝着多元兼容的走向发展，其突出表现在两个方面：一是从原有的宅居庭园走向公共大众化的茶楼酒家园林；二是在园林中溶入了西方建筑和造园手法，产生出近代岭南公园（例如民国时期建设的一批中山公园）和别墅花园。[②] 岭南庭园的历史发展和不断提高、突破，给中华人民共和国成立以后的公园建设提供了宝贵的经验和借鉴作用。

2. 庭园的形态分类

按照级别层次不同，岭南传统庭园有宫廷御苑、寺院道观花园、私家宅园等多种形态，从清代开始还出现了将戏曲与园林结合而成的戏园；由晚清到民国，由于岭南饮食发展变化而出现带有庭园的酒家和茶楼。除了大量的私人庭园，具有一定公共性的园林多为寺院、道观和公祠园林，如广州光孝寺、海口五公祠等。民国时期广州就先后建成海珠、净慧、仲凯、义口伶公园，以及河南（海幢）、东山、越秀山、白云山公园等，[③] 而历史上的四大名园也逐步改造成公众场所。这些公私庭园，大都属于中国自然山水式风景园

---

① 谭运长，刘斯奋 . 清晖园 [M]. 北京：人民出版社，2007：91.
② 陆琦 . 岭南造园艺术研究 [D]. 广州：华南理工大学，2002：43.
③ 胡冬香 . 广州近带园林研究 [D]. 广州：华南理工大学，2007：127-130.

林，但也有吸收不少西洋建筑和欧洲几何规则式园林特色（例如开平的立园），表现出强烈的岭南文化风貌。

由于文化差异影响，中国各地庭园布局也各不相同。据陆琦等人的研究，以庭为中心、绕庭而建的布局方式是岭南庭园建筑布局的特色之一，前庭后院或前宅后庭是岭南另两种常见的庭园布局方式。这种布局在南面常设置一个比较开阔的庭院，面向夏季主导风向；住宅区设在北面，形成前疏后密、前低后高的布局，非常有利于通风。庭园是主人生活的一部分，布局较为疏朗开阔；住宅采用合院形式，布局密集，但比较灵活自由。庭园中的住宅大都设在后院小区，自成一体。宅居和庭园相对独立，各自成区，但没有实墙相隔。另外还有一种是书斋侧庭式布局，岭南庭园住宅大都专为书斋而设置庭院称为书斋庭园。书斋是岭南一种独特的建筑类型，是为了读书而建的一种具有居住功能的书房，简称为"斋"，它通常与住宅、庭院结合在一起。[①]

夏昌世、莫伯治曾对岭南庭园布局作过详细分析，认为"庭"是庭园的基本组成单元，由几个不同的庭组成为一座庭院，而建筑和水石花木则是庭的空间构成要素。岭南庭园的"庭"按其构成内容可以分为五类：（1）平庭——地势平坦，铺砌矮栏、花台、散石和庭木花草等，景物多为人工布置。（2）水庭——庭的面积以水域为主，陆地占的比例较少。（3）石庭——地势略有起伏，以散理石组和灌丛，或构筑较大型的石景假山来组织庭内空间。（4）水石庭——起伏较大，配合水面的不同形状及大小比例，运用石景和建筑来衬托出各种不同的水型，如"山池""山溪""碧潭""洲渚"等。（5）山庭——筑庭于崖际或山坡之上的。[②] 当然，大多数的庭园采用灵活自由的多"庭"组合。如东莞可园的建筑是环绕平庭，因有狮石假山，因而也是石庭。

3. 庭园的作用与艺术特点

如前所述，庭园的最初作用是解决以家庭为单位的防卫性内向布局所产生的采光通风问题，后来才逐步由"家""庭"合一的空间形态，在生活文化水平提高的作用下逐渐独立发展完善起来。建园的初衷，除了自我休闲养生、追求居住环境的舒适和情趣之外，也是亲朋好友聚会的一个场所，并逐渐成为家族活动重要空间。这些造园的文人雅士把庭园看做"一片冰心在玉壶"的壶中天地，又是他们生活起居和进行文化活动的重要场所。

私家庭园虽不对外开放，算不上完全的公共空间；但随着城镇发展扩大，由私家庭园逐渐扩展到公共活动场所的园林也在相继出现，并为普通市民所享用。例如明代广州城南的南园，内有大忠祠、臣范堂、抗风轩及罗浮精舍等，是当地名士雅集唱和、结社交友的地方。当年岭南诗人张维屏的家就在南园附近，并写有《南园诗》："东园住久住南园，咫尺邻街即里门，客馆近城仍近水，人家如画亦如村。斋前梵宇禅心静，屋后濠梁乐意存。

---

① 陆琦.岭南造园艺术研究［D］.广州：华南理工大学，2002：152-155.
② 陆琦.岭南造园艺术研究［D］.广州：华南理工大学，2002：159.

助我高吟兼尚友，隔墙便是抗风轩。"另一方面，在政治、经济、文化较集中的州府，利用近郊农业水利开辟风景名胜区，如端州星湖、惠州西湖、雷州罗湖等。那些禅寺晚钟、忠堂贤祠、诗社书院、精舍幽园、贤坟祖墓、亭台楼阁、桥廊庇榭等兴而复始地装点湖山，供民间游憩，虔诚祭祖，文墨诗书，樵耕渔猎，很有点公园性质。①

2.4.5　戏台

1. 戏台的产生与发展

戏台是中国古建筑的一个重要类型，也是中国戏曲文化的一个缩影，它不仅承载了中国古典的戏曲文化，还是中国世俗生活的真实写照。唐代以前，尚未见到在寺院设置固定表演场所的记载，而到北宋则"于殿前露台上设乐棚、教坊、钩容直作乐"。宋金时期娱乐建筑完成了从"露台"向正式舞台的转变，是演出建筑发展史的重要一页。②

宋元时期是我国戏曲的一个高潮，当时的戏曲表演大都与酬神还愿有关，所以通常设戏台于会馆、寺庙院内。为适应迎神赛社时杂戏演出的需要，"舞亭""舞楼""露台""乐亭"等祠庙寺观中的舞台名称相继出现，从此寺院宫观建造戏台有增无减，成为节庆仪典、公共聚会和娱乐中心。这些戏台已将前后台区分开，演员由上下场门出入，观众则在三面看戏，其中与庙宇相连的，称为"庙台"。

由前述可以看到，中国戏曲表演场所的演变有以下趋势：（1）临时性表演场所向永久性场所转变。（2）有平地演出的勾栏到高出地面的舞台，由无顶盖的露台向有屋顶的室内舞台演变。（3）由依附于寺庙的戏台向独立式的、商业化的戏园转变，并且由迎神赛社的节日演出转变为经常的表演。

明清时期是中国戏曲的又一个高潮，观戏成为城乡生活的一个重要内容。这时候珠江三角洲城镇经济的发展，令群众对文化生活提出更多更高的要求；加上内外文化交流日益频繁，为文艺创作提供了很有利的条件和素材。粤剧、潮剧、汉剧、琼剧作为广东四大地方剧种先后形成。此外，桂剧、梅县山歌剧、乐昌花鼓戏、粤北采茶戏、广东木偶、杖头傀儡等也相继问世并在部分地区发展起来。这些不同的文艺形式，各有自己独特的表演形式和艺术风格，无论在当地城乡或外地演出，均深受各界人士欢迎。

粤剧，又称广东大戏或广府大戏，粤剧的清唱形式是粤曲，粤剧既与传统中华文化一脉相承，又别具典型的地方特色。民间业余自发的粤曲演唱会称"私伙局"，以其自备乐器、自由组合、自娱自乐而得名。早期的粤剧演唱，是从佛山人民酬神的神功戏开始的。乾隆版《佛山忠义乡志》记载，鲤鱼沙一带河面上，每日"优船聚于基头，酒肆盈于市

---

① 刘管平 . 南国秀色——岭南园林概览 [M]. 江苏：人民出版社，1987：126.
② 潘谷西 . 中国古代建筑史（第三卷）[M]. 北京：中国建筑工业出版社，2003.

畔"。①描写的就是佛山粤剧演出的盛况。当时琼花会馆，琼花水埗属大基铺，与鲤鱼沙一河之隔。傍晚时分，往西乡演出归来的红船一字排开，构成了"一带红船泊晚沙"②的繁华景象。

2. 戏台的形态分类

戏剧的发展，产生了专门的表演空间要求，于是戏台应运而生。从时间的先后与性质的区别来看，有乡间祭神祀祖的庙台、祀台等，可称为神庙戏台；有市井消闲的舞楼乐棚、勾栏瓦舍、戏庄茶园等，可称为城市戏台；有士大夫园林自适、放纵声色的亭台池阁，可称为私家戏台；还有宫廷气势煊赫、鬼神杂出的大戏台，可称为宫廷戏台。③

由于水乡聚落规模和经济实力的不同，戏台的布置方式也不尽相同。在规模较大的镇有专门建设的戏台，装饰华丽，并有宽阔的前庭广场和两侧庑廊（如万福台）。一般的村落则多在祠堂加建而称"庙台"，例如顺德乐从梁氏家庙的戏台（图 2-25）；它是一个高出地面的，有顶盖的固定建筑，置于院落的一侧，戏台对面及两厢的建筑物皆为观众席。更简陋一些的村落则临时在空地或庙前搭建，多用草席和竹竿或木竿搭建，将看棚、舞台与后台搭成一体而称"草台"。草台有的搭建于陆上，也有在水上的（图 2-26），另外则有建于船上而形成一个流动的戏班。

图 2-25 顺德乐从梁氏家庙戏台（作者自摄）

图 2-26 水上戏台④

---

① 乾隆.佛山忠义乡志.

② 指鲤鱼沙一带。当年的鲤鱼沙与琼花会馆、琼花水埗一河之隔。在佛山粤剧博物馆陈列的嘉道年间佛山地图可以看到当日鲤鱼沙的地理位置。

③ 高琦华.中国戏台 [M].杭州：浙江人民出版社，1996.

④ 仲富兰.图说中国百年社会生活变迁 [M].上海：学林出版社，2001：41.

清代以前佛山没有专门戏院，多是搭棚演戏，通常是在街巷有固定的用木建成的戏台（俗称舞台），或在街头、集市、商铺、祠宇旁用竹葵搭成的临时戏台（俗称戏棚）。[①] 在本地戏班兴起以前，以外江班来佛山组成演戏为主。各种戏班在未有演出过的新建成的戏台或戏棚上演戏，须先在台上祭白虎神，待恭送白虎神巡游街巷之后才可开锣演戏，否则视为大不敬。[②]

本章第 2.4.6 节介绍的茶楼具有文化娱乐功能，也称做茶园、戏园，是在清代兴起的一种戏曲演出场所，即在茶园酒肆中设台唱戏。这类戏曲演出场所，早先是以茶酒为主，看戏为辅的，慢慢变成了看戏为主，便成了专业的戏曲演出场所。这类场所较原来的草台、庙台有很大的进步，因为把戏曲的演出地和观演地都置于室内而成为规模较大的室内剧场。观众席位也开始划分等级，舞台光线也开始有了讲究。类似的戏曲表演场所还有各种会馆，那里也建有戏台。

佛山是粤剧之乡，戏班首台演戏必选万福台（相当于审戏台）。万福台位于佛山祖庙（图 2-27），是目前广东省内现存最古老的专供演戏用的戏台。建于清顺治十五年（1658），初名华封台，光绪时改名万福台。该台面宽三间共 12.73m，进深 11.87m，建筑在一个高 2.07m 的高台上，为歇山式卷棚顶，台面至檐前高度为 6.25m。因为是戏台，故用装饰大量贴金木雕的隔板[③]分为前台和后台，隔板左右开门称"出相入将"，供演员等出入。前台三面敞开，明间演戏，次间为乐池。台前空地开阔，青石铺地，供观众自携条凳或站立观戏用。空地东西各有虎廊，为二层建筑，形似包厢，供地方士绅及携眷属观剧用。

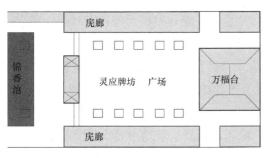

图 2-27　祖庙万福台平面及现状（作者自绘及自摄）

① 清初，祖庙华封台（后改为万福台）建成，开始有了较完整的戏剧场所。据佛山博物馆资料记载，观音庙、舍人庙、华光庙、天后庙等庙宇以及颜料行、江西、福建、莲峰等会馆内都有戏台，逢年过节都请班演戏。

② 引自佛山粤剧博物馆馆藏文献。

③ 万福台的金漆木雕以历史戏剧故事为题材，上面为"三星拱照"，中间为"曹操大宴铜雀台"，左右分别为"伏虎、降龙"罗汉，雕刻非常精细，栩栩如生。

3. 戏台的作用与相关风俗

戏曲的产生，源于古代的民间祭祀活动，往往表演各类乐舞表演，"必作歌乐鼓舞以乐诸神"。① 戏曲的演出往往与各种民俗礼仪活动相叠合，迎神祭赛、集市贸易、宾主自娱、市井消闲，各种场合都是戏曲演出的空间。② 这些迎神赛会中的表演活动，以娱神兼娱人，既祈福于神，希冀美好的生活，成为困苦的百姓生活中的一种精神慰藉；同时也具有娱乐功能，为终年辛劳的百姓提供了鼓舞欢庆、调剂生活的形式。民间盛行演神功戏，例如每年开春后的惯例演戏酬谢神恩，祈求五谷丰登。通过赛会表演这个平台，各种艺术形式较长比短，相互吸取、借鉴其他表演技艺的优点，戏台这种专门的表演场所的出现，则强化了表演艺术的独特性，从而大大促进了中国表演艺术的发展。

2.4.6 其他形式的公共空间

在珠三角城镇传统公共空间中，除了祠堂、寺庙、墟市、埠头、庭园和戏台之外，还有一些营业性质或行会性质的场所（例如茶馆和会馆），也是当时人们喜欢的休闲和交流场所，发挥了一定的公共空间功能，在此略作叙述。

1. 茶馆（茶楼）

我国是茶的故乡，茶文化是中华文化瑰宝之一。据陆羽《茶经》记载，唐代韶州、潮州已产茶。茶馆，唐宋时称茶肆、茶坊、茶楼等，明代以后始称茶馆，张岱《陶庵梦忆》中就有茶馆之称。宋代商业发展逐渐兴旺，当时的一些大城市三更后仍夜市不禁，商贸地点也不再受划定的市场局限，热闹街市中的交易通宵不断，茶馆的经营已相当兴盛。《东京梦华录》《武林旧事》《都城纪盛》诸笔记均记载了宋代都城茶肆、茗坊密布的盛况，且宋代的茶馆已由城市普及到乡村集镇。张择端《清明上河图》便形象地展现了东京开封城茶坊酒肆生意兴隆的繁荣景象，"平康诸坊……皆群花所聚之地。外此诸处茶肆，清乐茶坊、八仙茶坊、珠子茶坊、潘家茶坊、连三茶坊、连二茶坊……"。③ 唐宋时期茶坊的兴起，从一个侧面反映了当时城镇经济的繁荣，家庭和茶肆、茶坊中的饮茶活动具有深远的社会意义。借助于饮茶，人们之间加强了相互之间的联系和往来，茶馆逐渐成为一种城镇公共空间。

明清时期，社会发展和经济水平都有很大恢复和提高，茶馆的发展繁荣到了一个新的高峰。清初屈大均《广东新语》里所述广州城南濠畔情况："当盛平时，香珠犀象如山，

---

① （汉）王逸. 楚辞章句. 卷二.

② 高琦华. 中国戏台［M］. 杭州：浙江人民出版社，1996：1.

③ （宋）周密. 武林旧事. 卷六，歌馆［M］. 北京：文化艺术出版社，1998.

花鸟如海，番夷辐辏，日费数千金。饮食之盛，歌舞之多，过於秦淮数倍，今皆不可问矣。"[①] 鸦片战争以后，特别是光绪年间，广州华洋贸易非常兴旺，洽谈生意、政治交易和其他礼俗往来被转到茶楼酒馆里进行。广东饮茶渐渐时兴起来，并渐渐改变单纯喝茶的旧习而增加各式精美点心和菜色，使饮茶成为社交礼仪的一种重要方式。民国时期，佛山茶楼特别兴盛[②]，茶楼成了山西、陕西、江西、福建、湖南商人谈生意的好场所。另一方面，由于珠三角地区炎热的天气，当地人养成了爱喝汤、喜饮茶的习惯；工人在工作疲劳之余，每天早上两餐茶被认为是恢复体力的良方，茶楼也成为手工业者歇息的好去处。

（1）茶馆的形态分类

在珠江三角洲地区，饮茶风俗的蔓延和茶肆作为一种行业的发展，是城镇商品经济繁荣的产物。经济的发展，流动人口的大量增加，以及市民阶层的扩大，刺激了各种档次的茶肆、茶坊的发展。清咸（丰）同（治）之时，广州茶楼不称楼而称茶居，光绪中叶以后（大约 1890 年左右）茶居已陆续发展为茶楼。

按照规模大小来区分，茶馆大体上可以分为两类。一类俗语称"大茶馆"，即比较正规的茶楼。坐落河岸桥头或风景秀丽的地方，或者商业娱乐中心，厅堂宽阔，最大能够容纳七八百甚至千人茶客。大茶馆的建筑宏伟壮丽，院落宽敞，内堂明亮。例如广州著名的莲香、陶陶居、大同、大三元等茶楼，佛山则有富民里的富如楼，祖庙的凤林楼以及大基尾的颂升，公正市的协心和琼林居等。

早期茶楼一般只有三层，第一层高 6～7m，强调气派和舒适而特别设置包括宽敞高昂的门庭空间、宽大易走的楼梯等；2、3 楼则是客座，考虑到人多、烟雾多、话音噪杂，楼层一般均达 5m 以上，并尽可能多开窗户，使空气流通。后座则用做制饼工场和仓库，楼层高度一般在 4m 以下。茶楼的装饰设计丰富、画栋雕梁，多运用满洲花窗作室内间隔，附以彩色玻璃图案或人物山水图、廿四孝、桃园结义等图像，并配置镶有云石的红木家具以及名人字画等，充满南国建筑风味。

除了大茶馆，数量最多的还要属"清茶馆"，即街边茶馆。清茶馆多属中小型茶馆，排场稍差，但是十分的大众化；相对大茶馆而言规模稍小，多利用街道、河巷等地方，以方桌木凳就可待客营业。总体风格都讲究简便和随意并伴有曲艺说书，汇聚社会三教九流，传播市井文化，空间环境与内容常与街巷融为一体，有着最广泛的社会基础。例如 19 世纪末，佛山长兴街的桂南、普君圩的桂芳、凿石街的桂香都是小型的茶居。

除此之外，还有"茶棚"，比"清茶馆"更为简陋，且由于它更为简便，在一些交通要道上随处可见。茶棚是用席子搭起来的卖茶场所，茶桌或用砖砌或者用粗木半埋地下为桌腿，上面铺上木版作为桌面，两旁再放上长凳便可招揽客人了。茶棚的简易使其带有一

---

①　（清）屈大均 . 广东新语・宫语 ［M］. 北京：中华书局，1985.

②　民国时期，佛山的茶楼主要集中在普君圩，有龙珍、评珍、如珍；福贤路、福宁路一带有福华、味味香、翠眉楼、品馨；公正路有大元、倚云楼、笑尘寰；莲花路有耀华、鸿合居；升平路有天海、冠南、顺和隆、新世界、新纪元、英聚、永安祥；上沙有利南、冠华、鹿鸣；大基尾有洞天；文昌沙有天一等。

定的流动性，往往在庙会期间最为多见。除了广州、佛山等大城镇的各式茶楼，珠江三角洲的乡村也有很多小茶馆。由于大小河流众多，乡村小茶馆多半就傍河而建而小巧玲珑，约莫只容7、8张方桌，20来个茶客。有的小茶馆是水榭式，半依岸半临水，味道更佳。这种乡村茶馆多是竹或木结构，树皮编墙，八面来风，也有砖木结构的。这些小茶馆的环境虽比不上城市茶楼的富丽高贵，所做的茶点也粗糙，但有质朴的韵味，更贴近饮茶的真意。

（2）茶楼的作用

毫无疑问，饮茶休闲是茶馆最基本的一个功能。随着岭南社会经济、文化的发展，喝茶从最初的满足生理功能的解渴到享受到加上各种经济、社会功能，岭南茶文化的内涵越来越丰富。茶馆不仅具有传统意义上的娱乐身心、传播信息的功能，而且是城市和场镇各色人等进行经济活动、文化活动的场所，是传统社会民间知识和民间曲艺生产和传承的重要场所，是联结地方社会生活网络的一个枢纽。因此，茶馆并不是单纯的商业性经营场所，而是作为人们日常生活、交往行动的载体。

茶馆的另一重要功能是信息交流和社交，是一个会聚社会中下层人们的公共场所，所以它有着最为广泛的社会基础。茶馆作为大众化的公共场所，面向于社会各个阶层，其社会化方式和内容也极为丰富，喝茶、听书、唱曲、拉客、斗鸟、看相、乞讨、算命、卖货、洽谈生意等在此得到集中的体现。茶馆以其公共性与开放性，使得各色人等从分散的社区走到一个公共空间，将各种信息汇聚到一起，茶客彼此进行交流而成为一种社会交往活动。有学者指出，中国茶馆与西方的咖啡馆、酒店和沙龙有许多相似之处，而且其社会角色更为丰富，其功能已远远超出休闲的范围。[①]

茶馆还具有文化娱乐功能。为了招揽生意，确保从一定数量的顾客及茶客处获得高消费，茶馆往往与民间艺术结合，上演杂剧、招引说唱艺人，使茶馆同时拥有早期的剧院、戏园的性质，反映了市井文化的娱乐性与消闲性。随着戏剧节目演出越来越热闹，戏剧节目往往取代饮茶，成为茶客到茶馆的主要精神享受，茶反倒是一种点缀或装饰了，于是，有的茶馆就逐渐被称做茶园了，再后来又出现了戏园。这表明茶馆的功能由戏剧取代，茶馆转变成了戏园，最后成了专门演出戏剧节目的戏馆子了。

2. 会馆

会馆在明朝初年形成于北京，最初是旅居京城的各省缙绅、商贾，为了方便入京应试的本乡士子而设立的服务性机构。"会"是聚合的意思，"馆"则是供宾客居住的房舍，合意为"聚会寄居场所"。后来，各省省城或著名的商埠都设有不同的会馆，其功能也从最初的为应试士子提供食宿扩展为工商行帮（同乡或同行）的综合性机构。

会馆是明清社会政治、经济、文化变迁的特定产物，它不仅是明清时期商品经济蓬勃

---

① 王笛. 茶馆文化与城市生活. 珠江商报，2008-4-3，D4版.

发展的必然，亦与明清科举制度、人口流动相伴随。会馆也是一种地缘或业缘性的传统社会组织，它建在通都大邑，根植于传统市场经济扩张、人口迁移和流动频繁、商人子弟不断入仕的社会大环境中，通过不断调整自身机制来适应中国近代化的进程。可以说，会馆是观照中国社会近代化的一面镜子。

（1）明清佛山会馆的发展

佛山在明清时期是著名的商业、手工业城镇，商贾云集，不少外省商人、手工业者纷纷在佛山设置会馆，较著名的有楚南会馆、江西会馆、福建会馆、山陕会馆等。明代佛山仅见于记载的会馆是"广韶会馆"，到了清代，佛山最早的会馆是在一些小手工行业中产生的。例如雍正二年（1724 年）建立的金箔行会馆，其次是雍正十一年（1733 年）福建纸帮建立的莲峰会馆，而铸锅、炒铁业等大作坊的大行业行会的出现较晚于金箔、纸帮等行业。

据已有研究成果表明，清代佛山会馆是以行业性会馆为主，综合性的地缘性会馆相对较少，这反映出佛山城镇的手工业生产发达的特点。这里除了有 8 所地域性会馆外，更多的是体现手工业行业区分的行业性会馆，这些行业性会馆包括了生产性行业会馆、销售性行业会馆、服务性行业会馆。如琼花会馆（戏班）、长生禄位会馆、大会馆（佛山乡兵聚所）、道巫行会馆等，体现了浓厚的行业特性。商业会馆多集中在北部的汾水、富文、大基和潘涌一带；手工业会馆分布在中南部的潘涌、鹤园、福德、社亭、丰宁、祖庙、栅下、山紫等铺，这是与商业中心区和手工业生产区的分布基本一致的。乾嘉道之间，佛山会馆林立，比比相望。乾隆十五年（1750 年），佛山人陈炎宗慨叹曰："佛山镇之会馆盖不知凡几矣。"[①] 可见会馆之多。

由此可见，明清佛山会馆特点大约可以概括为以下三方面：一是地缘性。这是会馆首要属性。既是为了维系同乡情谊，也是客居异地的工商业者提高市场竞争力，谋取共同利益的有效手段；二是民间自组织性。行帮由同乡或同行自发组成，经济上的独立和管理上的自主，既为灵活处理各类事件提供了极大的便利，也迎合了资本主义萌芽已经有所发展的市镇需要；三是互助性。会馆除了为旅居的同乡提供精神上的慰藉之外，更能为有需要的同乡提供一些公益性的服务。会馆通过各类互助性活动，最大限度地加强同乡之间的情感关系。此外，会馆在扶贫助孤、修桥补路、维修庙宇等地方公益活动中，历来都是慷慨解囊，这种热心参与的表现，既改善了同乡或同行与当地官商的关系，也树立了本乡人的地位。[②]

（2）会馆的形态分类

王日根在《中国会馆史》将会馆分为官绅试子会馆、工商会馆和移民会馆三种。[③] 首

---

① 广东社会科学院历史所等 . 明清佛山碑刻文献经济资料——鼎建佛山炒铁行会碑［M］. 广州：广东人民出版社，1987：75.

② 张求会 . 佛山祖庙二碑试校——兼论会馆的作用和特点［J］. 岭南文史，1998.

③ 王日根 . 中国会馆史［M］. 上海：东方出版中心，2007.

先是官绅试子会馆，也叫科举会馆、试馆。这是最早出现的会馆，产生于明永乐年间。科举制度的发展助长了地方主义观念的盛行，人们为谋求本地入官人数的增多，不惜由官捐、商捐等方式来建立会馆，为本籍应试子弟提供尽量周全的服务。

其次是工商会馆。这类会馆最早出现于明万历年间。随着经济的繁荣和发展，商品流通的扩大，工商业更加繁盛，同时士大夫阶层对商人及其所从事的职业也开始有了认同感。于是工商业者为了维护自身的利益、协调工商业务，或互相联络感情，以应付同行竞争及排除异己，需要经常集会、议事、宴饮，于是设立工商会馆。这类会馆一般都是按不同行业分别设立，所以也叫"行馆"。明清时期佛山以此类会馆为多。

第三类为移民会馆。明清经济演变的另一特征是人口流动，由移民设置的同乡会馆以长江沿线的江西、湖广、四川（包括今重庆）最为典型。珠三角一带这类会馆比较少。

尽管各地工商会馆建筑因筹资状况的不同在规模上大小不一，但就总的发展趋势看，工商会馆建筑的布局与规模都胜于其他会馆，其建筑风格具有浓郁的地域特色。一些会馆既在结构技术和装饰手法上尽可能采用商人故乡的风格，力求营造出一种"他乡遇故旧"的乡土氛围；同时，也自然揉合会馆所在地的建筑风格，以求与本土文化相融。为了烘托出浓郁的故土氛围，有些地区的商人会馆完全采用故乡的建筑技术与装饰，形成与本土建筑风格截然不同的异地情调。明清工商会馆以建筑规模大，装饰精美华丽为特色，究其深层心理原因，是商人渴求通过会馆的宏大规模与豪华铺陈展示自己的经济实力和社会影响，"会馆"被视做显示整体实力、弘扬商人精神的物质载体。

（3）会馆的作用

会馆在城镇经济发展上发挥了积极的作用，按照性质的不同，主要分为经济功能、社会功能、文化功能。

1）经济功能。也是会馆建立的主要目的。在商品经济的发展过程中，为了利益的垄断，往往会出现各种经济上的纠纷，行业性会馆就成为解决纠纷的重要场所。明清时期商业竞争十分激烈，商帮常借助封建宗族势力开拓商品市场，把持某一行业的全部业务，展开商业竞争或者建立商业垄断。

2）社会功能。很多学者都把会馆的社会功能概括为"答神麻、睦乡谊"，或者主要表现为祀神、和乐、义举、公约四个方面。除了一般会馆的功能外，还涉及若干属于地方行政方面的事物，诸如仲裁是非，调解财产纠纷等。另外，会馆以"笃乡谊，萃善举"为旨趣，倡行义学、义诊、恤贫、助丧等慈善活动，构成了中国传统慈善事业的重要组成部分。它们为同乡提供寄居场所，接待原籍客商、学子，调解经济及家庭纠纷，办理同乡的丧葬事宜等。同时，会馆还积极筹措善款，为当地修路并发展地方教育等，以求塑造良好的社会形象。[①]

---

① 胡光明. 明清会馆初探 [J]. 寻根，2007 (6)：18-23.

3）文化功能。会馆每年定期祭祀桑梓神祇，唱戏酬神；或设塾延师、教诲同乡子弟。由此可见会馆在某些活动中，与祠庙地位相当，功能相似或有互补。例如较大型的会馆一般设有"戏台""乐楼"，或称"万年台"，专供迎神赛社演出戏剧，而会馆的酬神戏剧演出最为热闹、持续时间最长。神灵崇拜为会馆树立了集体象征和精神纽带，合乐为流寓人士提供了聚会与娱乐的空间，人们会在节日期间"一堂谈笑，皆作乡音，雍雍如也"，从而维护社会秩序的安定。

2.5　珠江三角洲城镇传统公共空间的形态特征与人文内涵

毫无疑问，传统聚落空间当中存在着独特的几何学和内涵，能折射当时社会的各种情况。珠江三角洲城镇传统公共空间的发展，是以其城镇发展为背景，所以深刻反映了千百年来沉淀而成的地域特征。所以，考察明清时期珠江三角洲城镇传统公共空间，除了在其发展历史、空间结构、形态上进行系统梳理外，更重要的是归纳出其形态的特征（即个性）和解读其内涵与意义所在。

2.5.1　珠江三角洲城镇传统公共空间的形态特征

经过对珠江三角洲城镇传统公共空间的系统分析以及六个小分类的整体研究，其形态特征则主要体现在三个方面：

1. 多核心

由于规模和形成方式的不同，珠江三角洲城镇产生了丰富多样的公共空间类型，例如祠堂、寺庙前的广场、墟市、街市、庭园、埠头、戏台、会馆、茶馆等。当然，这些类型的多样性是基于活动空间所依附的建筑形态进行分类的，也从另一方面反映了当时居民生产、生活需求的多样性。如本章第2节所分析，珠江三角洲传统水乡聚落在由小到大、由村到镇（墟）到城市的发展过程，基本是围绕着公共空间有机地进行的，形成以多个墟市、宗祠和寺庙为核心的多核心特征。特别是在各个地方的正式建制镇中，县署、学宫、寺庙往往作为标志性建筑和政治文化活动空间而构成最重要的公共空间；而连接这些建筑的街道，也往往是城镇中最主要的干道，许多活动也会发生在这些街道上，由此构成了由街道连接的公共空间。

除了建制镇的规模比较大，珠三角由墟市发展而来的一些传统商业乡镇中，墟市则占有重要地位而构成了地缘空间的核心。在一般的小村镇中宗祠是最重要的建筑物，是血缘空间的核心，也构成了各聚居区的中心；而水道、埠头等作为商业和运输功能的公共空间则分散分布在村镇的周边（例如佛山北部临汾江的码头、商业区），街巷空间与寺庙、戏台、水口等社会生活场所联系非常紧密。根据对珠三角现存水乡古镇村落的调查，由于地形不同、建村方式也不同，公共空间的具体布局方式主要有三种形式（图2-28）：

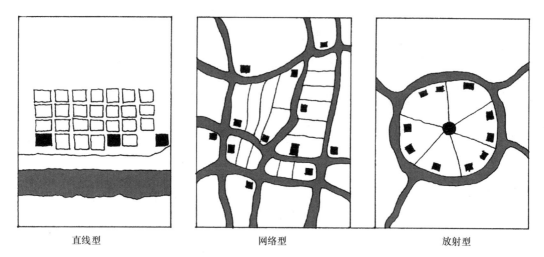

直线型　　　　　　　　网络型　　　　　　　　放射型

图2-28　村镇公共空间布局类型（作者自绘）

（1）直线型

直线型的公共空间布局一般是在规模较小、沿河而建的村落，祠堂、神庙等多面向河道而建在村子前面，因此形成线状串连的空间布局。例如番禺大岭村、南海九江烟桥村、增城瓜岭村等（图2-29）。另外，在江门五邑平原区域一带的村落布置一般较为整齐，虽然多不靠近河流，但祠堂前会有鱼塘或人工水塘。

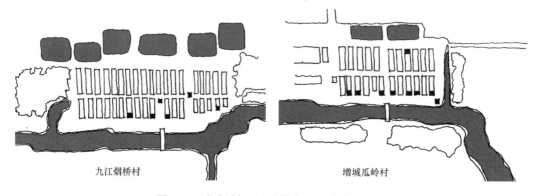

九江烟桥村　　　　　　　　　　增城瓜岭村

图2-29　烟桥村、瓜岭村布局（作者自绘）

（2）网络型

一般位于珠江三角洲水网密集、地势平坦的中部地区，规模也比较大的村落。由于河道的分岔呈丁字形、井字形等，把村落自然地分割成数个组团。由于每个组团在发展过程中多为某一姓氏而建有一套祠堂、神庙、社坛等神庙体系，因此形成具有多个核心的网络状公共空间系统。例如杏坛镇的昌教、逢简村等（图2-30）。

在三水大旗头村则由明初的钟、郑氏祖先迁入定居后，两姓分区独立发展，采用以总祠为核心的团块式结构——分祠分布在全村，房派的成员往往聚集在分祠周围居住，亦建有共同的洪圣大王庙。后来到清末由于郑氏后人郑绍忠位高权重，主持了村落的扩张和改建，整个布局以郑氏宗祠为中心设置最重要的建筑群，并在建筑的朝向和层次上特意和钟氏村民聚落作了区分，最终形成一个面积达 5 万多 m² 的宏伟村落（图 2-10）。

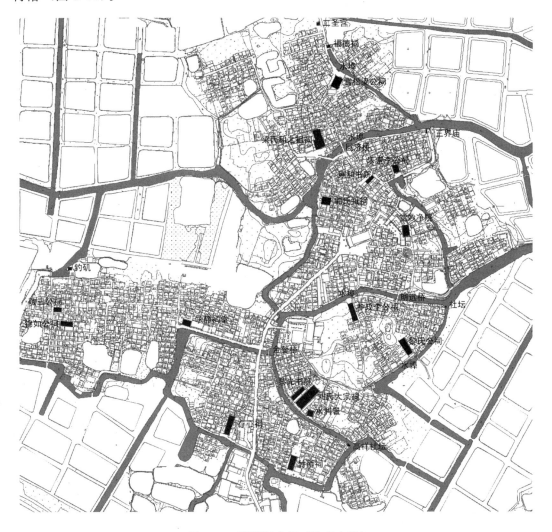

图 2-30　逢简村布局（作者自绘）

（3）放射型

这类村落一般依据地形中高起的山冈为中心而建，由此向外发散几条骨干巷道，村外围是祠堂或广场，形成中心高而四周低的放射型布局。当然，在村落的中心也往往建有重要构筑物或标志，例如现在高要的蚬岗村（图 2-31）、番禺的小洲村（图 2-32）等。虽然原来的村落形态已经被很多新建筑侵蚀（例如小洲村的大会堂），但仍然可以看出原来的公共空间布局模式。

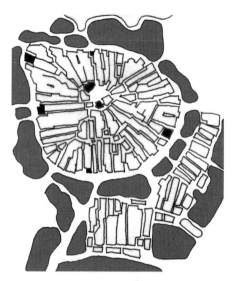

图 2-31　蚬岗村布局（作者自绘）

图 2-32　小洲村布局（作者自绘）

2. 流动性

在珠江三角洲的公共空间布局中，除了多核心的特征是由于城镇发展过程中氏族、经济的力量集结而成；另外，珠三角水系对公共空间的布局形态影响也很大，例如埠头、祠堂、寺庙等重要构成多见于水边而形成连续的公共空间。

珠三角城镇公共空间的流动性，体现了依河而布局的因素，更在于空间本身和民俗文化活动的紧密结合。作为岭南文化的一部分，珠三角城镇公共空间的形成、发展，逐渐沉淀成一种文化，其中包括祠堂文化、墟市文化、粤剧文化等。每年重复的各种迎神赛会、灯节、社日等仪式活动强化了信仰圈内地缘的认同，也因举办地点的变动而令活动空间不断产生迁移的现象。同样，墟市不仅具有浓厚的地方文化色彩，而且它本身就是一种文化；诸如墟市场地的选择、墟市开设日期的规定、摊位的摆设、市场的管理、秩序的维持等，都会令墟市具有一定的流动性。

不仅如此，公共空间的形成和流动，也在一定程度上影响了农村社会结构的嬗变和社会组织的多元化。例如祠堂的建立会影响周边居住社区的构成，埠头位置的变动可能加强交通运输的能力，墟市的迁移更对当地经济生活产生极大的影响。这反映了珠江三角洲水乡聚落生活的不稳定性，也形成一种开放的、包容的文化。因此，传统公共空间的流动性是珠江三角洲城镇的重要特征。

3. 宜人尺度

从公共空间的形态及其周边建筑来看，由于当时交通方式和建造技术等多种因素的限制，珠江三角洲城镇传统公共空间是比较遵循人性化的设计，形态轻灵而丰富。由于人多地少和水网密集的缘故，公共空间平面形状变化自由，随地形而布置，而且尺度通常比较小。(1) 多呈不规整的自由形状，但也有明显的中心性，例如遍布各处的墟市、集市多设于水陆交通条件好或者地理位置重要的要冲、枢纽之地而成为当地的经济贸易中心、文化信息中心。(2) 空间较为流通，常用牌坊、照壁、旗杆、望柱等小品形成围而不堵的效果，并用小品建筑造成标志和象征作用。(3) 尺度适当，利于步行到达和活动，有较强的参与性与灵活性，空间中的活动以岁时活动、商业、生活交往行为为主。

2.5.2　珠江三角洲城镇传统公共空间的人文内涵

传统公共空间的产生与发展，不仅表现了当时聚落的经济和工程技术水平，也充分表现了当时的社会生活、思想意识和文化状况。考察中国传统社会结构，可以发现存在着三种权力支配系统：一是由国、省、县、乡的政权构成的"国家系统"；二是由宗祠、支祠以及家长的族权构成的"家族系统"；三是由阎罗天子、城隍庙王以至土地菩萨以及玉皇大帝和各种神怪构成的"阴间系统"和"鬼神系统"。所以中国城镇空间结构往往由国家系统决定，府衙等官方建筑位于城镇中心并附设有广场等活动空间；村落中则由祠堂成为主要的建筑物和聚会空间；寺庙、土地菩萨等鬼神系统则随机布置在城镇、村落的周边。因此，城镇传统公共空间的布局其实是与当时社会结构相呼应的。

公共空间在传统城镇的发展中起到了极为重要的作用，往往成为城镇的形态中心和精神中心，也是维系当地群众日常交往的重要场所。通过对珠江三角洲传统聚落公共空间的考察，可以发现在复杂的空间系统和众多类型之中除了各自实际的功能，都蕴涵了深层次的文化意义。主要表达在四个方面：

1. 尊卑有序的礼制内涵

礼制是中国古代重要社会制度之一，在顺天道、定宗法、安民生的儒家人文精神影响下，中国历史上常把礼制作为实现社会良好运转的基本手段。"礼"在中国传统文化中的含义包括三个基本方面：一是指一种祭祀文化，即敬神、尊祖、崇尚天地等自然崇拜和祖先崇拜礼仪；再是指人际礼尚往来，及生活中各重要活动的行为礼节；三是指一种联系于宗法伦理的社会等级关系与道德行为规范。[①]

珠江三角洲除了气候特色以外，在主体文化当中也与中原有所不同。首先，珠三角属于海洋文化类型，与中原的大陆文化类型不同；其次，珠三角在历史上属于半自治政治体系，其威权统治和中央集权的因素较低；最后珠三角的传统受到了百越文化和中原文化的双重影响，形成了一种务实的文化体系。因此，珠江三角洲城镇传统公共空间的布局及建筑型制一般比较灵活，并没有很强烈的礼制布局和政治空间。但是，通过公共空间的布置秩序，特别是寺庙、祠堂建筑，还是反映了一种国家政治、社会关系稳定秩序的要求。正

---

① 王蔚. 不同自然观下的建筑场所艺术 [M]. 天津：天津大学出版社，2004：139-144.

如儒家经典《礼记》指出："礼也者，合于天时，设于地财，顺于鬼神，合于人心，礼万物者也。是故天时有生也，地理有宜也，人官有能也，物曲有利也。"

明清时期民间宗教体现了强烈的儒、释、道三教合一的特点，这与作为官方意识形态的宋明理学有异曲同工之妙。由于宗教能通过共同的信仰以及宗教情感相关的体验和认同意识，使不同的群体、个人和社会集团聚集在一个超人间、超自然权能的神的统治之下，这些宗教礼仪场所就成为进行社会活动的重要空间。由于人们对于超自然的神秘力量的崇拜，也由于宗教提供的那种美妙虚幻的观念、想象、幻象以及非理性信仰能给人带来静穆、虔诚、忘我的神秘体验和那种超越世俗思虑的快乐、慰藉，宗教性场所就在传统的公共社会生活中取得了支配性的地位；它们不仅成为先民信仰的中心，也成为公众聚会议事、休闲娱乐的主要场所。所以围绕宗教活动而形成的公共活动场所，集宗教、社会整合、文化娱乐等多重功能于一身。

2. 和谐团结的宗族观念

中国历史上是一个以血缘、地缘为主的农耕社会，有着根深蒂固的宗族文化传统。在中国传统社会中，宗族有血缘、地缘和利益三者的全部社会组织原则，因此具有特别的地位；它既是以血缘为主的亲属团体，又是聚族而居的地缘单位，而且具有很多社会功能。在同一地域中生息劳作的家族依靠地缘关系组成村落共同体，构成以共同的风俗习惯和规范为纽带的自治群体，在内部实行自给自足的自然经济，是一个一切以传统为准绳的封闭、自律的社会生活组织。

珠江三角洲农村社会具有的宗族观念，相比北方而言强烈得多，其原因已在"祠堂"一节中详述。这种宗族观念，具体反映在祠堂、族谱、族规等方面。祠堂，是宗族文化的一个不可或缺的组成部分和物质载体，在保护和延续家族文化中起到重要作用。祠堂主要体现的是一种家族性的联系，"怀抱祖德""慎终追远"、也是后代人"饮水思源""报本返始"的一种孝道表现。因此作为传统城镇公共空间的祠堂除了多种用途之外，还是宗族精神的中心，有荣宗耀祖、激励志气的歌功颂德和教化作用。

族规、族长、宗祠等制度化了的文化要素在无形中强化着家族的作用和影响，对外是加强本族势力，对内则强调和谐团结的家族观念。这种宗族观念的强化保障了家族文化的延续性，说到底，就是为了本族（本姓）的长远发展得以巩固。

3. 朴实灵活的自然观

中国传统文化植根于早熟而稳定发展的、以自然经济为基础的农业文明，长期以来具有"天人合一"色彩。对大自然的实践性依赖，使人们关注自然事物与现象的关系和作用，以及具有现实意义的自然规律，影响着上古"自然崇拜"的传承和先秦以来哲学与环境意识的发展。① 由于珠江三角洲水网密集，传统聚落公共空间的布局体现了灵活有机的

① 王蔚. 不同自然观下的建筑场所艺术 [M]. 天津：天津大学出版社，2004：115-120.

法则，并在不断的实践中形成了朴实灵活的自然观——一种更为实用的"风水"观念。

"风水"这一门古老的学问，对整个中华民族都有着相当深远的影响。千百年来的农耕文化，决定了农民往往以人丁兴旺、财源茂盛、人文发达为追求目标，于是风水也就成了水乡聚落选址、公共空间布局的依据和空间模式。[①] 例如在番禺大岭村"三山一河"的整体格局，"村—祠—庙"的村落结构，还有宅基地的选择与定位，建筑的朝向等均受到风水理论的深刻影响。

珠三角村落一般采取前塘后村这一总体布局方式，南面开放，北面封闭，前低后高。池塘一般在村落之南，过去称为"风水塘"，最好为明月形；既有心理因素，亦符合功能需要，包括养鱼、蓄水、洗涤、消防、积肥等。而滨塘大路一般也较宽敞，平时可作晒场，社交游息，节日可开展文娱活动，加上池塘调节，促进空气流通而冬暖夏凉。村落"水口"的布局也充分体现了水乡聚落科学与风水迷信的务实结合，即便是随意走到一个村庄，还常可以看到门镜、泰山石敢当、风水树等风水学说中的"镇物"。

4. 实用互利的商业意识

自明、清两代以来，珠三角手工业发达，如纺织业、制陶业、造船业等都已经达到了相当的水平，为商品经济的发展提供了基础条件。珠三角也是海外贸易发达的地区，中国的丝绸、瓷器等产品经由这里运往世界各地，因而又变成海上丝绸之路的起点。明清以来广州作为全国唯一的对外通商口岸，令珠江三角洲人长于对外交往和从事商业贸易活动，讲究公平买卖、平等互利，善于管理。正是珠江三角洲悠久的对外贸易传统，孕育了这一地区实用互利的商业精神。

明清时期珠江三角洲的商业水平凌驾在其他文化区之上，商品价值观所造就的商业文化心态和性格特征，例如追求财富、笃信金钱的力量和作用等，都较其他地区强烈。因此公共空间文化在不同程度上染上商业色彩，体现在各种的公共空间举办各种活动的时候，都会有商业的介入参与。例如，在庙会、观音诞、赏灯、打醮等活动，往往连同集市贸易一起展开，招揽四面八方善男信女、小商小贩和各类游人，热闹非凡。

在日常生活中的公共空间中，除了人们聚会交流之用，也逐渐反映出实用互利的商业意识和表现了强烈的商业文化景观。例如"茶文化"掺杂了很多商业文化成分，遍布三角洲各市镇、交通口岸的茶楼酒馆，同时是洽谈商务和交易的一个重要场所。商品经济的发展使商人的经济实力随之增强，越来越多的官吏或士人为商业厚利所吸引，投身于逐利之道，出现了士商互流、官商合流的现象。

---

① 俞孔坚. 理想景观探源——风水的文化意义 [M]. 北京：商务印书馆，1998.

第3章 珠江三角洲城镇现代
公共空间评价

3.1 珠江三角洲城镇现代公共空间概述

传统公共空间作为城镇史研究中的一个历史范畴，与城镇现代公共空间类型的划分既有联系又有区别，所以对城镇公共空间的研究，既要追溯历史，更要着眼现代。本书所研究的城镇"现代公共空间"，是指新中国成立后的珠江三角洲城镇所形成和发展的公共空间。这是一个过渡时期特征非常明显的历史时期，因为新旧元素、新旧文明的碰撞、汇合，呈现出错综复杂、多元的特征。

现代公共空间正是在新的历史时期所产生的适应现代公共生活的城镇空间。因此，本章对珠江三角洲城镇公共空间进行了全面的现状调查研究，从现代公共空间的产生背景、类型、体系、特征等方面进行分析和综合，探寻其发展规律和方向。由于研究样本的限定和层次的不同，本章对珠江三角洲（特别是小珠江三角洲）13 个不同规模的中心城镇进行了分阶段的现状调查。

本章的研究层次，首先是对 13 个城市的中心城镇公共空间进行了调查（本章第 3 小节），其中包括佛山市（含禅城、南海、顺德、高明、三水区五）、江门市（含新会、鹤山、开平、台山）、增城、东莞、番禺、中山。然后，对佛山市顺德区的 10 个一般城镇（按工业、商业、农业分类）进行了对比调查，以及重点对容桂镇等进行案例研究调查等（本章第 4 小节），力求研究范围全面、研究个案分析深入（图 3-1）。

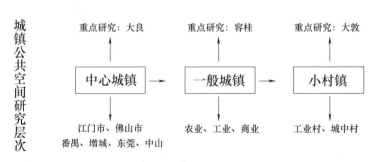

图 3-1 珠三角城镇公共空间研究层次（作者自绘）

3.2　珠江三角洲城镇现代公共空间的产生背景

中国经历了从明清封建社会到民国时期，再到新中国的成立、改革开放等不同的社会形态和发展阶段，经济、城镇、人们的居住、生活状况也发生了巨大的改变；所有这些的改变必然对城镇公共空间产生不同程度的影响。同时，社会的进步带来了人们精神生活需求和心理意识的变化，深刻地改变了传统的价值观和审美观。因此从文化地理学的概念出发，有必要对珠江三角洲地区的宏观城镇公共空间产生背景进行一定的了解，城镇公共空间的建设与发展必须要了解经济发展、城市转型、社会生活的变化，迎合市民需求，才能创造人与人、人与社会以及人与自然环境的和谐关系。

3.2.1　经济发展与产业结构调整

1. 珠江三角洲经济发展历程

总结珠江三角洲改革开放以来的经济发展历程，主要分起步、起飞、快速发展和巩固转型四个阶段。1979～1983 年，是经济起步阶段。1979 年国务院批准在蛇口建立我国大陆第一个出口加工区，1980 年国务院批复设立深圳、珠海为经济特区，标志着我国外向型经济的真正开始，这也是珠江三角洲经济发展的一个重要转折点。

1984～1992 年，是经济起飞阶段。1984 年，改革开放已经开始由窗口试点、门户对接向区域开放转化。1986 年 10 月国务院颁布的"鼓励外商投资的规定"，完善了外资企业的生产经营环境。珠江三角洲依靠毗邻港澳的独特地理位置，发挥其信息优势和侨乡众多的人文优势，以较低的土地价格和充足的廉价劳动力吸引了大量外资的直接进入，尤其是吸引了港澳台制造业的大规模转移，使"三资"企业在珠江三角洲城乡迅速发展起来。

1993～1997 年，快速发展阶段。珠江三角洲通过 20 年左右的发展，积累了相应的资金、技术，培育起了自己的贸易网，开始承接香港的部分服务功能，对香港的依赖已经大大减弱。传统的"前店后厂"模式悄然发生变化，正逐步形成"店厂合一"的局面。

1998 年至今，经济巩固和转型阶段。经过 20 多年的改革开放，珠三角地区经济持续高速增长，经济实力显著增强。2006 年，珠三角完成生产总值 21485.53 亿元，增长17.62%，分别高出全省（14.1%）和全国（10.7%）平均水平约 3.52 和 6.92 个百分点，也高出长三角 14% 的 3.62 个百分点；占全省 GDP 的比重为 82.74%，比 2000 年提高8.44 个百分点。按常住人口计算，2006 年珠三角人均 GDP 达到 46364.28 元，是全省平均水平 28077 元的 1.65 倍和全国平均水平 15930.77 元的 2.91 倍，高出长三角（户籍人口平均为 40612 元）3.4%。[1]

2. 珠江三角洲经济发展特点和问题

珠江三角洲地区经济的高速增长和发展，是中国改革开放政策的必然产物。由于其独特的地理区位等因素，使其经济发展具有不同于其他地区的个性特点，形成了国内外闻名的"珠江三角洲经济发展模式"。[2] 其发展特点主要是：

（1）珠江三角洲经济是一种典型的政府主导型经济。形成了各具特色的微观发展模式，如东莞的三资企业、南海的个体经济、顺德的乡镇企业、中山的股份合作制企业等。同时，也形成了大量的产业集群和专业镇，如古镇的灯饰、虎门的服装、乐从龙江的家具等。

（2）珠江三角洲经济是一种"外向型"经济。改革开放以后，珠江三角洲企业很多是港、澳、台商所设，生产的产品也与国际接轨；每年的"广交会"说明广东外贸一直独领全国风骚，占全国外贸出口的1/3。珠三角在引进外资、扩大外贸的同时引进了先进的技术和装备，更重要的是引进了现代市场经济理念、科学管理方式，提升了人力素质。[3]

当然，30年来珠江三角洲的经济发展取得了瞩目的成绩，但也存在不少隐患和问题：

（1）经济增长质量偏低。珠三角地区经济增长主要还是以粗放型为主，经济增长质量偏低的问题突出；经济增长尚未完全摆脱高投入、高消耗、高排放、低效率的模式，经济增长在很大程度上依然靠粗放型外延扩大再生产来实现。

（2）经济增长成本不断加大。进入21世纪后，"电荒""油荒""劳工荒"接踵而至，要素供给不足，土地、劳动力、能源配置等均出现瓶颈，成本不断上升，环境治理压力日益增大，珠三角经济发展进入高成本时代。

（3）自主创新能力不足。珠三角的产业集群多以低成本为基础的劳动密集型为主，劳动力整体技术素质偏低。受高素质人才缺乏、科研力量不足、产业配套不完善等因素的制约，未能形成创新型产业集群，这不仅阻碍了产业链的延伸、集群的自我发展和竞争力的提升，而且也削弱了自主创新的动力和能力。

（4）区域经济发展协调不足，产业同构现象严重。长期以来，珠三角并未形成各具特色良性互动的产业分工格局，重复建设、恶性竞争现象愈演愈烈；工业结构雷同已成为珠三角实现一体化发展的最大难点和障碍。

3.2.2　城市化与城镇结构调整

城市化一般是指人口和各项生产要素向城市集中，乡村地区向城市地区变迁的过程，

---

① 广东统计局. 广东统计概要 2007.
② 左正. 论珠江三角洲经济发展的历史传统与新进程 [J]. 暨南学报（哲学社会科学版），2001（11）：35.
③ 杨京英，等. 长江三角洲与珠江三角洲经济发展比较 [J]. 中国统计，2003：60.

是社会生产力发展到一定阶段的必然结果。毫无疑问，城市化是当今世界上最重要的社会、经济现象之一。除了城市数目的不断增多、城市规模的不断扩大，还包括农村劳动力和人口向城镇的空间转移、城市地域的扩展（即原有建成区的扩大、新城市地域和景观的涌现及城市基础设施的改善）、城市文化和城市文明、城市生活方式和价值观在农村的地域扩散。[①]

1. 城市化的历程

由前所述，珠三角是广东经济发展的龙头，其工业发展吸引了数以百万计的外地农业剩余劳动力；同时，第三产业迅速发展也极大地促进了珠江三角洲地区城镇化的发展，是国内最具生机活力、经济增长最快的地区之一。新中国成立后广东城镇经济和产业的发展，可以明显地划为两个时期，即改革开放前的缓慢发展时期和十一届三中全会后的快速发展时期。

1978 年前，珠三角虽然也涌现了广州、湛江、汕头、茂名、韶关等发展较快的城市，但由于受当时政策和经济水平的限制，城镇发展极其缓慢，期间城镇人口主要靠自然增长的方式。1978 年后，广东对外开放等政策的推行、大量剩余劳动力的出现、乡镇企业的崛起、外资的涌入、人口迁移政策和土地使用政策的改革，以及根据经济发展需要而作出的各种对城市、城镇建制标准的调整和行政体制的变革，极大地促进了广东城市化的进程。广东省 1998 年的城市化水平达到 31.19%，城市非农业人口达到 2219107 万人；从 1978～1998 年，广东的特大城市从原来的 1 个增加到 6 个；大城市从无增加到 4 个；中等城市从 2 个增加到 11 个；而小城市和小城镇则从 88 个猛增到 1998 年的 1587 个，增加的幅度远超过大中城市。

2. 城市化的特点

珠江三角洲快速城市化的机制一直受到学者们的广泛关注，比较有代表性的著作是许学强、刘琦等编写的《珠江三角洲的发展与城市化》。该书回顾了珠江三角洲发展历程和城市化特点，对珠江三角洲城镇化发展进行了系统研究，并认为珠三角城市化发展的动力来自 5 个方面，即通过商品化促进地区第三产业的大力发展、通过非农化提供充足的城市劳动力、通过工业化促进城镇规模和劳动力需求的扩大、通过发展现代文化提升生活质量、通过空间转移促进城乡一体化等。[②]

珠江三角洲存在两种不同的城市化模式，即东翼以东莞为代表的自下而上的城市化模式，西翼以佛山为代表的自上而下的城市化模式。阎小培重点研究了东莞的自下而上的城市化模式，总结了珠江三角洲乡村城市化的特征，即非农化速度快，具有空间分散性，乡

---

①　许学强，等. 中国乡村—城市转型与协调发展 [M]. 北京：科技出版社，1998.
②　许学强，等. 珠江三角洲的发展与城市化 [M]. 广州：中山大学出版社，1998.

村城市化滞后于工业化。由农业产生的推动力和由乡镇企业产生的吸引力构成的动力结构是乡村城市化发生的关键，而对外开放则是乡村城市化发生的最重要的外部因素。[①] 珠江三角洲城市化主要有以下特点：

（1）地区发展的不均衡性。尤其是改革开放以来的发展过程来看，广东省各地区的城市化发展也呈现不同的地区差异。珠江三角洲、东翼及西翼3大区域各有不同，发展的程度也不尽一样。珠三角地区在城镇人口规模、城镇密度、城市化水平等方面均占据举足轻重的地位，东翼次之，西翼较差，而广大的粤北山区则相对落后。

（2）小城镇和小城市为主导的城市化。珠江三角洲的城市化，主要是以乡镇企业迅速崛起为标志的农村工业化浪潮为推动力的，同时在小城镇，甚至农村地区兴建外资企业，不但吸收了当地农村剩余劳动力，而且为大量来自区外、省外的人口创造了就业机会。因此在外资、合资和乡镇企业的作用下，珠三角中出现以小城市、小城镇为主导的城市化发展趋势，并形成网络体系。

（3）城市化相对滞后于工业化。从世界其他国家的发展经验看，发达国家20世纪80年代的城市化水平就在70%以上。但是我国自20世纪50年代中后期以来长期实行重化工业优先的工业化战略和计划经济下的通过工农产品剪刀差进行工业化资本积累的模式，这种发展模式造成我国城市化滞后于工业化。珠三角的城市化发展也存在工业化与城市化不尽协调，甚至严重滞后的现象。

3. 城市化的问题

随着工业化进程的快速推进、经济水平的普遍提高，城市化发展导致珠江三角洲城镇人口迅速增加，遍地开花式的小城镇所引发的前所未有的人口、资源、环境及低效益、高能耗、社会治安等问题日益凸显。例如中心城镇建设用地紧张，城市空间扩展严重受阻；制造业投资分散，区域整体环境恶化；产业同构程度高，规划与协调制度不完善导致竞争激烈等；其中"城中村"问题尤其严峻。

城中村：

"城中村"是指城市建成区或发展用地范围内处于城乡转型中的农民社区，简言之就是被城市包围的村落，是由城市政府在快速城市化条件下急功近利式的空间拓展政策产物。20世纪90年代中后期，城市蔓延和郊区化进程加速，城市边缘区土地被大量征用，原有农村聚落被城建用地所包围或纳入城建用地范围，成为"城中村"，为城市发展埋下了隐患。例如，在土地利用、建设景观、规划管理、社区文化等方面表现出强烈的城乡差异及矛盾，杂乱无序的空间影响城市的建设质量和发展秩序，外来人口的大量涌入和以宅

① 阎小培，刘筱. 珠江三角洲乡村城市化的形成机制与调控措施 [J]. 热带地理，1998（1）：7-12.

基地为基础所形成的竞争性的出租屋市场引发了一系列社会问题，使其成为"问题村"。

"城中村"是当前珠江三角洲地区产业工业化、城乡一体化、村民居民化等变迁过程中的必经阶段和必然产物。"城中村"村民素质的提高往往跟不上社会物质层面的转换速度。他们一方面迈入了市场经济环境，但另一方面在思想观念、生活习惯和行为方式上仍保留着传统农业文明的痕迹。这些农民利用在快速城市化过程所获得的土地、房产、股息等利益实现了超越一般城市居民的富裕，却同时出现了有劳动能力却既不劳动也不读书的现象。[①] 在这个转化转型过程中，一方面原有的传统的价值观念、道德约束和其他社会控制机制已经在很大程度上不合时宜或者弱化了；另一方面新的社会规范、法律体制以及交往模式尚未完全确立或者得到强化。

4. 城镇结构调整

我国在"十五"计划中提出："推进城镇化，既是我国现代化建设必须完成的历史任务，也是经济结构战略性调整的重要任务，是优化城乡结构，促进国民经济良性循环和社会协调发展的重大举措。"目前，珠江三角洲城市功能结构不合理，地区差异性较大，在一定程度上城市之间的竞争大于合作。随着全球化和区域一体化的发展，政府和学者已经认识到珠三角今后的发展必须走经济一体化道路，各城市必须把自己纳入到大区域的整体背景下来考虑发展，加强城市合作和协调，减少城市之间的矛盾与冲突，增强地区的区域竞争力和国际竞争力。

因此，政府有关部门开始着手优化珠江三角洲内部城市的空间和职能结构，明确内部分工、重视区域性交通设施的建设，以多种城市化模式的有机结合协调城市发展的矛盾，提高区域的整体竞争力。例如：

（1）重点发展三大城市群：1）大广州为核心，包括佛山、南海、三水、顺德等城市的中部都市区。2）东部都市区。北接广州，南连香港，以深圳、香港为核心，惠州和莞城为副中心及 3 个重要节点城市，即虎门、常平和惠阳市区，还包括 3 条市镇密集区主轴的这样一个较大区域的城市群体。3）西部都市区，指珠江口以西银州湖以东的地区，行政范围主要包括珠海市、中山市、江门市及新会市的部分地区，其中珠海—澳门双城为核心，江门与中山为副中心。[②]

（2）积极发展小城镇，并且使一些条件特别优越的镇发展为小城市。当然，发展小城镇并不是主张"村村点火，处处冒烟"，不是要求所有的小城镇都要同步扩展，将"离土不离乡"固定化。在那些条件差、基础薄弱的地区，则要根据实际情况，走发展小城镇之路，重点培育一批中心小城镇，以带动落后地区的全面发展。

---

① 吴忠. 经济特区应继续为中国的现代化探路 [J]. 学术研究，2000（5）：56-59.

② 广东省建设委员会. 珠江三角洲经济区域城市群规划组. 珠江三角洲经济区域城市群规划 [M]. 北京：中国建筑工业出版社，1996：50-71.

3.2.3 移民浪潮与人口问题

1. 移民浪潮

珠江三角洲是广东省经济最发达的地区，20 世纪 90 年代珠江三角洲经济的迅速发展，吸引了大量迁移人口，导致总人口迅速增长而形成了国内的"移民浪潮"。据第五次人口普查资料显示，珠三角地区流动人口达 2152 万人，占全省流动人口的 82 ％。正因为绝大多数流动人口都聚集到珠三角地区，而流入的人口又主要是青壮年劳动力，这就造成了珠三角地区人口爆炸性增长。

从整个珠江三角洲外来工的分布来看，可以分为以下几个部分：第一是东线，主要是广深走廊，包括深圳、宝安、东莞和广州，一直到花都这一带是外来工最集中的地区。第二是中线，主要是佛山、南海、中山、珠海、番禺，这也是外来工相当集中的地方。第三是西线，也就是江门、台山、新会、鹤山、恩平、三水、高明这一带。这一带也有自己的一些特点，一方面这个地区大量的人涌向东部地区，另一方面它又吸引了大量的外地和外省的民工，形成一种梯级的人口流动。第四线是惠州、惠阳、惠东、清远，就是东线以外的地区，这个地区如惠州、惠阳，自 20 世纪 90 年代以来成为吸引外来工最多最快的地区。

2. 人口问题

人口问题是当今世界面临的三大问题的核心，是区域社会经济可持续发展的关键。大量暂住人口的聚集，对促进珠江三角洲经济发展和城市建设、繁荣市场发挥了巨大作用。同时，由于大量的人口移居令人口空间分布发生变化、城市化水平显著提高，而且降低了人口性别比、延缓了人口老龄化[1]进程，以及受高等教育程度人口比重的提高。当然，流动人口虽有效延缓了珠江三角洲人口老龄化的进程，但越来越多暂住人口就业和居住的长期化，将会使产业结构转型所带来的失业压力增大，也将使提供住房、学校等各种社会保障的压力日益增加。流动人口的绝对数量失控，会导致城市管理难度增加，如公交压力过大、环境污染严重、社会治安恶化、居民生活环境受损以及计划生育管理失控等。

---

① 人口老龄化，是指老年人口在一个国家（或地区）总人口中的比重逐渐增加并达到一定标准的人口现象。目前国际上划分老年人口的标准主要有两种：（1）以 60 岁为老年人口的年龄起点，若一个国家（或地区）的老年人口占总人口的比例达 10 ％以上，则该国家（或地区）为老年型社会；（2）以 65 岁为老年人口的年龄起点，老年人口占总人口比例达 7 ％以上的，为老年型社会。

根据人口普查资料，2000 年第五次全国人口普查，中国大陆 65 岁及以上的人口为 8811 万人，占总人口的 6.96％，成为世界上老年人口最多的国家，占世界老年人口的 1/5 和亚洲老年人口的 1/2。这表明我国已进入了老龄化社会，老年人的健康问题日益突出，其社交、保健、娱乐需求明显提高。但是，珠三角地区的老年人口比重远远低于全国、全省的平均水平，按国际标准只是刚进入成年型社会。

也有些学者认为快速城市化和工业化发展的道路吸引了大批外来劳动力，这些劳动力绝大部分为农民工；大量低素质流动人口的存在，不利于产业的升级转型，阻碍了珠三角城市化发展过程中工业化向高水平的推进。这对今后产业结构调整将是一个隐患，特别在转型到资金、技术密集型产业时，一方面可能要把原来大量的体力型劳动者辞退，另一方面又急需高学历、高素质的人才，容易造成社会不稳定，经济发展受阻。

3. 二元社区

二元社区，是指在现有户籍制度下，在同一社区（如一个村落和集镇）外来人与本地人在分配、就业、地位、居住上形成不同的体系，以至心理上形成互不认同而构成所谓"二元"社区。[①] 我国特有的户籍制度是二元结构政策的基础，也成为二元社区形成的基础。户籍制度不仅造成了城市和农村的隔离，还造成了城市与城市的隔离、乡村与乡村之间的隔离、单位与单位之间的隔离。现在珠江三角洲有数百万外省民工，他们实际上长期在这一地区工作，可是因为是非本地户口，被称之为"外来人口"。

"二元社区"的形成引发许多问题，例如：（1）产生支撑二元社区的寄生性经济，例如本地人的不务正业和不求上进等。（2）地方本位政策造成了地方与地方的隔离和本地人封闭的心态。（3）外来民俗文化及民俗心理与本地传统文化的差别与对立。在珠江三角洲的一些新兴城镇中，人们可以毫不费力地从服饰、语言、饮食习惯、神态举止甚至是对待路人的态度等方面区分出外来工。

3.2.4　生活方式的变化

《中国大百科全书·社会学卷》将生活方式定义为"不同的个人、群体或社会全体成员在一定的社会条件制约和价值观指导下所形成的满足自身生活需要的全部活动形式与行为特征的体系"。[②] 可见，生活方式是一种活动与行为体系，又是文化的另一种表述（与文化具有同构性），它应当是既有易于观察和衡量的各种生活活动形式及生活活动条件，也应当有隐藏在这些活动中的、需要发掘的社会主体的生活意识和生活观念等。本书所探讨的生活方式是指诸如吃、穿、住、行等外化为具体行为的人类活动方式。

20 世纪 90 年代以来，我国城镇居民的消费结构发生了很大变化，完成了从解决温饱—达到小康—迈向富裕的转变历程。按照国际经验，人均 GDP 超过 1000 美元之后将触发国内社会消费的结构升级。这标志着中国经济和社会发展进入了一个重要的、崭新的时期，也正是社会消费结构、社会生活方式发生重大变革的时期。例如：

---

① 周大鸣. 外来工与"二元社区"[J]. 中山大学学报（社会科学版），2000（2）：107.
② 中国大百科全书·社会学卷 [G]. 北京：中国大百科全书出版社，1991.

1. 居住密集化

城市人口急剧增长和建筑密度的增加，令城镇居住方式发生了急剧改变。拥挤、密度过高的建筑导致城市人居环境恶化，原来的街道公共空间逐步消失与日常交往场所公共空间不断遭受钢筋混凝土的吞噬，城镇居民改善城市环境、提高环境质量的要求愈益迫切。以新型公共活动场所作为室内起居的延伸，为居民提供交往交流的场所空间，不仅是个体的社会化需要，也是社会连接的必需。

2. 休闲方式多元化

社会劳动生产率的提高与劳动方式的改变，居民获得了更多休闲时间。1995 年起我国实行五天工作制，1999 年起又延长了春节、劳动节、国庆节 3 个假期，这样职工约有1/3 的时间是在非工作日中度过的，休闲时间的延长必然导致休闲活动的增加。休闲不再是个人的选择，而已成为一种生活方式，体现着一个社会的生存质量与发展水平，满足居民的休闲需要就变成了城市建设的突出问题。

3. 交通出行方式的改变

进入改革开放以来，随着经济发展和城市居民购买力的提高，私家车开始进入中国人的家庭。2004 年，我国私人汽车保有量 1365 万辆，占总保有量 2472 万辆的 55.3％。按照国际惯例，如果一个国家私人用车在汽车保有总量中超过 50％，就意味着私人汽车消费时代的到来。出行方式的改变，个人生活更方便了，原有的生活、休闲习惯也逐步改变。

4. 虚拟空间和社会交往互联网化

中国信息产业部的数字显示，2004 年中国的网络用户数量增长了 16％，达到 9400 万人；2005 年中国互联网用户数量增长 28％，达到 1.2 亿人，使用互联网人数仅次于美国。[①] 互联网化的社会交往范围空前扩大，全球成为"地球村"，而且网络交往因为交往空间的虚拟性、交往内容的符号性和交往对象的不确定性丰富了社会交往方式。但是，在城市社会交往向外广泛扩展的同时，互联网使社会交往由直接交往转向间接交往，交往内容也趋于浅层次性。日益加速的城市化和加快的人口流动，加速了城市人际关系的"短暂化"，也带来了孤独与冷漠等社会病。

除了主流的生活方式的改变，外来工绝大多数来自农村，由于心理沟通、消费能力等原因又一时难以融入当地社会。因此，外来工的生活方式、思想观念等特征介于原住地与迁入地人口之间，他们的休闲方式还具有一定的局限性。在运动娱乐性休闲方面，一是镇

---

① 据统计，中国在 2008 年已经超越美国成为世界上使用互联网最多人数的国家。

村委以提供活动场地为主要形式，例如工业区内建有篮球场、溜冰场，少数还有图书文化室等供外来工免费使用。二是企业以定期组织各类比赛为主要形式，一般来说，规模越大、资金越雄厚的企业开展的活动越多。三是外来工自己发起的文体活动，限于消费能力和工作时间等，自发的休闲活动没有形成规律。

3.3　珠江三角洲城镇现代公共空间的体系

本书的研究范畴——"城镇公共空间"是城镇空间系统的一个子系统，是指城镇空间中为居民日常生活和社会生活公共使用的存在于建筑实体之外的开敞空间体，是人们聚集与交流的重要场所。城镇公共空间所具有的多种功能决定了它通常并非以单一的形态存在于城镇中，它本身是一个积极的有机整体。空间的各组成要素之间互相关联，例如线型的街道空间、点状的广场空间、面状的领域和场所空间构成了一个完整的统一体，因此本书首先关注这些要素的层次和组成体系。

对于同一个城镇来说，公共空间可以分为宏观、中观、微观三种层次。各层次的公共空间不仅规模尺度上存在区别，而且各自的效用范围、要素特征和运行机制也不相同，同时还对应城市空间规划建设和管理中不同的工作阶段，以及不同的设计成果（图 3-2）。

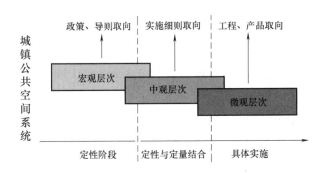

图 3-2　城镇公共空间系统与层次（作者自绘）

扬·盖尔在《交往与空间》一书中对公共空间的层次有如下论述："对城市及地区规划的大尺度、小区规划的中等尺度直到最小尺度上的探讨都是联系在一起的。如果宏观层次上的决策不能为功能完善、使用方便的公共空间创造先决条件，在较小尺度上的工作就成了空中楼阁。这种关系是非常重要的，因为在所有场合中，小的尺度，即周围直接的环境，正是人们相会的地方及评价各个规划层次的决策的参考点。为了在城市和建筑群中获得高质量的空间，就必须深入研究每一个细节，但是，只有各个规划层次都为此创造条件，才能获得成功。"[1]

---

① （丹）扬·盖尔. 交往与空间（第四版）[M]. 何人可译. 北京：中国建筑工业出版社，2002：87.

本书所研究的重点在于中观层次的城镇公共空间，是指与城镇空间形态的肌理密切相关的、功能相对明确的、环境具有整体性的生活性公共场所。常见的中观层次的城镇公共空间主要包括城镇中户外能够提供给公众举行一定社会活动的地方；此类空间具有一定的人群聚集性和活动滞留性，强调对全体公众的开放性，主要包括广场空间、商业街步行空间和绿化公园等。其中，"广场"与"街道"是城市设计领域公认的西方城市最主要的两种公共空间。① 这类空间由线型的交通功能结合点状和面状的逗留、汇聚功能，形成一个人们户外活动的主要场所。绿地、公园正渐渐成为儿童、老年人等特定人群活动的场所，街旁绿地、小游园则真正代表了市民可以舒适使用的公共开放空间。总而言之，城镇公共空间可以分为广场、步行街道、公园绿地三大类。

3.4 珠江三角洲城镇现代公共空间的类型

3.4.1 城镇广场

1. 广场的产生与发展

从西方广场的发展历史来看，古希腊称广场为 Agora，意为"集中"，引申为人群集中的地方，同样表达开放场所的 Plaza、Campo、Piazza、Grand place 都源于 Agora。古罗马广场 Forum 最初用于议政、集会和市场，后来逐步扩大到宗教、阅兵、礼仪、纪念和娱乐等。广场是人们行使市民权、体验归属感的地点，它的本质目的是庇护社区，同时仲裁社会冲突；在某一层面上，广场空间的公共性对权力机构具有反向的、制约的作用。

从新中国广场的发展历史来看，政府对城市进行了大规模的建设并引用苏联模式对城市进行功能划分，主要目的是尽量提高全国的生产力和综合国力。因此，城市建设中广场仍未作为城市的要素加以重视，只是在市政府办公大楼或城市中央道路汇集处建成一批广场，例如天安门广场等。

改革开放以来，人民的生活水平不断提高以及现代生活模式的改变，人们已从吃饱、穿暖向吃好、玩好、穿好、住好的方向发展，各地对城市公共空间日益重视。20 世纪 80 年代以后兴建的一些广场，由于社会生活的重心转移，从以前单一的政治生活为中心，发展到多元的以商业活动、社会生活为中心，更多地考虑了人的需求。广场的空间格局从小尺度、封闭、半封闭发展成为大尺度、开敞的空间，既满足了政治集会和礼仪庆典的需要，也给市民提供了可自由散步、交谈的空间，从而逐步转变成为真正意义上的城市

---

① 彼得 G·罗伊. 市民社会与市民空间设计 [J]. 世界建筑，2002（1）：46.

广场。

20 世纪 90 年代的中国经济继续发展，大连在城市建设、特别是广场建设方面起步较早并投入很大力量，进一步改善城市生活空间质量，因此而吸引大量外商投资。中央媒体对此进行了广泛集中的报道，宣传大连的工作经验，于是大连建设城市广场的经验走向全国。此后中国的城市广场进入了迅猛发展的时期，北到辽宁的沈阳市，南到广西的北海市都纷纷兴建标志性城市广场。

在这种热潮下，广东省的城镇广场建设也如火如荼，珠江三角洲地区的广场数量多，主要集中在珠江口两侧经济实力较强的广州、深圳、东莞、顺德、中山等地。[①] 近年珠江三角洲的有些城镇还提出了形成"区有中心、镇有广场、村有场所"的三级文化设施网络的要求，例如宝安区委政府提出"一镇一广场、一村一公园、一街一景点"的环境建设方针。广场热从城市蔓延到村镇，在盲目的规模攀比与形式抄袭之后，这股广场建设热潮已令诸多城市广场建设呈现某种病态，例如东莞市为建广场甚至不惜拆除了早年建成的全市第一栋高层建筑，各地方的广场规模越来越大等。

1996 年前后珠江三角洲的广场热，除了大连的带头示范原因，与其经济发展并率先进入小康阶段有必然的内在联系。从城市政府来说，城市发展需要广场来展示新形象、举办各种活动、吸引各方投资。从城市居民来说，随着物质生活水平的不断提高，生活概念已由原来的求温饱向更高的精神层次发展；人们更加渴望寻找一个能接近自然、放松自我的外部环境，也渴望在公共交流中得到接触社会、获取信息、表现自我的机会，从而在心理和精神上获得满足。这样必然引起对休闲消遣、社会交往场所的大量需求，而广场是居民休闲、社交等活动的良好之地。因此，城市居民对休闲、社交等活动场所的需求乃是引发"城市广场建设热"的重要因素之一。同时，被称为"城市客厅"的广场，作为城市空间形态的一个重要组成部分，更是一个城市发展水平的重要评价指标。

2. 广场的分类和比较

按照《广东省城市规划指引·城市广场规划设计指引》，"凡是同时具备以下要素和特征的开放空间，均为城市广场：其一是构成城市广场的三要素：（1）围绕一定主题配置的设施；（2）建筑或道路空间的围合；（3）公共活动场地。其二是具有三个特征：（1）公共性。广场供公共使用，任何市民均能用以通行或休憩；（2）开放性。广场于任何时间均可供公众通行或休憩；（3）永久性。无论何种广场，都应永久管制，不可任意变更为私人使

---

① 据南方网 2002 年 6 月 14 日的报道，广州市规划部门编制了《广州市城市广场体系规划研究》，该规划提出，城市广场将通过珠江、传统城市中轴线（云台花园—人民广场—海珠广场）、城市新中轴线（东站广场—珠江新城中心广场—海心沙广场—赤港塔广场）以及环市路（火车站站前广场—花园酒店商业广场—体育中心）、中山路（陈家祠广场—人民广场—英雄广场—东山口商业广场）、先烈路（黄花岗广场—动物园—十九路军纪念广场）等道路景观带联系起来，构建白云新城，火车站，荔湾湖，沙面，长堤，烈士陵园，奥林匹克体育中心等六大广场群。为此广州市区范围将建 75 个城市广场，并有各自明确的功能定位：市政广场 9 个、纪念性广场 7 个、文化广场 23 个、商业广场 14 个、游憩广场 16 个、交通集散广场 6 个；按照等级，有市级广场 25 个，区级广场 50 个，社区广场若干个。

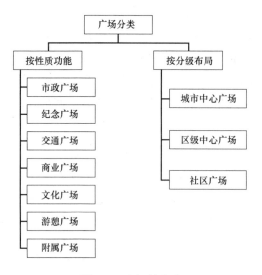

图3-3 广场的分类

用或仅部分时间，部分空间对公众开放。只具备要素不具备特征，或是只具备特征不具备要素，都不应纳入城市广场范围"。

城镇广场空间以多功能、综合性为特点，构成居民的公共活动中心和城镇空间体系中的重要节点。随着社会结构的转型，公共活动逐渐转移到城镇广场、街道以及公园等开放空间体系中，并且利用的频率逐渐增加；广场作为公共活动中心与都市生活的舞台，也成为城镇重要的交流、休闲与陶冶情操的公共活动空间。一般来说，广场可以按照功能和级别进行分类（图3-3）。据统计（表3-1），目前珠三角13个中心城镇的广场

建设重点主要集中在市政广场这一类，其他类型依次为文化广场、商业广场、游憩广场。其他非中心城镇类型更少，主要为市政广场，如中山小榄镇、番禺大岗镇、中山古镇、东莞常平镇等。

珠三角中心城镇主要广场调查　　　　　　　　　　　　　　　表3-1

江 门 市				
名　　称	所在城镇	城中区位	空间特征	面积	使用情况
东湖广场					
	江门蓬江	城镇中心	开放，轴线	43341m²	硬地柱廊，与城市主干道、东湖公园相接，一侧设有小舞台，但使用不方便
堤中广场					
	江门蓬江	城镇中心	开放，自由	9356m²	在旧城区，结合少年宫等文化设施，老人、小孩活动多

江 门 市					
名　称	所在城镇	城中区位	空间特征	面积	使用情况
冈州广场 	新会 会城	城镇 中心	开放,轴线	18414m²	高差设计复杂,设有网吧等娱乐设施,内凹式设计,不方便使用,配套设施完善
名人广场 	新会 会城	城镇 南端	开放,轴线	39313m²	分区明确,绿化多,活动场地足够大,与青少年宫结合,有篮球场、舞台等设施,但缺乏公共卫生间
城市广场 	开平 三埠	城镇 中心	开放,轴线	58306m²	南北双广场跨江而建,与市政府隔江相望,硬地一片,绿化较少,使用人数不多
世纪之舟广场 	开平 三埠	城镇 中心	开放,自由	9175m²	沿江而设,有船形茶厅,弧形柱廊,绿化较为简单
北湖广场 	鹤山 沙坪	城镇 中心	开放,自由	15569m²	长形,有舞台,紧接北湖公园,有停车场、健身设施,气氛热闹

江 门 市					
名　　称	所在城镇	城中区位	空间特征	面积	使用情况
市民广场 	鹤山沙坪	城镇东部	开放,轴线	11684m²	铺地简单,两侧少量绿化,缺乏舞台等设施

佛 山 市					
名　　称	所在城镇	城中区位	空间特征	面积	使用情况
钟楼广场 	顺德大良	旧城中心	开放,轴线	42682m²	由政府运动场改建而成,中部喷泉,硬地面积不大,以图案式绿化设计为主,附有儿童游乐、健身设施
德胜广场 	顺德大良	新城中心	开放,轴线	94648m²	尺度巨大,中部圆形喷泉下沉广场作表演空间,但缺乏合适的观赏空间,两侧为树阵公园,人性化设施不多
世纪广场 	高明荷城	城镇中心	开放,轴线	46280m²	大面积硬地,柱式两列,少量绿化,与区政府轴线不对应

续表

佛　山　市					
名　　称	所在城镇	城中区位	空间特征	面积	使用情况
荷城广场 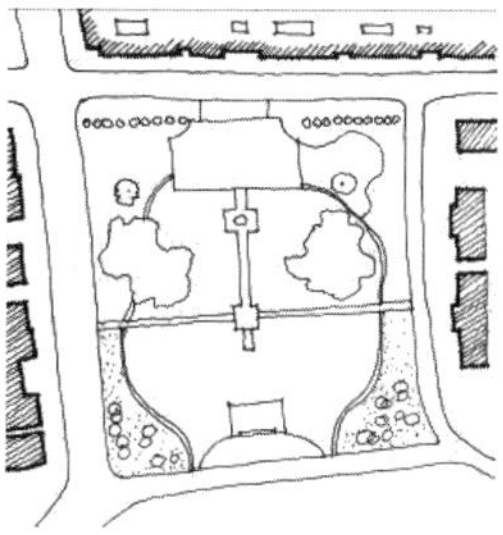	高明荷城	城镇中心	开放,轴线	20015m²	有雕塑、舞台,周边成熟,位于热闹的商业区,活动较多
文化广场 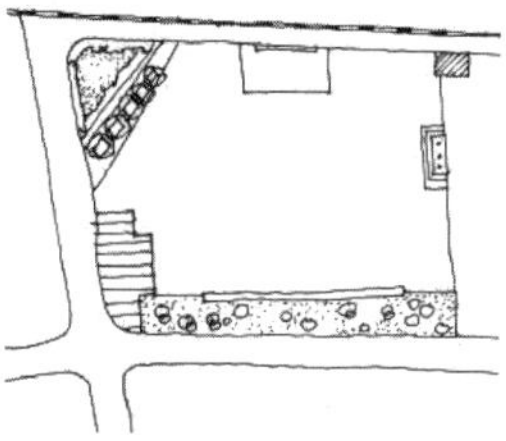	三水西南	城镇中心	开放,轴线	9319m²	有舞台,紧邻文化公园,有停车场、公厕、展廊,铺地简单
其　他　城　市					
名　　称	所在城镇	城中区位	空间特征	面积	使用情况
增城广场 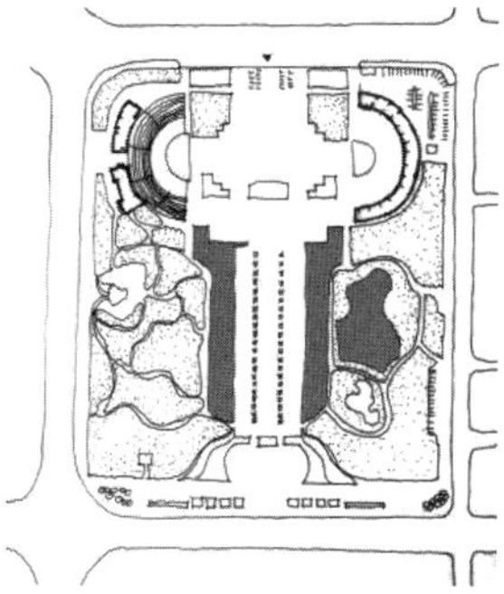	增城荔城	城镇西部	开放,轴线	247707m²	有拉膜结构舞台,尺度巨大,有停车场、公厕、喷泉,铺地高差复杂,附有小量商业,经营较差
挂绿广场 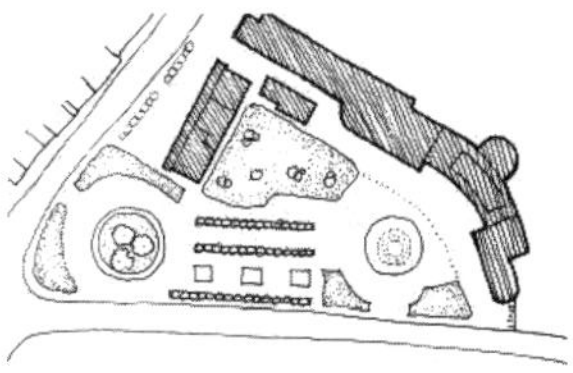	增城荔城	城镇中心	开放,自由	19399m²	结合主要商业中心,以荔枝树为构图中心,绿化少,面积合适,活动多

其 他 城 市					
名　　称	所在城镇	城中区位	空间特征	面积	使用情况
文化广场 	东莞 莞城	旧城 中心	开放, 轴线	73304m²	东莞运河边, 尺度适中, 与商业设施、展览设施结合, 设有地下停车场
城市广场 	东莞莞城	城镇中心	开放, 轴线	214433m²	尺度巨大, 中部喷泉缺乏合适的观赏空间, 人性化设施不多
番禺广场 	番禺 市桥	城镇 东部	开放, 轴线	54243m²	尺度巨大, 中部喷泉缺乏合适的观赏空间, 人性化设施不多, 有台阶式舞台

续表

其 他 城 市					
名　　　称	所在城镇	城中区位	空间特征	面积	使用情况
文化广场 	中山 石歧	城镇 南端	开放,自由	7384m²	尺度较小,与文化中心结合,设有舞台,适于户外活动
兴中园 	中山 石歧	城镇 中心	开放,轴线	21218m²	尺度适中,与政府封闭式广场对应,较好的开放性吸引群众活动

另外,从广场的物质形态来看,目前珠江三角洲广场通常分为硬地型、公园型、综合型三种(表 3-2)。

珠三角广场的三种形态　　　　　　　　　　　　　　表 3-2

类别	硬地型	公园型	综合型
实例	番禺广场 高明世纪广场 开平城市广场	顺德钟楼广场 中山兴中园 东莞黄旗广场	增城挂绿广场 东莞文化广场 江门堤中广场

硬地型广场是市政广场的传统做法,硬地满足了政府形象和大规模集会的要求,因此目前珠江三角洲的市政广场多数属于这一类。此外,没有植树的草坪广场也应划入硬地型广场的范畴。大片草坪虽具有观赏性,但对广场的围合感、小气候作用不大,不仅缺乏空间立体层次的变化,也不符合游人行为的舒适要求,会造成单调和乏味。例如,位于番禺区政府南面的番禺广场就是一个开敞、发散的以硬地为主的市政广场,面积达 5.4hm²(图 3-4)。番禺广场四周隔着马路,周边建筑除了区政府大楼和中国银行大楼具有影响力之外,其余皆为多层住宅楼(含一栋 5 层立体车库),体量相对比较小、连续性比较差,因此造成番禺广场的空旷感。番禺广场利用广场的三个构筑物:中央舞台、东、西走廊将空旷的广场加以限定和分隔。中央舞台位置并非位于轴线尽端,而是比较前推,通过升起式的广场的体量将广场分为前后两部分,背面面向舞台的是主广场,南面舞台后面是次广场,主要用做停车场。另外,高明世纪广场则仅布置了两侧的欧式风格柱列,一片花岗石铺的广场显得空洞无物(图 3-5)。开平的城市广场则构思独特,两个广场跨江而建(图 3-6),依靠两条弧形的人行天桥联系。

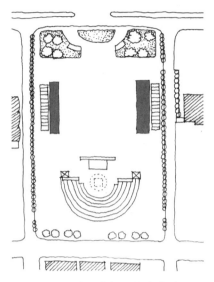

图 3-4 番禺广场（作者自绘）　　　　图 3-5 高明世纪广场（作者自绘）

公园型的广场是一种亦公园亦广场的类型，以公园绿地为主，公园硬地承担集会活动

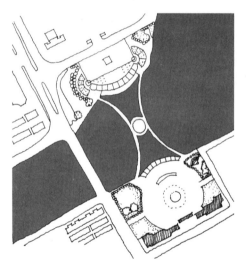

图 3-6 开平城市广场（作者自绘）

的需要。目前，公园型的广场逐步流行，[①] 也不断地和公园形态融合。其具体布局有三种情况：一种是在硬地广场的两侧或周围布置绿地，例如增城广场、东莞长安镇广场；一种广场前身是公园，如中山兴中园（图 3-7）、东莞黄旗广场（图 3-8）；第三种是硬地分散在公园之中，或者公园穿插在硬地之间，比如顺德大良钟楼广场等。公园型的广场绿化层次丰富，除大片平面绿化外，还有灌木、乔木、观赏性植物。

公园型广场的活动以休憩行为为主，强调公共、半公共、私密行为兼顾，而且参与者多、分布均匀。广场的季节、气候适应性强，但维护、管理难度大，投入大。

综合型的广场是前面硬地型和公园的折衷，并结合其他功能，兼顾了集会和休憩的不同需要。这类通常在硬地的外围或一侧布置公园，适应性强，使用率高，但占地面积通常更大，也是目前城镇广场的发展趋势。综合型广场依据其围合要素可以分为商业广场、文化广场等，例如增城挂绿（商业）广场（图 3-9）、东莞文化广场（图 3-10），新会的名人广场则以纪念梁启超等四位名人为主题而建。另外，依靠绿化为主要围合要素的综合广

_____

① 也可称为广场的公园化趋势。

场，整体围合感比较弱，空间发散，如增城广场（图 3-11）；依靠建筑和其他构筑物围合的综合广场，围合较好，整体感强，如顺德德胜广场（图 3-12）。

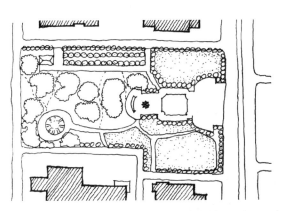

图 3-7　中山兴中园（作者自绘）

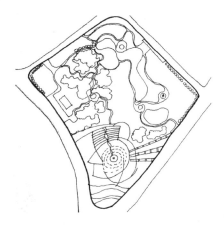

图 3-8　东莞黄旗广场（作者自绘）

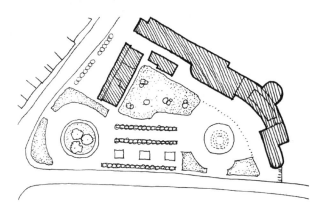

图 3-9　增城挂绿广场（作者自绘）

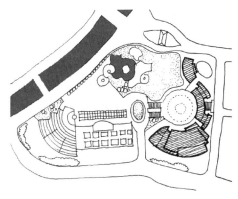

图 3-10　东莞文化广场（作者自绘）

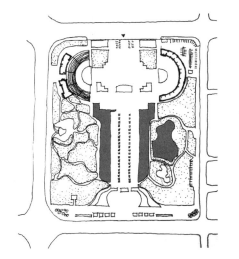

图 3-11　增城广场（作者自绘）

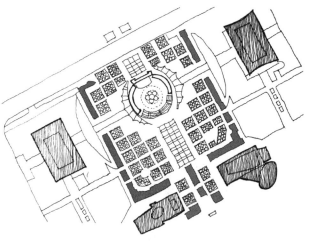

图 3-12　顺德德胜广场（作者自绘）

3. 广场的作用与价值

改革开放以前，其作用与功能是政治性的，只用于政治集会、游行和节日庆典的举行。此后，修建广场除了改善环境、吸引外资、发展经济的目的之外，广场逐渐成为居民休闲娱乐的公共活动空间。广场是城市社会、经济、历史和文化等各种信息的物质载体，同时也在对外交往中展示着独特的人文景观，体现着城镇特有的文化生活内涵。

（1）广场的空间价值

广场是每个城市都不可缺少的公共空间，有人称广场是"城市的起居室""城市公共空间的大舞台"。芒福德在《城市发展史》中说道"（古代）广场（agora 或 forum）最早的功能，大约就是将观众集中在一起观看一场竞技比赛……"。[①] 诺伯格·舒尔茨（Christain Norberg-Schulz）在著作《实存·空间·建筑》中评价广场是"在都市景观中一个心理上的驻留场所"，"广场是城市结构中最明确的要素"。[②]

自改革开放以来，我国城市化进程迅速加快，城市人口急剧增长，引起城市建筑拥挤、密度过高等，致使城市人居环境恶化；另外，污水、废气、垃圾、噪声等对城市环境的严重污染，加上大量的、紊乱的人流货流引起城市交通拥挤与堵塞，也使城市居民的工作、生活环境质量在日益下降。城市居民想改善城市环境、提高城市环境质量的要求愈来愈迫切，而建设城市广场被普遍认为是使城市环境在短期内得到迅速改善的有效途径。

（2）广场的社会价值

广场是城市社会空间的组成内容，是城市生活空间的重要组成部分，日益丰富与多样化的广场空间反映着城市居民生存质量逐渐提高的现实与趋势，并在城市空间中占有日益突出的位置。因此，广场不仅仅是一个形态空间，更是一种社会现象、一种社会空间，象征着社会意义、社会价值。它不但影响和约束着城市居民的社会态度与行为，还引导与促进了特定的生活方式与相似的交往方式。人们的物质生活水平得到不断提高的同时，人们的生活方式也发生了巨大的变化；广场以其在城市空间环境中的表现力和感染力，产生巨大的凝聚力，也说明广场得到社会价值的认同。社会价值构成有物质因素也有精神因素，广场则满足了社会价值中人的精神需要。可以说，广场是社会价值体系中物质文明达到一定高度后的精神文明的必然反映。

对社会生活而言，广场的出现是社会需求的结果，广场作为公共活动场所，实际上构成了各种个性空间的必要补充，是促进个人社会化的重要的社会空间。从社会意义上看，广场重要的不是它的外壳而是其内容，不是孤立的广场建筑、装饰、铺地等（不论广场空间形态的这些形式有多美、多考究），而是城市组织结构与社会生活的连续性，重要的是这种形态所反映的人文意义与在广场空间中进行的社会活动。这种活动不仅反映出城市日

---

① （美）刘易斯·芒福德. 城市发展史［M］. 倪文彦等译. 北京：中国建筑工业出版社，2005.

② （挪）诺伯格·舒尔茨. 实存·空间·建筑［M］. 王淳隆译. 台北：台隆书店，1985.

常的经济活动，它还充满了政治的、社会交往的、宗教的以及军事的色彩，这些往往具有复合型态的社会活动显示了丰富的社会信息，体现着复杂的社会关系与社会形态。因此，广场作为社会空间的演化，实际上是城市社会变化在城市空间形式上的表现与反映，广场的社会性功能是影响自身发展及其方向的一个决定性因素。

(3) 广场的经济价值

毫无疑问，广场建设首先需要大量的经济投入，引发的巨额资金对国民经济的总体循环有重要意义。站在战略高度，这是对我国"鼓励消费、拉动内需"的总体经济战略部署的响应。另外，广场的建设是一种"消费"，在带动传统社会产业发展的同时，也促生了一批像水景、亮化等新兴产业，这是其经济价值的一种体现。

当然，广场建设除了明显的经济拉动作用，城市广场的建设对城市总体经济还有其他作用。例如公园型广场的绿化园林所带来的产氧、吸收二氧化硫、滞尘、蓄水、调温作用，具有一定的实际效益。广场在旅游、周边商业、交通、消费以至城市形象感召、招商引资等方面的潜效益，也是具有十分重要的经济价值。

(4) 广场的文化价值

随着城市现代化进程的加快和市民生活的逐步提高，广场活动日益成为城市中的文化景观和深受市民喜爱的娱乐休闲方式。地方政府重视广场文化建设，将其作为精神文明建设的重点和群众文化活动成为市政广场的主要活动，甚至有些市政广场被冠名为"××文化广场"。广场文化，可以概括为建设和利用城市公共、开阔的空间进行城市特有的文化、经济、政治交流和活动，从而形成富有特色的文化氛围，是构成城市的物质文明和精神文明的重要组成部分。广场物质文化是广场的空间物化形态，是富有育人情景的物理环境，具体表现为两种形态：一是环境文化，如广场面貌、广场绿化、广场布局以及周围的山水和建筑环境等；二是设施文化，如集会广场、会展中心、名人群雕、历史象征、石桥古塔、水上戏台、林间休闲设施等。广场精神文化是指在广场设计和活动中体现出来的历史传承、文化个性和精神氛围。

当然，广场文化不是凭空产生的，它与当地人们的生产生活实践有着紧密的联系，有着久远的历史渊源。如第 2 章所述，它是从古代的祭神、祭祖、庆祝胜利、庆贺丰收、图腾崇拜等集体活动逐渐演变而沿袭成为一种具有民间性、传统性的大众文化现象。广场文化通过其传播机制将内容丰富、多姿多彩的优秀文化成果向不同历史、不同地域、不同文化背景的人进行传播。广场文化因其产生的历史衍变而具有传统性和传承性，因其与劳动人民的生产生活密不可分而具有质朴的民间性和鲜明的民俗性，因其地理人文环境的不同而具有浓郁的民族性和独特的地域性。

4. 广场的特点和存在的问题

考察珠江三角洲主要城镇广场，可以发现广场的建设已经有了很大的改观，其目前发展的趋势是向多功能复合型的中心广场发展，兼具中心广场、城市标志和城市绿化的功能，市民休憩的内容逐步得以加强。另外，广场兼容性增加，平时举办的活动增多，例如增加了文艺表演、长跑、签名、广场舞会等有组织的群众文化活动，以及广场商品展销、露天演唱会等商业活动。珠江三角洲城镇广场的主要特点如下：

（1）公园化

珠江三角洲一些广场近年来出现了向城市绿地发展、广场结合公园绿地的趋势。由于强调了市民休闲功能，广场休息区得到扩大，常结合大面积绿地布置，甚至出现某些市政广场变成绿化公园的情况（顺德钟楼公园）。当然，"广场"—"空地"—"公园"三个概念还是常常模糊难辨，还有一些所谓的广场达不到公园的要求，实际上是空地经过简单绿化和铺装而成。公园化同时也带来市政广场面积有日渐增大的趋势，反过来，大面积的用地也推动了公园化的进程。

新中国成立以来全国各大城市先后建了一批供人民群众集会的广场，是以大尺度为先导的设计思想；20 世纪 90 年代初以大连为榜样，强调视觉效果，草坪广场风靡一时。但草坪的生态效果远差于树木，于是以树木为主导的公园型绿化设计开始成为主流（例如顺德德胜广场设计主题就是树阵广场）。因此由硬地→半硬地（草坪）→公园的转化过程就是从关注硬质空间向硬质空间和柔性空间两者结合的城镇空间形态设计观念的转变发展过程。

（2）分散化

如前所述，珠江三角洲的城市化滞后于工业化，经济布局和人口结构还没有同步城市化，表现出"城镇倾向"，广场建设也有遍地开花的倾向。以番禺、中山、顺德等地区为例，几乎每个镇或街道办事处都有自己的中心广场。沿广珠公路由南往北，有陈村、北窖、伦教、容奇、小榄广场，由东往西，则有大岗、市桥、大石、勒流、龙江各镇广场。这种村镇扩散的广场建设，在珠三角其他城镇的情况也非常类似。

（3）外来化

以劳动密集型产业为主的珠三角地区，由于外来人口大量涌入，外来劳工成为城市发展不可忽视的推动力量。在许多城镇，外来打工者和流动人口的数量是本地居民的几倍甚至十几倍。因此，广场的建设不可能不考虑这些人群，甚至一些地方的广场的主要服务对象就是外来打工者。这也是珠江三角洲广场的一个重要特点，如何能够提供既令市民满意又为能外来工服务的新型广场，是城镇广场建设发展到今天面临的新课题。

目前，城市不断扩大，而供市民进行室外活动的公共活动场地却严重匮乏；机动车迅速增长，而步行空间严重萎缩；景观建设滞后，公共空间缺少特色，致使市民可感知环境日益恶化，城市生活空间质量已明显不能满足人民群众的要求与期望。珠江三角洲广场的设计与建设同样存在着诸多的问题，如下：

（1）尺度不够宜人

人们日常生活中的休闲活动是一种放松身心、享受生活的行为，需要的是亲切宜人的空间环境。因此，广场不单单是一个纯粹的三维物质空间，而且还是一个行为环境，能够提供生理方面的舒适感和心理方面的满足感，例如安全感、领域感、归属感和认同感、参与感等。

　　但是，当前珠三角很多广场的尺度与人们的活动特点很不协调，中心广场使用大尺度的手法表达政治性和壮丽感，实际效果却常常是盛气凌人、高不可攀，和市民的关系比较疏远；政府大院多数是用围墙封闭起来的孤立空间，和广场的结合很差。除了硬地铺装，广场通常以大片的草坪为主体，而且草坪大都不让人接近，这些不利的影响大大降低了广场的吸引力。

　　其实，广场贵在精，不在大。卡米诺·西特（C·Sitte）研究了古代的广场，他认为广场大小与周围建筑之间的关系应是和谐的平衡，过分小和过分大都不能够平衡。比例不良的空旷巨大广场使周围建筑无论怎样增加高度也显得不够大，即使建筑师竭尽所能，也很难使周围建筑环境与广场的比例达到平衡。和国外成功的市政广场相比（表 3-3），就可以发现珠三角中心城镇广场普遍尺度惊人，除了显得巨大之外一无好处，还极度浪费城镇土地。

中外城镇广场面积对照　　　　　　　　　　　　　　　　　表 3-3

广场名称（珠三角）	面积（hm²）	广场名称（外国）	面积（hm²）
开平城市广场	5.8	威尼斯圣马可广场	1.3
增城广场	24.7	莫斯科红场	5.0
东莞政府广场	21.4	巴黎协和广场	4.9
顺德德胜广场	9.4	罗马圣彼得广场	3.5

（2）服务设施不够完善

　　广场作为一个兼有多种功能的生活服务性场所，应尽力满足市民多方面的行为需求，使他们在广场内就能得到便捷的服务。目前珠三角城镇广场可达性差，服务设施不够完善，例如缺乏卫生间、小卖部等基本设施。这样既制约广场服务功能的全方面发挥，又减弱广场的舒适性及吸引力。因此，在广场设计中应充分考虑到游人的各种行为需求，尽可能多地设置一些服务设施，如多凳椅、电话亭、挡雨设施等；有条件的广场可以适当设置室外公共厕所、健身器械等，以体现广场设计的人性化原则，体现城市设计以人为核心的宗旨。

（3）管理及维护水平滞后

　　珠三角有些广场在设计时及建成后，均达到了较高的标准，但后期管理及维护水平却没有与之相匹配。例如广场中部分景观及设施的损坏没有及时得到修复，以致造成广场整体景观的破坏。另外，广场的管理与维护成本问题应该在规划设计之初就充分研究，例如设置少量效益型项目并使效益与广场的公益平衡，达到以效益养公益的目的，解决广场日后维护费用问题。

（4）特色缺失

城市景观环境体现着城市的特色，而广场更是反映当地历史、文化、文艺特色和人民精神风貌的主要场所。国内的城市建设曾由于片面追求所谓的"现代化国际风格"，过度注重功能化和套用统一模式，结果导致各个城市面孔千篇一律、缺乏个性，从而使城市出现"特色危机"。同样，珠三角很多广场设计都是模仿西方的硬地＋草坪＋柱廊的模式，没有个性特色、文化内涵缺失；毫不考虑这些例子在欧洲的成功很大程度上是基于其周围的环境、利于活动产生的土地利用方式和颇为重要的历史象征主义。另外，没有结合本地方的实际情况，[①] 对地方历史和文化底蕴的挖掘明显不够，使得广场失去了地域特色。

（5）文化冲突

广场除自身的文化含义外还成为文化的载体，广场人文特色的一个直接来源，就是城市的文化资源和历史底蕴。少了人文精神和文化底蕴的支撑，广场外观建设得再华丽，也总是缺乏意义，价值观的缺失甚至使广场外观变得更加肤浅。另外，外来的广场形式如何与民族文化、珠三角地方的风俗习惯、自然条件相融合，从而取得西方广场形式与中国传统广场、传统城市空间的相得益彰，仍是一个亟待探索、解决的大问题。

城镇广场的文化内涵可以包括很广泛的内容，但当前最重要和最亟待解决的问题是城市文脉的延续和城市特色的体现，要让使用者对广场产生内心的认同感和亲切感，应杜绝毫无创造性的作品泛滥。因此，要想设计出符合此要求的广场，在设计前不仅要广泛地了解设计对象的相关文化背景资料，如历史、地域特点、民族特色、传统风俗等，更重要的是深入理解这些内容，进而提炼出其精髓和精神实质，这才是应表达的重点。近年来，珠三角的广场设计对文化内涵已越来越重视，在这方面也有了许多尝试，但成功作品却寥寥无几。

3.4.2　步行街

1. 步行街的产生与发展

在西方文化中，最重要的社交性外部空间形态是"广场"，而在中国传统生活方式中，最重要的公共空间模式是"街道"。街道的公共空间意义主要体现在与行人密切相关的步行交通系统，如林荫人行道、舒适便捷的人行天桥、商业步行街等。作为一种重要的公共空间形式，是城市化不断推进和城市现代化的必然产物，是城市居民生活质量要求不断提高的结果，同时也是对汽车时代的异化而出现的一种特殊的现象。

许多国外现代化大都市都有商业步行街或中心大街，例如著名的法国巴黎香榭丽舍（Champs-Elysees）大街、德国首都柏林富芬斯丹（Kurfiirstendam）大街、西班牙巴塞罗那拉斯林柏丝（Las Rablas）大街、英国伦敦邦德（Bond）大街等。德国埃森市在 1927

---

① 例如南方炎热的气候和强烈的太阳照射，广场设计却采用大草坪式，缺乏遮阳考虑。

年已出现禁止车辆交通的林贝克步行街，到目前为止现代欧美步行街已经经历了三代的建设：第一代步行街区仅仅为了吸引顾客；第二代步行街区体现了对步行者的关怀；第三代步行街区成为社会活动中心。[①]

中国的商业步行街建设始于 20 世纪 80 年代，1980 年，苏州观前街开辟为全国第一条步行商业街；之后许多城市开辟了步行商业街，并且多以文化特色、传统建筑为发展的契机。[②] 近年来发展迅速，商业街的建设热潮从大型城市、省会城市波及二三线城市。步行街作为一座城市的"窗口"和"名片"，正以其巨大的商业价值和对城市振兴发展的推动作用而成为城市未来商业形态的重要模式。

近十年来，商业步行街的建设在珠江三角洲已经成为城镇发展的一大热点，广州、深圳、中山、新会等地，商业步行街相继出现。最早于 1997 年 2 月 8 日正式开通的是广州北京路、教育路一带的"北京路商业步行街"，1999 年开通的下九路第十甫商业步行街长达 800m，号称为广东省最长的步行街。上下九路两边的 200 多家店铺的建筑风格采用骑楼、山花、女儿墙、罗马柱、满洲窗、砖雕、灰雕等建筑装饰手法，再现了 20 世纪二三十年代盛极一时的"西关风情"。同样，深圳东门商业步行街是深圳人的"购物天堂"；中山孙文西路商业步行街成为中山市的"名片"。一些较小的城镇也开始建设步行街，例如番禺大江镇、开平水口镇等。

2. 步行街的分类和比较

我国步行街的建设以传统步行街的改造及近代商业街的步行化为主，一般是在老城的基础上开辟而成的，现已经被当做恢复有历史意义的城市结构统一性的措施。老城往往是城市的传统文化和商业中心，有着无可替代的文化底蕴；步行街的形成改善了购物环境，使人们在购物娱乐的同时感受到了这个城市的文化氛围，成为一种独特的旅游、购物、休闲场所。步行街的建设促进了商业的发展，另外，步行街还集中了各种各样的游乐设施、各色风味小吃等，满足了人们的多种需求，已逐渐成为一种消费时尚。因此，我国商业步行街具有鲜明的亦商亦游的特点，步行街大多以文化、旅游或商业、休闲、娱乐为发展方向进行建设。

目前"步行街"是一个统称，按照不同的划分方法存在许多类型。根据对珠三角中心城镇的步行街调查（表 3-4），主要存在以下几种类型：

珠三角中心城镇主要步行街调查 表 3-4

名称	所在城镇	城中区位	空间特征	长度	使用情况
常安路步行街	江门蓬江	城镇中心	开放，直线	412m	老街改造，比较热闹，中部设有小广场，北端为中山公园，南端为长堤

① 李婧. 商业步行街建设的演进与发展 [J]. 山西建筑，2005（8）：18-19.
② 王璐. 中国城市中心区的步行系统研究 [D]. 广州：华南理工大学，2001：5.

续表

名称	所在城镇	城中区位	空间特征	长度	使用情况
仁寿路、大新路步行街	新会会城	旧城中心	开放，直线	421m	在旧城中心，古街翻新，比较热闹，但无标志物，无休息区域
幕涌东（西）路	开平三埠	城镇中心	开放，直线	802m	新建步行街，分东西两段，围合感差，不能有效积聚人流，中部二层商业经营差
台西路步行街	台山台城	旧城中心	开放，曲线	445m	历史久远，经过翻新后成为商业步行街，缺乏休息缓冲地方
华盖路步行街	顺德大良	城镇中心	开放，曲线	638m	传统商业步行街，骑楼形式紧凑曲折，周边设有停车场
东城风情步行街	东莞莞城	城镇中心	开放，组合	305m	现代商业步行街，紧凑多向，首层架空为停车场，实际为二层商业街
易发商业步行街	番禺市桥	城镇中心	开放，直线	438m	现代商业步行街，紧凑、分段，局部二层商业街，设有地下停车场
孙文西路步行街	中山石歧	旧城中心	开放，曲线	485m	传统商业步行街，保护情况良好，紧凑曲折，客流较旺

（1）从形成的基础和建设过程来看。有的是以传统的商业中心和古老街区为基础，通过改造更新而成，珠三角城镇大部分的步行街属于此类，例如江门的常安路（图 3-13）、顺德的华盖路、中山的孙文西路等。有的完全是新规划和建设的新区或商业中心，如东莞的东城风情步行街（图 3-14）。

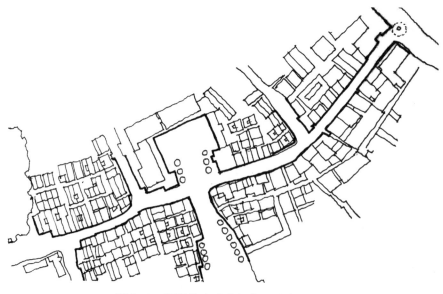

图 3-13 江门常安路步行街（作者自绘）

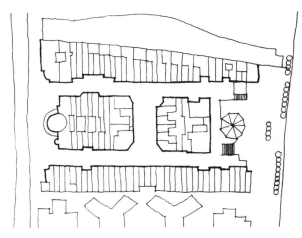

图 3-14 东莞东城风情步行街（作者自绘）

（2）从建筑形态上来看。大多步行街是完全敞开的，很少的是半封闭、半敞开的（例如番禺易发商业街，图 3-15）。另外，很多步行街建筑以古代明清时期的中式建筑为主，甚至以原有的建筑为基础，建设成为清风一条街、民国一条街，显示出独特的风格。当然，很多经过改造后的步行街也有弄得不伦不类，随意加上一些欧式的 GRC 构件；或者例如江门常安街，原有老建筑经过简单粉刷后加上了现代的玻璃雨棚，显得中西风格杂乱无章。

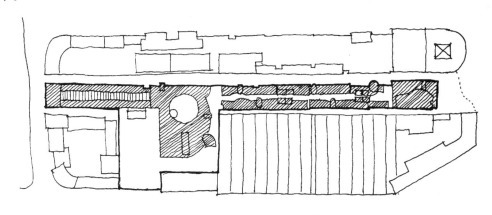

图 3-15 番禺易发商业街（作者自绘）

珠江三角洲的步行街主要采取了骑楼的建筑风格，是 20 世纪初广泛盛行于岭南城市的一种独特的风格，充分显示岭南民居建筑的不拘一格以及艺术风格的多姿多彩（图 3-16）。民国时期，受外来文化的影响，以西方古典建筑中的券廊式与中国传统的建筑形式结合而产生了骑楼。1920 年 8 月 28 日《广州市市政公所布告订定建筑骑楼简章》颁布，骑楼结合新式马路加以改造，"务求合作于商业之发展"，成为最新式市场。在此政策的推动下，广州市对传统街巷的近代改造全面展开，并得到岭南其他中小城市的积极响应。于是在 20 世纪 20 年代初期，在汕头、潮州、佛山、中山、江门、开平、台山、新会、恩平、琼州（今海口）、惠州、北海等地，旧城在改造后均形成规模不等的骑楼街区，逐渐成为构成岭南近代城市的主要街区的架构。

图 3-16　台西路步行街（作者自摄）

骑楼建筑是临街商业楼房一种下店上宅的建筑形式，传统骑楼建筑的型制迎合了历史上珠三角地区以手工业和个体商业为主的小规模多元化经营的需要。而且，骑楼内的店铺可以借用柱廊空间，便于敞开铺面、陈列商品以招揽顾客。骑楼铺面向街，开门见市；家家户户做生意，下铺上居，商人自己的生活距离跟顾客十分贴近，人性化、人情化色彩很浓。据现场考察，骑楼体量尺度适宜，开间为 3～4.5m，进深为 10～20m；首层高度为 4.5～5.5m，楼层层高介于 3.2～3.6m，总体高度为 10～24m；骑楼街宽度一般为 11～16m，骑楼高度与街道宽度之比为 0.9～1.5。它充分利用人行道上部作为延伸的建筑空间，增加了土地利用效率，同时被覆盖的人行道为商业活动和人际交往提供了积极的场所，促进了商业贸易的全天候进行。其前店后居或者上居下店的混合使用模式，使其能够充分满足传统商业集约灵活的运作特征，也使传统商业街洋溢着多样性的活力。

由于南方建筑较密集，里狭弄深，骑楼街的设计融入了梳式布局系统，使巷道与夏天的主导风向平行，即沿南北向布置，有利于自然通风，较好地解决了南方潮湿、闷热的问题。骑楼是纯粹的人行道，在交通组织上严格实行了人车分流，人在其中的活动得以连续顺畅而不受车辆干扰。由此可见，骑楼街可让行人在其间行走时避风雨、防日晒，特别适应岭南亚热带气候条件。所有这些，都显示出骑楼建筑以人为本，充满人性关怀的特色。骑楼对行人的庇护和关怀，使骑楼的人气特别旺，鼎沸的市井喧哗声充分反映了珠江三角洲居民生活的本质。

实例：中山孙文西路步行街

孙文西路位于中山市城区石歧城西门外，古称迎恩街，从隋唐时期开始到 1925 年间逐渐拓展而形成今天的格局，1925 年孙中山先生逝世后为纪念孙中山先生改称孙文路（图 3-17）。1995 年初在旧城改造的过程中，中山市政府委托同济大学和中山市规划设计院编制"孙文西路文化旅游步行街规划"。其主要的目的，是理解并尊重旧城的空间格局，通过良好的建筑设计延续孙文西路街道空间，保持旧城亲切怡人的环境气氛；在建筑形式和广场设计中又注入现代的气息，继承传统形式又符合现实生活需要。按规划孙文西路全长约 1000m，西联津渡（石歧河），南绕烟墩山，东达仁山（即现在孙中山纪念堂公园）。第一期工程长约 500m，规划范围达 13hm²，是石歧旧城区"山、水、城"格局的一部分，工程在 1997 年中完工。

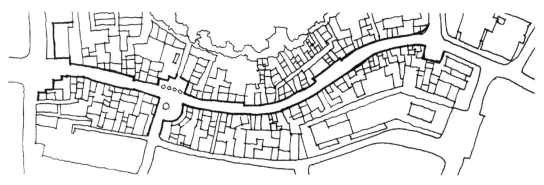

图 3-17　中山孙文西路步行街（作者自绘）

孙文西路步行街规划的重点，是局部将两条街拓宽而成广场，一条沿思豪大酒店西侧向南沿大庙下街，拆除部分 20 世纪 70 年代建成的建筑物，布置大庙下文化广场和饮食广场；另一条沿中山公园入口即三元庙街，拆除入口西侧部分商铺、民房和香山酒楼，拓宽中山公园入口规划为交通广场。这里作为第一期工程的东入口，解决公共交通运输、人流集散、停车场地，又可作为露天茶座；可以增强中山公园入口识别性，突出步行街入口、丰富步行街的内容，以满足人们购物、娱乐、饮食、交通于一体的功能。①

孙文西路两侧骑楼进深一般为 3～4m，个别路段开敞面没有骑楼的人行道宽达 5m；骑楼高度为一层楼高，面宽一般为 4m；道路宽度 9～10m，两侧建筑物 3～4 层，从地面到女儿墙顶高度 12～16m，街道空间比例为 4：3～5：3，沿街底层多为商铺。在道路交通规划方面，主要解决交通运输、消防救护、人货流集散、车辆停放等问题。

除了骑楼的建筑形式保护，孙文西路的一些特性保留也比较成功。在主入口的人力车雕像、旧照片、古老的椰树、依稀可见的远山，都成为它的特色，同时也成为中山市一道独特的风景线。通过现场访问，可以发现人们喜欢重温古老街区从前繁荣的感觉，喜欢在有特色的传统街道上漫步。这种"怀旧"情绪是人们的一种情感需求，也是大众文化的重要部分。一个"以人为本"的、具有人情味的城市，是不能无视人们的隐性需求的。因此，传统商业区的改造，不仅要考虑未来的商业模式，而且要充分考虑城市居民的情感

---

① 伍瑞家，陈建标. 保护与更新——中山市孙文西路文化旅游步行街设计与实施 [J]. 规划师，1998（3）：37-42.

因素。

3. 步行街的作用与价值

珠江三角洲城镇步行街的兴起和发展，是中国城市迈向现代化的必然产物，也是珠三角传统骑楼商业文化延续和发展的结果。随着居民生活多样化和生活质量提高的需要，步行街的功能已经不同于一般的街道，同一般的商业街也有所区别。不管哪种形式的商业步行街，其最主要的服务功能除了购物以外，还有旅游、娱乐、商务等，以满足现代人的购、吃、住、行、玩等的多种生活需要。① 还可以实现一定的城市功能，例如：

(1) 改善交通状况

机动化交通带来的交通混杂、空气污染使城市的中心区环境不断恶化，无法为行人提供舒适的购物环境。步行作为一种古老而广泛使用的交通方式，为人们的出行提供了巨大的灵活性，不像其他交通方式那样将人们限制在固定的路线上。步行街规划的最初目的（也是最大的意义）在于交通系统方面的改善。通过建立步行街改善步行的环境质量，减少城市用于汽车交通的空间，促使更多的人改乘公交，从而实现公交、步行及小汽车交通之间的适度平衡。步行街的建立，在于认识到人是城市空间的主体，立足于人的步行来考虑交通和城市空间的组织，为人创造舒适、方便、亲切的活动场所。

(2) 刺激商业发展

对于步行街效果的评价，通常把商业零售额的上升作为其成功的最主要的指标。步行化改造可以为行人营造一种安全、舒适的购物环境，有利于使人们重归中心商业区，促使商业贸易大幅度上升。事实证明，步行街促进了商业的发展，大量的步行交通促进了临街的商务活动，尤其是商品零售业的发展。另外，由于实行交通管制，使行人不再担心来往的车辆，良好的环境吸引行人在此散步、驻足和购物，从而增加了消费。当然，保留各种类型的购物街，如露天市场、民族特色的集市、专业性购物街等，也是吸引更多消费者的重要原因。

(3) 提供城镇公共空间

街道是城市中最富有活力的地方和最主要的公共场所，步行还能促进身体健康，加强人际交往。与公园和广场相比，人们更喜欢街道，因为在街道上能获得更多机会与他人及环境进行交流，同时享受着相互交流的乐趣。加拿大学者简·雅各布斯认为，"街道，特别是步行街区和广场构成的开敞空间体系，是分析评判城市空间和环境的主要基点和规模单元"。② 因此，步行街（区）作为一种最具活力的街道开敞空间，已经成为现代城市设计中最基本的要素构成之一；各地政府开始重视道路在公共空间中的作用，追求城市的舒适性将是今后城市建设的目标。

---

① 袁晓灵. 对发展城市商业步行街的思考［J］. 经济师，2004（5）：79.
② （加）简·雅各布斯. 美国大城市的死与生（1992）［M］. 金衡山译. 南京：译林出版社，2005.

4. 存在的问题与解决方法

（1）规模与尺度问题

步行街作为供人们购物、休闲、文化、娱乐的综合性步行空间，必须充分考虑人的尺度和规模是否合适。规模适度原则是指商业街的长度、宽度、高度以及营业面积都要适度，不能超越界限无限发展。一般来说，商业街的"有效长度"大多为300～600m，商业街的建筑不宜过高，一般在2层楼高，个别大商场可到4层。[①] 但是，一些城镇的商业步行街的长度太大，超过1000m而且面积规模超大，反而会严重抑制人们观赏、购物的欲望（例如开平的幕涌西路步行街）。另外，商业街的宽度应在20～30m，不宜过宽。因为人们逛商业街行走规律是走"之"字形折线，即先在一侧走上一段距离，再穿行到另一侧，走一段后又折向另一边。如果街道过宽，会使人们在街两边往来体力耗费过大而感到不适。

（2）文化问题

步行街不仅具有物质上的意义，还具有精神上的意义；成功的步行街往往凸显强烈的地域特色而成为城市标志，也是城市文化、历史元素传承的载体。步行街的建设不能仅仅考虑经济目的，更重要的要考虑到文化效益和社会效益；文化内涵是商业街的重要支撑，要以文化脉络为规划设计的出发点。设立步行区有助于保护历史文脉，彰显城市特色；一些有保留价值的历史地段和风貌街，可在对其不作太大改动的情况下，兼顾旧城保护的需要以这些不宽的街道为基础建设步行街。另外，对步行街还要考虑休闲功能和设施，给人们提供悠闲的环境，使人们在身心放松的情况下购物、游览、餐饮、观赏。

但是，珠三角的步行街建设没有充分认识到文化的重要性，以单一的街道形象为主，大同小异、重复建设现象严重，甚至出现了百街雷同的问题而缺乏真正的品牌特色。而且，步行街大都是在旧商业街基础上建设的，没有适当地增加一些休闲设施和休息场所，满街是拥挤的人群和商品广告，只有购物功能而缺乏休闲情趣。

（3）交通问题

步行街一般位于城镇中心，居民密集，人流量大，很多由旧街改造而来的步行街停车场不足，不能吸引现代消费顾客。因此，步行街周边要有良好的汽车道路环绕，要有足够的停车场。以现有的步行街带动其他街道的建设，形成一个网络状的步行系统，包括有广场、购物街、公园、立体步行通道等完善的步行系统。

具体来说，步行区的交通组织规划主要表现在两个方面。一是在商业步行街区内部，

[①]　一是因为顾客逛商店不喜欢爬楼，也不喜欢上上下下地来回折腾；二是过高的建筑会产生压抑感，影响人们逛商店的心境；三是通道狭窄，两边建筑物过高，会产生高楼效应，令顾客无法在街头驻足。合适的步行街街道的高宽比以 $H/D=1\sim1.5$ 为宜，连续大范围高宽比 $H/D>1.5$ 的地段可以通过上部建筑退台的方式进行处理。这样的空间尺度从视觉和心理上又能充分地满足人的感知要求。

实现"人车分流、机非分流、客货分流",最大限度地降低各种交通流的干扰,确保方便高效的机动车和非机动车停车位;二是在商业区内部和周围道路之间,通过合理划分相关道路功能,使人流和车流能够进行方便有效的转换和疏解。内外交通衔接和步行街内外联系要以公共交通特别是大容量公共交通为主,公交停靠点、出租车停车点、自行车停车点、地铁、轻轨等都汇聚在步行街区形成一个复杂的有机交通联系体系。例如采用步行与公交换乘系统、中心区步行立体化等措施,有效减少私家车的大量通过对步行街造成的拥堵。

目前缺乏上述硬件条件的城镇,可以按照以时间段的交通组织即主要通过交通管制、限时的方式对步行街区的人流、车流进行统一调度和进行交通管制。一是控制进入步行街的车辆,把车辆疏导到邻近的道路上,扩大步行空间。例如,限制进入步行街的车种,只允许少量凭许可证通行车辆出入;二是在规定的时间容许机动车进入。例如,白天禁止机动车进入步行街区,晚上容许机动车进入步行街进行货物的运送。

3.4.3 公园绿地

1. 现代公园的产生与发展

公园绿地是指城市中具有一定用地范围、供市民休憩的公共绿地场所,相对广场而言有一定的隐蔽性,能为人们提供私密性较强的休憩空间。真正意义上的现代公园产生于17世纪的英国,当时由于工业运动使大量农村人口涌入伦敦而污染日益严重、居住环境质量下降,产生了许多城市问题。英国政府为了改善城市环境卫生状况,被迫把几个皇家花园改成了现代化的开放式城市公园。而近代美国奥姆斯特德设计的纽约中央公园则是城市公园发展的里程碑,它的成功建成与开放使世界各国纷纷掀起了"城市公园运动"。①盖伦·克兰茨(Galen Granz)认为自19世纪中叶以来,美国公园的发展经历了四个主要阶段:游憩园(the pleasure ground)、改良公园(the reform park)、休闲设施(the recreation facility)和开放空间系统(the open space system)。②

中国传统园林具有两千多年悠久的发展历史,已经非常成熟且影响深远,其中包括了皇家园林、贵族士大夫园林、文人园和宗教园林等。当然这些园林大都为特权统治阶级占有和服务,只有宗教园林在一定程度上为公众开放。在民国时期,一些知识分子认识到中国民众生活习惯不够文明健康而需要加以引导和改进,因此将西方的公园介绍到中国。黄以仁在《公园考》一文中,详细介绍了西方一些公园在城市生活中的作用,"语不云乎,

---

① 即城市美化运动,以巨大的尺度追求宏伟壮观的城市景观。

② (美)克莱尔·库珀·马库斯,卡罗琳·弗朗西斯. 人性场所(第二版)——城市开放空间设计导则 [M]. 俞孔坚等译. 北京:中国建筑工业出版社,2001:79.

一国之花，都市也。都市之花，公园也。惟公园为都市之花，故伦敦、柏林、巴黎、维也纳、纽约、东京、暨他诸都会，莫不设有公园"。并通过对西方公园的介绍，说明公园不仅有广植花草的优美环境，而且可以通过环境的美化提高市民的素质，"匪特于国民卫生与娱乐有益，且于国民教育上，乃至风致上，有弘大影响焉"。[①]

中华人民共和国成立后，公园建设经历了几十年的风风雨雨。"文革"时期中提出的"园林工作以阶级斗争为纲"，绿化美化、种树养花被当做修正主义、资产阶级思想批判；当时文物、古迹遭破坏，绿地被大量侵占，树木花卉被大量砍伐，给公园造成极大的损害。十一届三中全会后，公园功能才逐步得到了恢复。后来由于资金原因提出"以园养园""绿化结合生产"为建园方针，对重点恢复和建设、管理公园都起了一定的积极作用，但也带来了一定的负面影响。

经历了几次较大的变革以后，我国的公园建设从最初单纯的营造田园风景到一些基本功能设施的加入，再到运动休闲观念的贯彻，直至今天集休闲、娱乐、运动、文化和科技设施于一身的大型综合性公园的出现，城市公园的功能内涵越来越丰富。这种综合性正是因应现代城市不断丰富、复杂化的社会要求而产生的。进入 20 世纪 90 年代之后，随着人们对于生活质量要求的提高，人们回归自然的愿望和对休闲娱乐、社会交往等的需求使许多城市的公园建设也得到了加强，人们要求公园的质量更高、适应性更广，类型也不断增加。城市公园的功能由原先的游览、休憩、教育逐步偏重于人与自然的交流，其形态也趋向于城市中的"绿洲"。

珠江三角洲的公园建设也经历了传统的古典园林、近代公园和多元化的现代城市公园三个阶段，是中原文化与地方特色相结合的产物，直到 20 世纪才有了真正的发展。同时，以广州为示范的珠江三角洲各中小城市也开始进行新型公园的建设，早期建设的公园也有不同程度的改建和扩建。例如，佛山禅城中山公园始建于 20 世纪 30 年代时面积仅为 5000m²，是为纪念孙中山先生而建成的纪念性公园。到 1958 年第一次扩大为 12.5 万 m²，在其北部挖湖堆山形成秀丽湖、骆驼山园林景观。后经数次不断扩建和改造，到 2003 年进一步扩展到 33 万 m²，形成历史文化区、老年活动区、儿童游乐区、水生植物区、瀑布假山区、秀丽湖景区等八大景区，从 2008 年 5 月 1 日开始免费向市民开放，成为一个集休闲、旅游、文化多功能为一体的综合公园。鹤山的南山公园由 1984 年时的小水塘和简单绿化，改造为活动场地大、设施多、大树茂盛的现代公园。由此可见，公园、绿地的建设发展，也将和城市发展、改造、美化同步，并当做改善人居环境、提高人民身心健康的重要步骤，从而构成城市公共空间的重要组成部分。

2. 公园绿地的分类和比较

1992 年 1 月 1 日开始实行的《公园设计规范》中，对公园的类型、设置内容和规模

---

① 黄以仁. 公园考. 东方杂志，第九卷第二号，民国六年（1917 年）八月初一日，1-3.

作了规范。从统计资料来看，中国公园的类型似乎较多，但实际上一些如交通公园、科学公园、国防公园、少年公园、老年公园、农民公园等专类性公园其数量是极少的。从上述公园绿地的发展历程来看，公园可以分以下几种类型：一是近代历史上租界开辟的公园，二是对外开放的私家园林和皇家园林，三是近代兴建的城市公园，四是改革开放以后设立于城市新区或城郊景区内的新型公园。根据 13 个中心城镇的调查（表 3-5），目前珠江三角洲中小城镇内的公园多为第三类，建设时间集中在 20 世纪八九十年代初期；而现存最早的现代公园是中山市西山公园，建于 1925 年。

珠三角中心城镇主要公园调查   表 3-5

江门市					
名　　称	所在城镇	城中区位	空间特征	面积	使用情况
东湖公园 	江门 蓬江	城镇 中心	封闭,自然	535550m²	有大面积人工湖,建园历史长,现状为自然公园,但要收门票,进入人数不多
中山公园 	江门 蓬江	城镇 中心	封闭,自然	19761m²	实际为一山岗公园,附有文化宫等设施,顶部为残旧纪念堂,高差大,使用人数少
葵湖公园 	新会 会城	城镇 西端	开放,自然	75106m²	比较残旧,大面积水体,有凉亭等简单设施及两个餐厅,但实际可活动面积不多
盆趣园 	新会 会城	旧城 中心	开放,自然	9929m²	以盆景展示为主题的公园,尺度适中,亭廊结合局部水体,附近有餐厅、梁启超研究所等设施

名　　称	所在城镇	城中区位	空间特征	面积	使用情况
江门市					
新昌公园(原三埠公园)	开平 三埠	旧城 中心	封闭,自然	54206m²	旧公园,多水面,有少量游乐设施,大树多,以老人活动为主,有曲艺社表演,气氛热闹
祥龙公园	开平 三埠	城镇 中心	封闭,自然	35604m²	有围墙,无管理,简单绿化,使用不方便,人迹罕至
南山公园	鹤山 沙坪	城镇 中心	开放,自然	22218m²	原有公园经过改造,取消了水塘,增加游乐设施,维护较好,活动人群多
北湖公园	鹤山 沙坪	城镇 中心	开放,自然	98794m²	大树成荫,多人活动,三级台阶,水面大,实际活动空间少,北湖宾馆占据湖心岛,经营不善;有公厕、亭、廊等活动设施

佛山市					
名 称	所在城镇	城中区位	空间特征	面积	使用情况
亚洲艺术公园	佛山禅城	城镇东南	开放，自然	431630m²	尺度比较大，专为2005年亚洲艺术节而设，以大面积亚艺湖为主，附以草坪树木，活动场所较少，有一滨水小舞台
南浦公园	佛山禅城	城镇中心	开放，自然	21965m²	位于旧住宅区中心，尺度适中，以绿化为主，局部大树下活动人群较多
中山公园	佛山禅城	城镇北部	封闭，自由	303358m²	为纪念孙中山而建的旧公园经过改造，大树成荫，大面积人工湖，多人活动，有中式亭、廊、儿童游乐等活动设施
文化公园	南海桂城	城镇南部	封闭，自然	40870m²	1991年成型，尺度适中，附有文化馆、展览设施结合，树木较多，儿童活动设施简单，中部水塘，老人活动多

佛山市					
名　称	所在城镇	城中区位	空间特征	面积	使用情况
千灯湖公园 	南海 桂城	城镇 北部	开放,自由	222041m²	尺度巨大,由南到北横跨几个街区,几何形态道路及水面,园建风格奇特,有公厕、亭、廊、游泳池、儿童游乐等活动设施
新桂公园 	顺德 大良	城镇 东部	开放,自由	14823m²	桂畔河边,尺度适中,与茶庄等商业设施结合,设停车场
顺峰山公园 	顺德 大良	城镇 南部	开放,自然	3272129m²	绿树成荫,大面积人工湖,傍晚及节假日多人活动,有公厕、亭、廊、儿童游乐等活动设施
荷城公园 	高明 荷城	城镇 中心	开放,自然	21068m²	尺度适宜,有停车位、小卖部、公厕等

续表

佛山市					
名 称	所在城镇	城中区位	空间特征	面积	使用情况
七星岗公园	高明荷城	城镇南端	封闭,自由	25108m²	游乐设施为主,残旧、封闭,有网球场、游泳池
文化公园	三水西南	城镇中心	封闭,自然	36218m²	1992年建成,大树成荫,多人活动,两处水塘,有公厕、亭、廊、儿童游乐等活动设施
西南公园	三水西南	城镇北部	封闭,自然	125739m²	面积大,有水面,结合纪念碑等,设施新,绿化较好
其他城市					
名 称	所在城镇	城中区位	空间特征	面积	使用情况
增城公园	增城荔城	城镇西部	开放,自然	172009m²	大树成荫,多人活动,有公厕、亭、廊、儿童游乐等活动设施,但缺乏其他配套

续表

其他城市					
名　　称	所在城镇	城中区位	空间特征	面积	使用情况
雁塔公园 	增城荔城	城镇东南	开放,自然	35983m²	自然山体公园,有荔枝,无文化主题的反映,有健身设施但显得生硬不合理
人民公园 	东莞莞城	旧城中心	封闭,自然	242423m²	大树成荫,自然水塘,多人活动,有公厕、亭、廊、儿童游乐等活动设施
黄旗公园 	东莞莞城	城镇中心	开放,自然	126320m²	与黄旗广场结合,大面积草坪绿地,周边交通流量大,活动设施简单,不易使用
石桥公园 	番禺市桥	城镇西北	开放,自然	22858m²	尺度适中,与商业设施、展览设施结合,树木较多,活动设施简单

名　　称	所在城镇	城中区位	空间特征	面积	使用情况
其他城市					
星海公园	番禺市桥	城镇中心	封闭,自由	72082m²	旧公园经过改造,大树成荫,自然水塘,多人活动,有公厕、亭、廊、游泳池、儿童游乐等活动设施
歧江公园	中山石歧	旧城西侧	开放,自由	99554m²	歧江边新概念公园,由旧船厂改建而成,保留了部分原有工业建筑构件,反映了当时的工业文化和成就
逸仙湖公园	中山石歧	旧城中心	封闭,自然	173425m²	大树成荫,几个自然水塘,有公厕、亭、廊、儿童游乐等活动设施,多人活动

　　根据规模和服务范围的大小来区分,公园又分为市、区级综合性公园(内容丰富、设施完善、规模较大,市级公园服务半径为 2～3km,区级公园服务半径为 1～1.5km)、居住区公园(通常由几个小区共享,服务半径约为 500m)、街区公园(服务半径约为 250m)。通过现场观察和问卷调查,街旁绿地比大型公园、广场更受市民青睐,是因为其

服务半径短、随时可以自由进入、贴近日常生活场所的特点。这一类公园绿地更易于融入市民的生活，例如佛山禅城南浦公园（图 3-18）、顺德大良新桂公园（图 3-19）等。但是，目前珠三角中心城镇以市区级公园为主，居住区公园和小区游园的数量远未能满足实际需要。

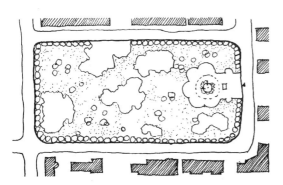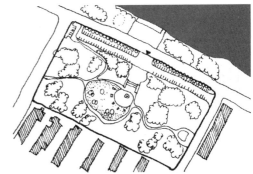

图 3-18　佛山禅城南浦公园（作者自绘）　　图 3-19　顺德大良新桂公园（作者自绘）

按公园的形态和风格特征分类，又可分为自然田园式的、古典对称式的、现代式的、后现代式的等多种设计风格的公园，新建城镇公园的风格特征与中国传统园林差别已经很大。珠三角 20 世纪 90 年代以前建设的公园，大部分为中式风格，以大面积人工湖为主要构成要素，树木比较繁茂，例如佛山禅城中山公园（图 3-20）、番禺市桥星海公园、开平新昌公园（图 3-21）等。90 年代以后建设的公园，则以大面积草坪为主的西式风格为多，例如顺德大良金橘嘴公园、番禺石桥公园（图 3-22）、东莞黄旗公园（图 3-23）等。

另外，有些城镇的公园与广场或者其他功能结合而成一体，功能不同，风格多样，例如东莞的人民公园和东门广场（图 3-24）、江门的东湖公园和东湖广场、鹤山的北湖公园和北湖广场等。从公园的结合形态来看，目前珠江三角洲结合类型通常分为广场公园型（与广场结合）、文化公园型（与文化馆等设施结合）、商业公园型（与商业设施结合）三种（表 3-6）。

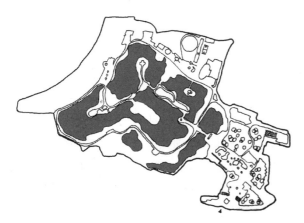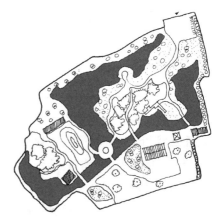

图 3-20　佛山禅城中山公园（作者自绘）　　图 3-21　开平新昌公园（作者自绘）

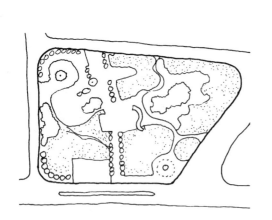

图 3-22 番禺石桥公园（作者自绘）

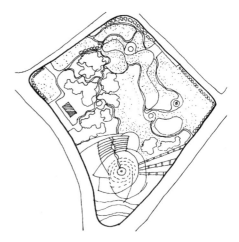

图 3-23 东莞黄旗公园（作者自绘）

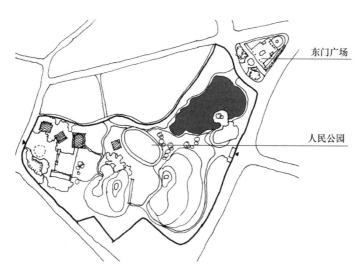

图 3-24 东莞人民公园（作者自绘）

珠三角公园的三种形态 表 3-6

类别	广场型	文化型	商业型
实例	东莞人民公园 江门东湖公园 鹤山北湖公园	南海文化公园 三水文化公园 江门中山公园	鹤山南山公园 南海礌岗公园 新会葵湖公园

　　随着转型期发展社会生活、休闲方式趋于多元化，市民文体活动的需求增长迅速，同时向往自然和优美环境的欲望越来越强。因此目前珠江三角洲城镇出现了主题公园（佛山亚艺公园，图 3-25）、体育公园（中山运动公园）、艺术公园（新会盆趣公园，图 3-26）、水上公园（南海礌岗公园）、郊野公园（鹤山人民公园）等新的类型，以生态环境为背景增加公园的体育、文化艺术或教育等主题内容，而特色鲜明、内容丰富多样、动静活动相结合的主题公园更能满足市民个性化的需求。

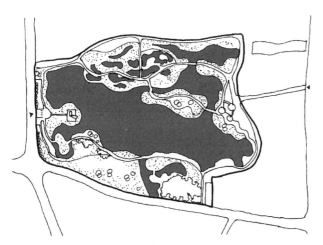
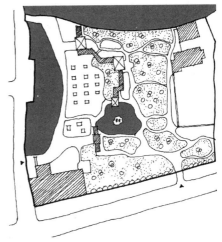

图 3-25　佛山禅城亚艺公园（作者自绘）　　　图 3-26　新会盆趣公园（作者自绘）

3. 公园的作用与价值

从区域的角度来看，现代城市空间已不是一块特殊的单一土地，而是综合的、在更大区域范围内的开敞与联系的空间，因此公园及绿地成为城市功能结构与空间布局中的有机组成部分。公园绿地作为公共空间，[①] 要具备 4 个特性：（1）开放性，即不能将其用围墙或其他方式封闭起来；（2）可达性，即对于人们是可以方便进入到达的；（3）大众性，服务对象应是社会公众，而非少数人享受；（4）功能性，公共空间并不仅仅是供观赏之用，而且要能让人们休憩和日常使用。如今，城市公园的意义已不再仅仅是 20 世纪市民们所需要的一个欣赏美景、相约聚会的场所，而是成为人们认知这个城市、体验这个城市空间的主要领域。

公园是城市园林绿化系统中的重要组成部分，既是供群众进行游览休息的场所，也是向群众进行精神文明教育、科学知识教育的园地；对于改善城市的生态条件，美化市容面貌，以及对外开放、发展旅游等方面，都起着重要的作用。其主要功能包括三个方面：

（1）公园的环境功能

城市公园最主要的一个功能就是改善城市环境，提高环境质量，而且只有绿色植物达到一定水平才可能起到这种作用。由于公园具有大面积的绿化，无论是在防止水土流失、净化空气、降低辐射、杀菌、滞尘、防尘、防噪声、调节小气候、降温、防风引风、缓解城市热岛效应等方面都具有良好的生态功能。公园作为城市的绿肺，在改善环境污染状况、有效地维持城市的生态平衡等方面具有重要的作用。其二，公园可以美化城市景观。公园是城市中最具自然特性的场所，是城市的绿色软质景观，它和城市的其他建筑等灰色硬质景观形成鲜明的对比，使城市景观得以软化。同时，公园也是城市的主要景观所在。

---

① 也有学者认为公园绿地应划分为城市开放空间，在此不作详细讨论。

因此，其在美化城市景观中具有举足轻重的地位。

（2）公园的社会文化功能

公园是城市的起居空间，为居民提供了宽敞的活动空间，有利于居民的身心健康。作为城市居民的主要休闲游憩场所，其活动空间、活动设施为城市居民提供了大量户外活动的可能性，承担着满足城市居民休闲游憩活动需求的主要职能。随着全民健身运动的开展和社会文化的进步，城市公园在物质文明建设的同时也日益成为传播精神文明、科学知识和进行科研与宣传教育建设的重要场所。佛山市区的各级公园如中山公园、复兴公园、解放北园，其他城镇的文化公园、健身公园等，为周围居民提供了很好的社会文化活动场所。例如歌唱、社区活动、交谊舞等在公园中的开展，不仅陶冶了市民的情操，还有助于实现人们的和谐相处，形成了一种独特的大众文化。

另外，珠三角的一些公园还具有文化保护功能，其建设能与历史文物结合，达到了保护、观赏的作用。例如，佛山禅城兆祥黄公祠公园（图3-27）则由保护旧有祠堂，进一步改造为粤剧文化博物馆，大大提升了其文化保护的功能，其他还有增城的雁塔公园（图3-28）、顺德锦岩公园等。还有一些公园则结合革命烈士纪念碑等元素，较好地表达了文化氛围，例如番禺市桥的星海公园（图3-29）、三水的西南公园（图3-30）等。

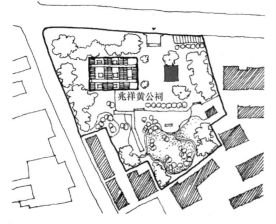

图 3-27 佛山兆祥黄公祠公园（作者自绘）

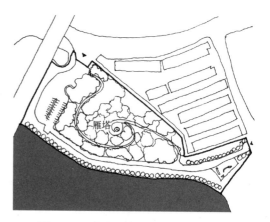

图 3-28 增城雁塔公园（作者自绘）

（3）公园的经济和防灾功能

随着经济的增长和人民物质文化生活水平的不断提高，旅游已日益成为现代社会中人们精神生活的重要组成部分。当前公园已成为各大城市发展都市旅游业所需的旅游资源的主要组成部分。例如顺德的顺峰山公园，新建了号称亚洲最大的牌坊，近年来经常在各大公园举行诸如灯展、焰火晚会、花展、风情展等活动，对促进旅游业发展发挥了积极的作用。

另外，城市公园由于具有大面积公共开放空间，不仅是城市居民平日的聚集活动场所，同时在城市的防火、防灾、避难等方面具有很大的保安功能。城市公园可作为地震发生时的避难地、火灾时的隔火带、救援直升飞机的降落场地、救灾物资的集散地、救灾人

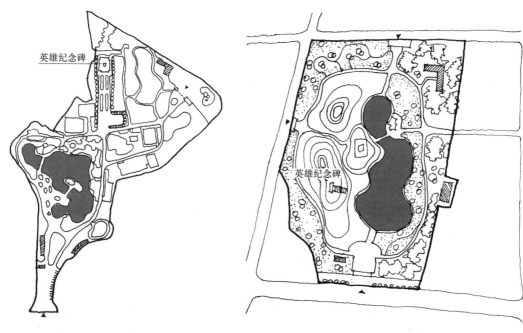

图 3-29 番禺市桥星海公园（作者自绘）　　图 3-30 三水西南公园（作者自绘）

员的驻扎地及临时医院所在地、灾民的临时住所和倒塌建筑物的临时堆放场。

4. 公园存在的问题和解决方法

随着时代的发展和客观情况的变化，珠三角公园面临着新的问题，原有的一些问题也变得日益突出。主要表现在以下几个方面：

（1）规模和数量不足

虽然改革开放以来，我国城镇公园的数量增长很快，但依然远远不能满足需要，这使得许多公园面临人满为患的问题。在珠江三角洲这些流动人口多的城市，这个问题尤为突出。另外，公园的类型尚不够多样，类型结构也不尽合理；专门的公园数量不多，居住区的公园明显偏少。要改变不同类型的公园在内容设施上趋于雷同的情况，首先必须改变与居民生活关系最为密切的居住区公园、居住小区游园数量严重不足的情形。只有这种最普通的基本公园形式在数量、质量上得到保障，各种类型的特色公园才可能更加健康而专注地发展，才可能形成类型全面多样的公园系统。

（2）分布不够均匀合理

由于数量不足，则公园难以均匀分布。有些公园在建设布局中考虑欠周详，例如远离城市中心，交通又不便利，不方便居民使用。现代化设施的不断出现将人们的生活与工作带入了快节奏的轨道，带来了工作和生活方式上的变化。人们在生理、行为和社会交往等方面越来越渴求这种服务半径短、环境自然生态、空间结构全面、随时可以自由出入的袖珍公园。在对城市公共空间的调研过程中，近 60% 的被调查者倾向于选择只需步行 3～5

分钟就能从家或工作单位到达附近的街旁绿地，反映出街旁绿地、小游园受欢迎的程度。

（3）设计和施工质量不高

城市公园要为城市居民提供一个接触自然的场所，植物景观应是公园的重要内容。90年代前公园设计观念比较落后，多运用中国古典园林设计手法进行堆山叠水，与现代人的生活方式和节奏不符，远远不能适应现代大众化公共性的使用要求。改革开放以后，又出现景观模式西化、植物配置洋化的倾向，例如许多公园一直沿用大片草坪、曲折的河流及小山为特征的英美风景式园林模式，完全不考虑本地气候、水乡特色和植物种类情况。珠三角公园目前绿地少，绿化水平普遍较低；同时由于育种工作落后，优秀的园林植物品种（特别是本土品种）不多，因而公园的植物景观水平也普遍不高。

（4）建设管理的难题

公园是社会公益性事业单位，长期以来国家对公园建设的资金投入不足，公园维修养护资金短缺、破损程度严重，更难顾及对公园的建设、发展。实践证明，"以园养园"的方针对于公益性质的公园也并不适用，这会迫使公园为了解决资金问题、减轻经济负担挖空心思"招商引资"，大搞人工设施，从而降低公园质量。例如20世纪80年代许多公园都可见到的马戏表演、飞车走壁、蛇展等，公园游乐设施的过度泛滥，到目前则变成残破的一堆设施（例如江门市、新会、开平等地的公园），经营比较困难。

在管理思维上，公园往往被作为一块特殊用地而进行封闭式围合。为了便于管理，用围墙和高大的乔木将公园围合起来，用城市道路隔断公园和周围建筑物、社区等设施环境的联系，造成公园的可达性较差。如今大部分城镇的公园已经实行敞开式服务（但一些公园还需要收取门票，例如江门东湖公园），随着城市的更新改造和进一步向郊区扩展，孤立、有边界的公园应以简洁、生态化和开放的形式与城市的公共空间相融合。

3.5　珠江三角洲城镇现代公共空间的形态特征与问题矛盾

3.5.1　珠江三角洲城镇现代公共空间的形态特征

由于珠江三角洲城镇发展的历史差异、自然地理环境和经济社会发展的特点不同，各个城镇的公共空间发展必然有自己的特性，但也存在着一些共性的特征。

1. 总体布局方面的不均衡

根据调查可以发现，珠江三角洲存在中心城镇公共空间数量和种类较多，非中心城镇和乡镇则极度缺乏的不均衡状态。从表3-7可以看到，13个城市的中心城镇公共空间最多的为17个，最少的有5个；但顺德区非中心城镇的公共空间最多有7个，最少只有1

个（表3-8）。

珠三角中心城镇公共空间数量统计表　　表 3-7

中心城镇	广场数量	公园数量	步行街数量	总数
江门(蓬江)	3	7	1	11
新会（会城）	2	6	1	9
开平(三埠)	2	4	1	7
鹤山(沙坪)	2	3	0	5
中山(石歧)	2	14	1	17
增城（荔城）	2	4	0	6
番禺(市桥)	2	6	1	9
东莞(莞城)	5	9	1	15
佛山(禅城)	1	15	0	16
顺德(大良)	2	10	1	13
南海(桂城)	1	5	0	6
高明(荷城)	2	5	0	7
三水(西南)	1	6	0	7

顺德区非中心城镇公共空间比较　　表 3-8

产业性质	城镇名称	广场数量	公园数量	步行街数量	总数
工业	北窖	0	4	0	4
	伦教	1	1	0	2
	容桂	2	5	0	7
商业	乐从	0	2	0	2
	龙江	1	2	0	3
农业	陈村	1	4	0	5
	勒流	1	1	0	2
	杏坛	1	0	0	1
	均安	1	1	0	2

　　另外，从表3-9可以看到，13个中心城镇的公共空间状况与其城镇经济发达状况关系密切。经济发展较好的禅城、东莞、顺德、中山等城镇，2006年地区生产总值均超过千亿元大关，这些城镇的公共空间建设的数量和质量都比较高（图3-31、图3-32）；而经济较为落后的西岸片区鹤山、开平、高明等地区，公共空间的建设更新很慢，几乎还是沿用80年代的旧公园，除了近年的步行街改造工作，在广场、公园绿地等方面都乏善可陈（图3-33、图3-34）。

珠三角城镇公共空间发展与其他因素关系　　　　　　　　　　表 3-9

中心城镇	公共空间数量	城镇面积（km²）	城镇户籍人口（万人）	2006 年地区生产总值(亿元)
江门(蓬江)	11	324	75	253.9
新会（会城）	9	120.08	22.8	263.2
开平(三埠)	7	32.4	13.8	131.6
鹤山(沙坪)	5	40.1	16	102.4
高明(荷城)	6	178.58	16.05	208.6
三水(西南)	7	234.64	20	255.3
佛山(禅城)	16	154.68	59.13	1220
南海(桂城)	5	84.16	19.8	980
顺德(大良)	13	80.34	19.65	1058.4
番禺(市桥)	9	11.35	13.9	546.9
中山(石岐)	17	49.72	16.94	1036.3
增城（荔城）	6	35.8	18	321.9
东莞(莞城)	15	13.5	15.2	2626.5

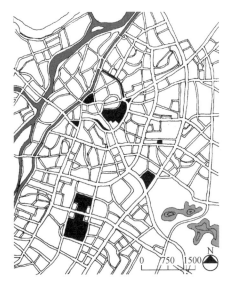

图 3-31　东莞东城公共空间分布（作者自绘）

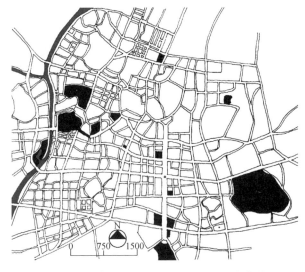

图 3-32　中山石岐公共空间分布（作者自绘）

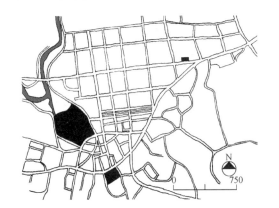

图 3-33　鹤山沙坪公共空间分布（作者自绘）

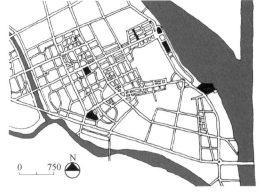

图 3-34　高明荷城公共空间分布（作者自绘）

　　当然，其中佛山市南海区的经济发展速度很快，但因为过于靠近佛山禅城（图 3-35），城市发展功能一直是依赖性的，所以在公共空间的发展则有一定的特殊性。例如，南海桂城没有正式的市政广场，但商业性质的广场较多，公园规模都很大（千灯湖和磻岗公园），而且相当集中。

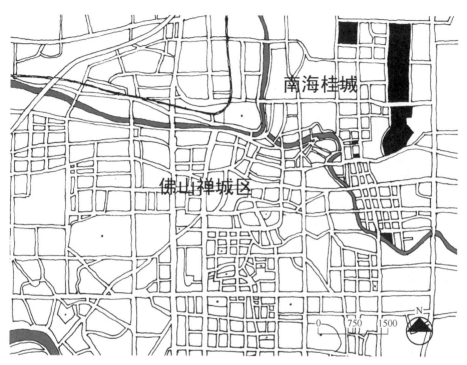

图 3-35　南海桂城公共空间分布（作者自绘）

　　对于每一个中心城镇来说，公共空间的数量和质量反映了该城市的建设水平。但是由于历史的原因，公共空间的建设并没有受到十分重视，传统的公园、步行街多集中在旧城区，新的广场、公园则经常被安排在城镇的边缘或次要地方（如市桥和增城，图 3-36、图 3-37）。

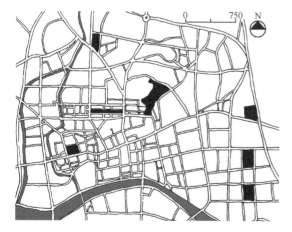

图 3-36　番禺市桥公共空间分布（作者自绘）

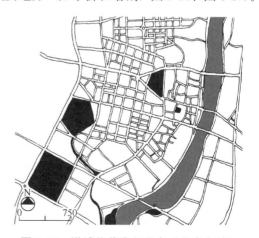

图 3-37　增城公共空间分布（作者自绘）

而且，公共空间在每一个城镇里的布局是不均匀的，造成人们使用的不便和发挥不到公共空间的应有作用（如三水西南镇、新会会城，图3-38、图3-39）。

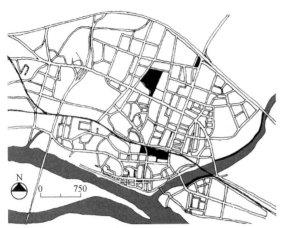
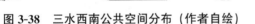
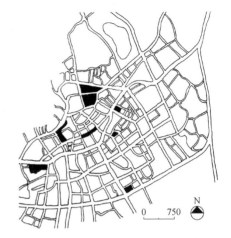

图 3-38　三水西南公共空间分布（作者自绘）　　图 3-39　新会会城公共空间分布（作者自绘）

2. 公共空间形态的多样和拼贴

从历史文化的角度来看，公共空间的发展往往成为珠江三角洲城镇时代文明进程的标记，深刻反映某个时代和社会经济条件下生产方式、生活方式、思维方式、风俗习惯等。同时，公共空间作为一种载体，它所承载的文化活动也发生了巨大的变化。名目繁多的文化节日，如欢乐节、艺术节、美食节、舞会、书画展等不时举行；公园、树下、路旁下棋、种花养鸟、太极、气功、跳舞等活动日新月异，对公共空间的功能性提出了更多的要求。另外，由于珠江三角洲经济发展的领先地位，吸引了全国大量人口进入城镇务工经商，并且规模日益扩大；这不仅意味着他们生活空间的改变，而且也在重新塑造着珠三角地区整个社会的生产方式和生活方式，由此而导致了公共空间形态的多样性。因此许多城镇不但有广场、公园，还有灯光球场、舞厅、音乐茶座、溜冰场、桌球室等。但是，由于娱乐方式有限，大量的外来人员选择的娱乐场所是露天广场、公园或大街，这些公共空间就成为他们休闲娱乐的好去处。

生活方式的改变令珠江三角洲的人们更注重生活的质量，因此中心城镇公共空间目前以公园为主，而且类型逐渐增加，由原来的传统简单山水园林公园模式向现代多功能模式转变。非中心城镇广场则以市政广场为主，往往布置在城镇中心或政府所在地块，仍然以政治表达为首要功能。传统商业步行街则主要分布在江门市的新会、开平、台山、蓬江，还有顺德、中山，反映出这些地方在历史上曾经比较发达，历史文物也比较丰富完整。东莞、番禺等地则建立现代风格的商业步行街，对城镇购物环境也有一定的促进。

除了社会文化潮流、生活方式的变化对公共空间形态的影响，政治风气、潮流也对公共空间产生重要的作用。例如由大连广场建设所引起的"广场风"就带起了珠三角广场建设的潮流；更远久一点的民国初期的公园建设也直接影响到了广州、佛山、江门、中山这些地方的公园形式。同样地，广州的北京路步行街、上下九步行街是珠三角其他城镇步行街建设的引领者。在顺德等地，政府还专门发文要求各乡镇建设运动广场，号召"大树进村"等特别安排。可见，城镇公共空间的发展，除了深刻反映当地经济状况外，还折射出当地生活方式、风俗习惯、政治运动等多种文化的复合影响。

珠江三角洲聚落发展基本都围绕着主要公共空间为中心，层层扩张、逐级推进，表现为机体的新陈代谢过程。公共空间是城镇的核心和主脉，并且影响着城市发展的形态走势。虽然聚落的空间图式经过"序列化""区域化""符号化"等一系列的过程得以完成，但是每一个阶段的构思方法并不是只有一种，而是无数种。① 由于近年珠三角城镇建设迅速发展，在原有传统公共空间的基础上新的公共空间形式不断出现，新旧公共空间参差出现和交替叠置在城镇中。例如顺德容桂镇的公共空间布局中，就有古祠堂、观音堂、现代公园和文塔（古建筑）公园等同时存在。经调查，珠江三角洲中心城镇和非中心城镇中也比较常见这种混杂现象，公共空间逐步向多层次和多元化方向发展，因此产生了形态的多样性和拼贴特征。

3. 鲜明的地域特性

珠江三角洲发展历史源远流长，城镇公共空间的形式和内涵总是受到传统文化和地方文化的影响和制约，例如水乡文化、鬼神文化的盛行至今仍然反映在一些公共空间布局和应用上。炎热多雨的气候也令公共空间的设计建设表现出鲜明的南方地域特性，例如骑楼式的商业步行街、注重绿化和遮阳效果等；在空间形式上、建筑环境和景点设置也总会有一些独特的风格，但只是局部在骑楼步行街有所反映。

城镇公共空间不仅具有调节生活的娱乐功能，而且具有弘扬历史传统、开展政治宣传、进行道德教化、实现文化传播等方面的功能，是提高市民素质的重要方式。除了部分广场的政治功能，珠江三角洲公共空间相对而言更注重实用和娱乐功能，在城镇生活中发挥着不可替代的作用。例如通常以多样的富于吸引力的表演活动，满足个人休息娱乐的精神需求，适应人们社会交往的需要。广场卡拉 OK、歌舞活动就是民众的自娱自乐，释放现代社会人们承受的巨大压力与紧张感的一种方式。可以说，正是丰富多彩的民间文化娱乐活动，成为珠三角城镇公共空间活力和吸引力的源泉。

3.5.2　珠江三角洲城镇现代公共空间的问题与矛盾

在 20 世纪 80 年代之前，由于经济、政治等原因，中国城市的发展相当缓慢，当时的公共空间建设数量也不多。改革开放以来，由政府推行大规模的城市建设之后，一批批新

---

① （日）藤井明. 聚落空间探访［M］. 宁晶译. 北京：中国建筑工业出版社，2003.

建的市民广场、步行商业街、公园、滨水景观带出现而令城市空间环境质量普遍欠佳的局面得以改观。随着时代的进步，人们自由活动的场所已经由商业、宗教设施扩大到公园、绿地、广场以及住宅周边的文化设施，如图书馆、体育馆、影剧院等，公共空间的形式不断在变化和增加。于是，公共空间的有无与多少被视为衡量城市建设水平的重要标志之一，公共空间发展的强度和质量引起人们更多的关注。

但是，透过对珠三角13个中心城镇和顺德区9个非中心城镇已建成公共空间的实地考察调研，不难发现尚存在不少问题：公共空间由于选址不当致使常年处于闲置状态，使用率较低；因为细节设计不周，导致人在空间内的活动受不利因素干扰严重；公共空间成为规模庞大的形象工程；片面追求形式，没有真正从以人为本出发；缺乏多功能和综合性，缺乏必要的服务设施和多样化的公共活动空间；空间异用情况普遍，并且管理不善等。主要的问题总结如下：

1. 形态方面

一是均衡性不足，总体布局没有经过整体系统的考虑而产生严重的不均衡现象：由于目前的总体规划、控规编制并未把公共空间作为单独考量的方面，所以其布置通常是见缝插针式的，有些区域公园、广场较多，有些地方则十分缺乏。二是追求形式，尺度方面普遍过大而不亲切：公共空间的最终目的是为市民活动而建设，但很多城镇的广场、公园则主要是为了政绩、气派而采用超大的规模和尺度，有形式但缺乏内涵致使空间尺度失衡，造成极大的空间浪费和维护管理困难。三是设计模式单一：由于城镇规划、设计管理水平不高，导致公共空间建设多模仿的现象，要么大铺地、大草坪，要么亭台楼阁繁复琐碎没有现代感。四是可达性不佳，对步行系统、现代交通考虑较少：目前珠三角城镇公共空间建设时并未考虑私人汽车使用的普及，普遍缺乏足够的停车位或者公共交通的设计，容易造成某些地段或大型活动的交通堵塞，另外也缺乏方便残疾人使用的必要设施。

2. 文化方面

一是传统文化的丧失：除了20世纪七八十年代建设的公园还可以反映一定的中国特色元素，现代公共空间的建设普遍采用西方大草坪和硬地模式，还有拙劣的罗马柱廊等随意布置，令市民产生严重的文化失落感。二是水乡文化的遗忘：珠三角是著名水乡，在城镇公共空间的建设中也最容易反映其水乡特色，但遗憾的是多采用大人工湖（早期公园比较普遍）模式，缺乏亲水设计，或者干脆为了安全、管理方便取消所有水体设计。三是对炎热气候的忽略：除了一些传统步行街改造保留了原来的骑楼（民国时的建设），公园广场都是比较空旷，对人的环境行为心理考虑较少，缺乏基本的遮阳挡雨设施，完全忽略了珠三角所处的地理位置和炎热的气候条件。四是公共空间活动层次低：多数从属于日常基本生活的需求，公共空间的建设数量少、品质差、缺乏人情味，空间的积极性减弱。文化内涵的缺乏，公共空间里进行的多为商业活动，[①] 休闲娱乐以及精神文化层面的市民活动仍然不是主流；相对休闲、集会、观光等活动，与日常生活高度相关的商业活动显得更为普遍。

上述珠三角城镇公共空间建设出现的主要问题是一种普遍现象。同时，由于工业的快速发展、环保意识淡薄而令城镇原本良好的自然生态环境逐渐受到破坏。周边的大、中城市所造成的环境污染使得区域的生态变得更加脆弱。相对大城市而言，中小城镇经济实力有限，建设机制不完善，监管力量薄弱，专职人员素质较低等，这些都是城镇公共空间客观上的不利因素。与此同时，认识观念上的误区、地方长官意志、设计师的非理性规划等也是造成问题的主观因素。上述问题也反映了四个方面的内在矛盾：

3. 全球化与本土化的矛盾

一般认为，全球化（Globalization）就是人类的经济、社会、文化、科技等各个层面打破原有的彼此分割的封闭状态，而走向世界范围的密切联系的一体化过程。到 20 世纪中期，随着新技术革命的到来，全球化的进程进一步加速。全球化和 2001 年加入世贸组织（WTO）深刻地影响着中国的城市化，对推动中国的经济发展与社会转型，起了非常重要的作用，也为民族文化的发展提供了有益的借鉴与参考，使民族文化获得了新的触动。

全球化所导致的世界各国城市文化的一体化和多样化趋势，中国本土的城市文化显然也已被深深地打上了全球化的印记，并出现外来文化、传统文化、现代文化、后现代文化并存的格局。当然，文化观念的全球化是一个充满内在矛盾的过程，它既包含一体化的趋势，又包含多样化的倾向；全球化过程甚至强化了对本土文化的自觉和反思。"全球化强化了对不同文化的表达方式、对不同音调、不同风格和不同乐器间的种种关系的精心探测和利用，这些关系一直在'并列''融合'和'求同存异'等状态之间摇摆。这些状态是一些比喻性的说法，它们比喻的是生活在一个多元文化世界中的情形"。[②]

但另一方面，全球化又加速了外来文化与本土文化的冲突，不利于民族文化、地方文化的发展，导致了地方文化特色和个性的削弱或丧失。西方形式的广场在国内的大发展，正是出于这种"全球化"的背景。[③] 对外开放虽然有利于学习借鉴西方的文化，也间接促成了盲目抄袭、模仿现象的出现，广场设计的许多符号，如平面处理形式、雕塑形式等，就是从西方照搬过来的。结果是广场设计丧失了独特的风格，大城市学西方，中等城市学大城市，小城镇学中等城市，致使一个个广场大同小异，也导致了民族文化底蕴与地方特

---

① 也有学者称之为公共空间私有化、"假公共空间"或"后公共空间"，详见荷兰根特城市研究小组《城市状态：当代大都市的空间、社区和本质》的第 96～114 页。

② （英）马丁·阿尔布劳. 全球时代：超越现代性之外的国家和社会 [M]. 高湘泽等译. 北京：商务印书馆，2001：233.

③ 李少云. 城市设计的本土化 [D]. 上海：同济大学，2004.

色的丧失。实际上，单调的广场草坪绿化形式不具有空间与景观的层次性与丰富性，不符合中国传统的审美韵味，与中国的城市文化背景不相融合；也缺乏中国传统广场收放自如、变化有致的布局，从而缺乏那种令人意味无穷的内涵。其他城镇公共空间的设计也存在类似的问题，盲目崇信外来的空间形式和建筑设计，不顾本土文化而照抄照搬，就是重视外来文化的引进而忽视民族文化保护和表达的结果。

4. 理论与实践的矛盾

改革开放使中国提高了经济实力，国内的城市建设无论从速度还是规模都远远超过了任何历史时期。但是，城市公共空间只能扮演作为经济发展的一种功能设施的角色，"城市公共空间在我国的规划和建设是一项被严重忽视的工作……城市人口、城市化水平、人口老龄化、用地紧张、高强度开发、机动车数量激增等问题日益严重，使得我们原来就少得可怜的城市公共空间与整个城市的规模极不相称。城市没有层次感，缺少生气并且形象乏味。在某些城市和地区，甚至已经到了令人无法忍受的地步"。①

在珠三角城镇近年所建成的公共空间中，除了一些展示城镇形象的项目之外，规划和设计高质量的公共空间很少实现。这种现象反映了公共空间规划理念和方法相对滞后，明显跟不上建设的需要，再加上国内的不少教材陈旧，更加剧了理论与实践的脱节。例如，我国现行的规划编制内容中，尚无公共空间系统规划；公共空间系统规划在内容上的缺失，使得相应的建设和管理的可操作性降低，这样出现问题也在所难免。另外，我国居住区、工业区、商务区的建设过程中，对公共空间的使用和面积却没有科学的限定，衡量的指标仅限于"绿地率""人均绿地面积"等，重数量不重质量。其次，很多公共空间的设计不重视引导生活方式的转变和生活结构的改善，在公共空间规划和设计中对城市中社会生活的多样性、交织性等特征考虑不够，忽视使用者兴趣的变化和需要特征。许多城镇中心公共空间规划设计模式单一，缺乏个性，规划布局手法雷同，空间处理简单、平淡，建筑立面零碎、不连贯，造成呆板和缺乏生气；公共空间环境设计缺乏围合感、领域感，缺乏近人的尺度和气氛等。因此在城市建设过程中，规划师或建筑师对公共空间体系的把握，基本都是从感性的经验出发而缺乏依据。

5. 文化传承与经济发展的矛盾

改革开放以来市场经济体制的建立，对传统的社会关系和文化生态形成了强烈的冲击，并由于片面强调经济增长而出现了文化观念的泛经济化倾向。例如在城市规划与建设过程中，物质生产力掩盖精神生产力；短期经济价值取代长久的社会文化价值；经济效益压倒社会效益，使城市发展规划的决策、判断城市建设得失的标准局限于经济维度。在已持续了 20 多年的以 GDP 增长为主要目标、追求发展速度以及满足物质需求为出发点的时

---

① （德）迪特·哈森普鲁格. 走向开放的中国城市空间 [M]. 上海：同济大学出版社，2005：35.

期，战略性的空间规划几乎完全被置于经济增长和工业发展的目标之下。城镇建设决策者的经济优先政策，令城镇的历史文化保护经常遭到漠视，无疑会让中小城镇在今后的城市发展中付出惨重代价。

在中国，传统与现代的各方面矛盾冲突随处可见。在珠江三角洲城镇中，主要体现在高速经济发展与传统的岭南文化（传统文化、水乡文化、社区文化）的矛盾。传统文化、水乡文化是具有"文物"特征的文化种系，它们滞留在相对封闭的地域时空维度中，其文化价值较高。这些与原生态的社会环境、自然环境的密切联系，是传统文化、水乡文化生命力的源泉；这些遗留下来的人文资源，都是后人探寻和认识传统公共空间发生发展的重要线索和有力佐证。

（1）历史文化的断裂

在经济转型时期里，大拆大建的建设方式使许多城市正在快速地失去传统文化、地方特色和历史人文景观。由于对城市旧区缺乏整体研究，对有保留意义的传统街区的价值认识不足，附带大量历史信息，具有历史价值、文化价值、科学研究价值以及艺术价值的文物建筑得不到有效保护。这些大量的历史建筑遭到破坏和拆除的现象在许多历史文化名城的建设中普遍存在，这种"剃光头"的办法既浪费了资金，割断了历史文脉，又使城市失去了原有特色，给城市的合理发展带来难以挽回的损失。①

除了对原有历史环境大拆大建等破坏性开发，使原汁原味的城市历史景观遭到严重破坏之外，还有一种是建设性破坏。主要是指建设与开发不考虑周围历史公共空间，盲目地追求新形式、高层数、大体量，忽略了中心区历史环境和尺度的延续而造成城市特色风貌的损失。另外，近年许多城市盲目地建设历史文化一条街，如仿清、仿宋等古文化街，作为开发旅游项目建造了一批假古董，反而导致了对城市历史文物建筑真实性的破坏。

（2）水乡文化的丧失

乡土文化是一个地区形象的象征，由于不同地区往往拥有不同的文化，因此一种文化往往代表了一个地方的个性。珠江三角洲是历史悠久的水乡，其生活形态、城镇发展都深深刻上了水乡文化的印记。这种地方的水乡特色是乡土情感产生、维持的源泉，更是凝聚地方人气的作用；是地方民众社会生活的精神基础，不仅为每一个社会成员提供熟悉的社会环境与精神满足感等，也为社会经济的发展提供精神动力。水乡文化具有促进一个地区对外交流与发展的潜在功能，地方文化资源甚至可以转化为经济资源，节日、歌舞、工艺等都有这方面的明显价值。

但在珠江三角洲迅速的城市化和经济发展浪潮下，人口膨胀、用地紧缺，原来纵横的水系被逐步掩埋，城市规划、建筑设计、公共空间的建设都极少考虑水乡文化的表达。由于种种原因，小城镇的人们普遍认为现代化就是人工化，进而追求人工化的气派而摈弃自然生态；重视历史物质实体建设，轻视环境文化建设；保护遗产的目的就是为了发展旅

---

① 中国历史文化名城研究会. 中国历史文化名城保护与建设［M］. 北京：文物出版社，1987.

游，而真正的水乡文化已经逐渐丧失。

（3）社区文化的变异

社区是社会的基本单元，是人们生活的基本空间。由于传统的聚落居住方式是基于血缘关系而组织的，所以形成的社区文化具有高度的向心性和稳定性。居民的许多需求，可以通过社区的社会服务和自我管理得以满足，社区作用的充分发挥对于城市管理具有十分重要的作用。另外，传统街区结构的布局和配置、尺度和形状对环境特征有着显著的呼应。

由于社会变迁，许多城镇经历了单位制的居住模式后，却缺乏必要的社区管理和居民的共同关注，社会安全问题日趋严重。于是现代城镇中普遍建立了封闭式的居住小区，力图满足居住者的安全需求，却又出现了传统社区空间归属感的丧失问题，并且无法与当地文脉相结合，是传统社区文化的一种变异模式。同样由大规模公共建筑、传统商业中心等公共设施形成的城镇中心区，分布着大量的居民社区，各种人流和社会活动汇集，虽然体现了浓厚的商业气氛但认同感减弱。

6. 城镇个性与共性的矛盾

三十年的改革开放，带动整个珠江三角洲范围内的城镇经济社会迅速发展，最直接的表现就是城镇规模的迅速扩大。这种变化一方面使小城镇原有的空间结构解体，另一方面也使城镇空间进行重构，在产业的带动下形成新的类似的空间结构。同时，由于公共空间对城镇风貌的广泛影响，以及城镇在发展过程中对改善自身风貌的强烈意向，公共空间的建设已经进入关键的塑性时期。传统形成的城镇个性与现代产业形成的城镇共性产生了一定矛盾。

虽然在总体上看，珠三角城镇公共空间倾向现代化的发展模式；但由于特殊的资源条件、社会状况以及不同的经济发展阶段，珠三角城镇公共空间的发展表现出明显的片区差异。例如东片区东莞等城镇的现代化发展倾向，中部城镇顺德、中山的均衡发展倾向，西部城镇鹤山、高明比较落后的情况。因此珠三角中小城镇的情况千差万别，不能盲目向大城市看齐，而是充分发挥自己的优势，走一条适合自己的道路。对中小城镇公共空间的发展思路，要关注其个性特点和特殊的问题，这是体现城镇差异化优势的必然选择。

第4章　珠江三角洲城镇公共空间的变迁

4.1　公共空间演变与城镇发展的关系

4.1.1　关于城镇形态研究

"形态学"（Morphology）是生物学研究的术语，指动物及微生物的结构、尺寸、形状和各组成部分的关系，亦指形式的构成逻辑研究。狭义的形态是指物体呈现于人们视觉的全部表现形式，即形象与状态，广义的形态是指事物呈现与人们知觉的全部表现形式，包括抽象表现形式。

"城市形态学"借用"形态学"一词，旨在将城市视为一个有机体加以观察和研究，以了解其生长机制和构成城市空间发展变化的物质形态特征，建立一套对城市发展分析的理论。《中国大百科全书》中指出："城市的形态是城市内在的政治、经济、社会结构、文化传统的表现，反映在城市和居民点分布的组合形式上，城市本身的平面形式和内部组织上，城市建筑和建筑群的布局特征上等。"凯文·林奇在《城市形态》一书中认为，有三个理论分支致力于对城市空间现象的研究。第一个是"规划理论"，研究怎样制定复杂的城市发展策略；第二个是"功能理论"，侧重于城市本身，试图解释为什么城市会有这种形态，以及这种形态是如何运转的；第三个是"一般理论"，用于处理人的价值观与空间形态之间的一般性关联。[①] 另一城市学者大卫·哈维（David Harvey）也敏锐地观察到对空间进行分析的相关理论已经渗透到社会科学的理论中，他认为任何城市理论必须研究空间形态，并揭示作为其内在机制的社会过程之间的相互关系。

拉普波特通过对非洲、欧洲、伊斯兰、日本等亚文化圈的城市聚落形态的比较分析后，指出城市形态的本质在于空间的组织方式，而不是表层的形状、材料等物质方面，而文化、心理、礼仪、宗教信仰和生活方式在其中扮演了重要角色。人与环境在人类学和生态意义上的复合关系是关键变量，它具有一定的秩序结构和模式，拉氏称此为"规则"

---

① （美）凯文·林奇. 城市形态 ［M］. 林庆怡等译. 北京：华夏出版社，2001.

（Rulers）。文化是人类群体共享的一套价值、信仰、世界观和学习遗传的象征体系，是"规则和惯例系统"；它可反映理想，创造生活方式和指导行为的规则、方式、饮食习惯、禁忌乃至城镇形态。上述这些理论的内容主要包含了在特定时空之下人的活动并反映这些活动的物质形态内涵，以及与空间布局最直接相关的社会结构和文化心理。[①]

从以上概念可以看出，城镇形态是社会多要素多功能系统作用下城镇本身的布局结构、平面形式、建筑风格等非常具体直观的有形表现。因此，城镇形态的研究是包括多个侧面（物质要素）和多个层次（文化内涵）的研究，再加上城镇形态本身是由历史积淀而成的，具有动态演化和特征；这就使城镇形态的研究具有非常丰富的综合性内容，公共空间的发展也是其中的重点之一。当然，城镇形态的研究具有抽象概括的特点，只有对城镇的各物质要素的内在机制及其外部关系的抽象和概括，才能把握城镇总体的形态特征，揭示内外部诸要素相互间的关系，从而把握城镇空间的演变规律，为城镇的发展提供指导。

4.1.2　公共空间演变与城镇发展

透过对西方城市空间发展历史的分析，我们基本上还可以看到这样一个城市发展脉络："神的城市—贵族的城市—机器工业的城市—人的城市。"[②] 公共空间作为城市的灵魂，其发展演变也集中反映了城市的发展变迁。从第 2、3 章城镇公共空间演化过程中可以看出，中外城镇形态都围绕着起纽带作用的公共空间为中心，层层发散、逐级推进。从空间结构上讲，公共空间是城镇的核心和主脉；从空间意义上看，公共空间在城镇空间组成体系中起着与人体"关节"相类似的承上启下、沟通整体经脉的作用，并且影响着城镇发展的形态和走势。所以，广义上讲，城镇公共空间具有与城镇发展相关联，与社会文化、意义形态相呼应的一种形态上的意义。[③]

公共空间是城镇形态的一部分，是指与城镇空间形态的肌理密切相关的、功能相对明确的、环境具有整体性的生活性公共场所。同时，城镇发展过程中文化传统、意识表征、环境形态、经济建设及重大历史事件等，都可以在公共空间演变中反映出来，并赋予公共空间特殊的意义。因此，对城镇整体的风貌、特征进行分析和解读，城镇公共空间的内在意义才能被理解，才具有更强的生命力。城镇发展具体可以表现在形态、功能的变化，但其真正的脉络始终建立在文化、社会、传统意义上，是时代发展的必然。同样，公共空间的演变往往也是适应城镇发展中功能调整的特定需求，但最终表现出时代不同内涵及意义的变迁。

---

①　（美）阿摩斯·拉普卜特. 建成环境的意义 [M]. 黄谷兰等译. 北京：中国建筑工业出版社，2003：15.
②　洪亮平. 城市设计历程 [M]. 北京：中国建筑工业出版社，2002.
③　张建强. 从城市演化过程看城市公共空间的本质意义 [J]. 浙江工业大学学报，2000（6）：180.

4.2 珠江三角洲城镇公共空间的整体比较

通过第 2、3 章分别对珠三角传统和现代公共空间的分析研究，本章对这两种不同时代公共空间进行整体比较，并考察其功能和形态的变迁路径（表 4-1）；具体来说，公共空间的差异主要是在形成方式、形态结构和特征内涵方面（表 4-2）。

传统与现代社会的多向比较[①]　　　　　　　　　　　　　　　表 4-1

比较内容	传统社会	现代社会
群体性质	血族性	社团性
居住方式	聚居性	流动性
组织结构	等级性	平等性
调节手段	礼俗性	法制性
经济形式	农耕性	工业性
资源渠道	自给性	交易性
生活方式	封闭性	开放性

珠三角传统与现代城镇公共空间比较　　　　　　　　　　　　表 4-2

比较内容		传统公共空间	现代公共空间
形成方式	产生背景	简单农耕社会	现代化工业社会
	产生机制	宗族、行会、宗教多种影响	政府统一安排
	形成过程	缓慢、渐变	快速、突变
	形成模式	由下至上	由上至下
形态结构	布局结构	线状紧凑排列	点状分散布置
	类型层次	复杂、多变、混沌	层次清晰、简单、固定
	围合尺度	小尺度、人性化	大尺度、不亲切
	中心标志	以主要建筑、大树作标志	除市政广场外通常无特定标志物
特征内涵	组织制度	以宗族权力掌管地方事务	当地政府直接全面管理
	民俗文化	重视和反映传统文化	传统民俗逐渐式微
	功能特征	娱神兼娱人	自我娱乐为主
	开放对象	所有民众	有限制逐步开放

---

① 王沪宁. 当代中国村落家族文化 [M]. 上海：人民出版社，1991：29.

4.2.1 形成方式

1. 产生背景：落后与先进

中国曾经是四大文明古国之一，有着长达数千年辉煌的文化历史，但基于封建社会的农耕方式而导致生产力的徘徊不前，在近代历史上形成了落后和被动挨打的局面。到了明、清时代的珠江三角洲，经济发展已经领先全国，但交通方式还是依赖河道水运，工业、商业只是处于萌芽状态。所以这段时间在无法改造自然的条件下生活方式比较简单，人与其生存空间的主要关系稳定在族群与自然环境之间，公共空间的需求也是比较固定的。

随着技术的进步和社会的发展，这种主要关系不断发生变化。技术的进步使人类改造自然成为可能，劳动分工使得社会内部以及社会之间的相互依存性和差异性得以强化。这种转变使人与生存空间的关系变得错综复杂，自然的、历史的、文化的、政治的、经济的等各种力量交织在一起。特别是改革开放以后，珠江三角洲经济的腾飞，交通方式由水陆向陆路、航空的巨大转变，工业飞速发展，社会生活方式也完全异于传统农耕型社会，代表了一种先进的生产方式和文化力量。

2. 产生机制：多元与一元

"机制"（Mechanism）原指有机体的构造、功能及其相互关系，或机器的构造和工作原理（例如计算机机制）；主要表示三种含义：一是指机械装置——机器或机器样结构；二是指机理或机制——完成共同功能的部件、过程等的组合方式；三是指哲学中的机械论——认为生命现象是由与作用于无机界者相同的物理和化学规律所决定的一种理论。现还常被引申为各类事物的作用过程与机理、办法和途径，例如常用的社会机制（Social Mechanism）、文化机制（Cultural Mechanism）、市场机制（Market Mechanism）等。本书中"产生机制"表示事物的内在联系，相互作用的过程、途径与方式，特指公众参与过程中各种要素包括主体、客体等的相互关系及其作用方式，以及解决问题的参考范式。

城镇公共空间是城镇发展的物质载体，也是人与资源、环境关系的外在表现，城镇公共空间的内在机制是影响城镇合理发展的基本要素之一。如果把城镇看作一个有机的整体，这个有机体必然有其生长的要求，这种生长表现为城镇公共空间平面或立体的扩展，扩展的方式有集中与分散两种。① 中国古代城镇公共空间的演变过程大都是中心向外发散层层扩张的发展态势，表现为有机体的新陈代谢过程。

考察珠江三角洲城镇传统的公共空间，是由宗族、行会、宗教等多种机构各自形成，

---

① 黄亚平. 现实性，矛盾性，折衷性 [J]. 规划师，1999 (2): 9-12.

又互相影响而混杂在一起的整体，所以其产生机制是多元的。而在现代社会中，国家政权的统一和强大，对城镇公共空间的开发、建设和管理也是唯一性的，广场、公园都是由政府统一建设，公众参与根本不存在或者仅起到有限的作用。社区公共空间的建设虽然由发展商自行完成，但也是在政府的要求与指导下，且通过规划部门审批完成。所以现代公共空间的产生机制是一元的，目前还缺乏社会和各方组织的多元参与。

3. 形成过程：渐进与突变

在珠江三角洲的城镇形成过程中，经历了以村民自发营建为主要方式的村落、城镇发展演变（建制镇除外），其过程是无序、缓慢、渐进的。这种城镇是自然形成的，不可能是通过预定协调的诱导而出现的。但现代城镇的发展则由于经济与技术的发展而有了很大的突破，国内的很多城镇可以基于政治需要而迅速形成，例如改革开放后不到 20 年时间，深圳就由一个边陲小渔村变成一个人口接近千万的巨型城市。

城镇形成的过程不同，也导致了公共空间形成的不同。传统公共空间的形成是渐进的，需要很长的时间，一旦形成也会存在一定的时间而不易改变。现代公共空间的形成是一种突变式的，由政府主导下的建设往往在一两年的时间就可以完成，但也因此而有一定的随意性。

4. 形成模式：由下至上与由上至下

考察传统与现代公共空间的形成过程，也反映出其内在形成模式的不同。公共空间的形成与发展一直存在两种基本的模式：第一种是由下至上的模式。存在于城镇自身的生活需求，能够由民众自发形成的多种多样的城镇生活汇集在某一场所，通过一段历史过程中的活动和事件使民众认同这个场所，由此完成真正的公共空间构建过程。第二种是由上至下的模式。表现为城镇政府的政治需求和规划理念，仅仅依据城镇功能划分来规划建设公共空间，但缺乏相应的活动支持和历史沉淀，往往具有公共空间的物质形态而不构成真正的场所。

由于封建时代的统治习惯影响，珠三角城镇现代广场或者主要公共建筑的建设基本上是采取由上至下的模式，而且对形式的关注总是优先于老百姓的要求。例如广场要求规模宏大、建筑材料要最好、效果力求轰动，而普通城市居民"小"的、日常的要求则被忽略了。另外，基于土地利用功能分区的规划，城镇公共空间布局单一，道路分割各个社区，邻里、行人缺乏交流空间，无法形成传统社会对环境的强烈认同感和归属感。

4.2.2　形态结构

1. 布局结构：紧凑与松散

按照一般的村落或者城镇的发展规律，珠江三角洲传统聚落发展初期通常因水而建，空间结构较为简单。人们通常认为："水"包含有一种神圣的意味，江河则是与人的来世相关。神社和寺庙也大多是依水而建，各种娱乐场所自然也是围绕着这些宗教机构建立，以便能够吸引更多的顾客。因此，传统公共空间的形态也是随着河流和城镇的发展呈线性布置而且较为集中，是一种以河流交通为主导的布局方式。

而现代城镇多数在强有力的规划下形成有序几何网络，公共空间的建设也是有目的地布置在城镇之中，并考虑交通条件而形成松散的点式布局。现代公共空间是建立在简单便利的现代交通体系之上，是一种以道路交通为主导的布局方式。理性的城镇交通布局往往是为了空间而制造空间，但并没有充分与人们的生活紧密相连。传统公共空间是在城镇居民不断的生活需求与检验之间生长出来的，形态结构紧凑并与居民的生活往往和谐与匹配。

2. 类型层次：混沌与清晰

如前所述，本书所研究的重点在于中观层次的城镇公共空间，主要包括城镇中户外能够提供给公众举行一定社会活动的地方；此类空间具有一定的人群聚集性和活动滞留性，强调对全体公众的开放性。珠江三角洲城镇传统公共空间包括祠堂、寺庙、墟市（街道）、戏台、埠头、庭园、茶馆、会馆等，现代公共空间则主要包括广场、步行空间和公园绿化等。

城镇传统公共空间的存在和参与其中的人们的行为是相辅相成的，与人们的生活紧密相关。由于生活对空间存在的需求在不断变化，因而公共空间的具体位置、类型、界面也是不断变化而混杂，形成层次丰富的混沌形态。例如，店主常常在店前的人行道上展示货品，饭馆和工厂也常常把后门外的小巷当成工作和储存的空间。街道在繁忙时段是交通功能，晚上又变成了"夜市"等。这种模棱两可的特点也体现了珠江三角洲地区人民一种灵活的态度，从而能在一个拥塞的城镇中提供更多更好的公共空间。

现代西方城市设计理念普遍认为公共和私密空间要有一个清晰的界限，因此现代城镇公共空间一般按规模、位置分为市级、区级、小区级等多种层次，构成划分清晰的公共空间系统。但是，清晰的层次布局并不代表良好公共空间的必然，因为这些布局并不一定能符合居民的实际需要。而且，如果其分布、数量、大小或其他相关指标不恰当，城镇公共空间一旦建成而不易改变，反而难以收到良好的效果从而变成无用的空间。

3. 围合尺度：宜人与巨大

因为交通方式的变化，尺度是传统公共空间与现代公共空间的明显形态差异所在。在以步行为主的传统城镇中，街巷、墟市、埠头等都是小尺度的、人性化的空间，比传统的西方广场（按照西特的说法，平均为 $142m \times 58m$）要小得多。另外，还有庙宇中的庭院和花园、建筑之间剩余空间中的袖珍广场、重要公共建筑前面的或交通汇聚处的极小型的开放空间等。周边建筑也因为当时的技术条件所限，通常为一两层高，围合的尺度显得非常亲切宜人。

在现代城镇空间中，首先考虑的是机动汽车的尺度，街坊向居住小区甚至居住区演变，街市也向商场甚至购物中心演变。由于政府主导的公共空间建设往往因为形象、气势的需要而不是根据使用者的要求，因此偏向追求大尺度、大规模的多，人与道路、建筑的比例已经失调，巨大的尺度营造的公共空间也使人感觉渺小而不亲切。

4. 中心标志：具象与虚无

城镇公共空间往往是一个地方的中心和标志，因为它从符号上具有可读性和可识别性特点。可读性即传达的信息能让人接收，可识别性即传达的信息给人留下深刻印象。传统公共空间往往是依托具体的寺庙、祠堂、文塔等建筑物而形成，这些建筑在整个地区范围内是型制最高而成为城镇空间识别体系的特有标志物，在当时人的感知、认知图式中具有非常明晰的可读性。而且这种传统城镇的空间识别体系与标志物并不是孤立存在的，而是以一种完善的文化体系展现出来的，例如山体、水系、祠堂庙宇形成的空间网络和节点等，是每个城镇的标志和居民精神空间的重要依托。

现代城镇公共空间由于形态的特征导致识别性也比较清晰，能很容易并且准确地被判断哪里是城市广场，哪里是商业购物街，哪里又是游乐场。在这些公共空间中，呈现出清晰的符号，这些符号可读、可识别，可以确定空间的功用与性质。但是现代公共空间所依托的建筑却并不固定和唯一，有的公共空间仅用一个钟塔，或者仅用一小块水面来作为标志，大部分实际是没有特定的标志物，也无法形成精神的中心。

4.2.3 内涵意义

1. 组织制度：宗族与政权

如前所述，中国传统社会制度是以血缘为联系的宗法制度，并作为体系渗透到聚落的空间当中。正是因为该体系有效地发挥作用，可以防止外敌侵入，并且防患内部的瓦解，所以聚落才得以持续发展了几千年。从远古至 21 世纪初，这种典型的宗法制度、家族文化没有发生根本性的变革，它支配着或者弥散于中国社会的各个领域，政治、经济、文化、宗教、伦理、道德、教育、家教、俗习等，无不打上其烙印。村落家族文化对政治的辐射主要表现在古代政治的伦理精神和宗法精神，即把政治作为伦理间之事，讲情谊而不讲权利，用礼教以代法律，把阶级国家融摄在伦理社会之中。[①]

在珠三角传统城镇中，宗族掌管着地方的所有事务，更强调宗族对公共空间的生成、管理，这在每个地方的祠堂空间可以体现出来。在较大城镇（例如佛山），则还有行会等参与公共空间的建设和管理，也在一定程度上介入了城镇事务中。辛亥革命之后，政治变革有力地冲击了家族文化。经济上的冲击还可以追溯得早一些。新文化的传入也在观念形

---

① 梁漱溟. 中国文化要义 [M]. 上海：学林出版社，1987：184.

态上动摇了由家族文化滋生的各种观念。在经济、政治和文化的多重夹击下，传统的家族文化发生了显著的变化。

新中国成立以后，村落家族文化就处在历史性的消解过程之中，主要动因就是村落家族文化赖以存在的条件发生了变化。例如土地改革、社会调控的逐步渗透，文化因子的逐步变革，生育制度的逐步更新等，血缘家族权威逐步向行政权威的转变。在现代城镇中，政府是城镇唯一的管理机构，所有的公共空间建设和管理都由当地政府处理。这种制度带有强制性，可以迅速有效地形成城镇公共空间，但也容易陷入形式主义而令公共空间失去其"公共"的本意。

2. 民俗文化：强大与式微

中国社会至今依然是农业人口占绝大多数的社会。村落家庭文化不仅是乡村数千年来的主导文化，实际上在有限的城镇地区，它也是占主导地位的文化，只是表现形态因居住方式、生活方式和劳作方式的不同而有所不同，但其社会生活的内在精神是一致的。有限发展的城镇生活，并不能摆脱笼罩着中国社会的占统治地位的家族文化。村落家族文化作为远古形成的传统文化的核心，向社会方方面面放射它的核心精神，使传统社会乃至现代社会无不受到村落家族文化的核心精神的驱动。①

珠江三角洲过去对于传统节日是十分看重的，民俗活动繁多，尤其是一年之中的春节。而今天随着经济的发展，居民生活水平的提高，对传统活动已开始逐渐淡化，其礼仪程序已远远不像从前那样隆重和烦琐了。例如过去同宗同姓的居民聚集在一个祠堂里举行隆重的祭拜仪式，现在多数已转变为分散在各家各户进行。至于其他的节日，有的已将其改变了内容性质，有的干脆就不过了。例如端午节，过去人们称为"驱邪节"，现在则将很多仪式都已淡化；唯一能保持下来的便是吃粽子和划龙船，而且划龙船也多已演变成了体育竞赛，失去了祭神、娱神的传统民俗内涵。

近代珠江三角洲以来的发展，是新与旧、中与外民俗文化进一步交融、整合的过渡时期；在这个时期中，岭南民俗文化大量融入新的时代文化形式和内容。另外，由于现代珠江三角洲城镇人口来源的多源性，从而形成了民俗文化来源的多源性。具体而言，其民俗文化主要有以下几个组成部分：广州本地人的民俗文化传统、外地民工所带来的异乡民俗文化等。在改革开放以后，珠三角城镇群体形成、磨合过程中产生的新民俗，如街头群众舞蹈、国庆节日活动、老人时装表演，还有西方的圣诞节等。传统的城镇民俗已经在现代生活方式的改变下日渐式微。

3. 功能特征：神格与娱乐

城镇公共空间的特征，主要体现在地域、时代和空间的功能本身。在封建社会人们受

---

① 王沪宁. 当代中国村落家族文化 [M]. 上海：人民出版社，1991：147.

历史局限性的影响，对客观事物的存在以及祖宗的灵魂充满了敬畏与祈福，所以在人们生产生活的城镇空间里，神格空间的存在成为一种必然。传统城镇公共空间不仅仅是满足人们生产生活的物质需求，更重要的是它也是人们精神生活的重要依托，是人格空间与神格空间的完美和谐统一。另外，传统公共空间具有明显的水乡特色，诸多重要建筑也依水而建，埠头等构筑物除了运输功能也成为重要的公共空间。

由于祛除了封建迷信的影响，现代城镇公共空间则发展而成为娱乐功能较强的空间。现代生活节奏快、工作压力大、人际关系紧张，所以公共空间的作用也逐渐变成休闲游憩为主，在现代生活中发挥着不可替代的作用。城镇用地的扩大，原来很多小的水系都被掩埋而改变了地形地貌，公共空间的建设也较少考虑地理条件而具有很大的自由度，但水乡特色明显减少。

4. 开放对象：无限与有限

城镇公共空间要面对城镇生活的所有主体，它的重要内涵就是提供一个公平的社会环境，一个不同价值体系可以相互交流与共存的环境。因此，城镇公共空间应该对周围的社会生活场所保持最大的开放性，城镇中每个人都享有使用公共空间的权利。开放性所涉内容是多层次和多方面的，至少包括空间方面的开放、功能设施方面的共享，还应包含文化取向方面的一致，从而最大限度地提高公共空间的使用价值。

传统城镇公共空间由于产生方式的多元化和管理的原因，大部分是对外开放的，其空间使用也十分自由。但现代城镇公共空间中，除了广场和步行街相对开放外，公园在国内产生初期仅对上层社会人士开放，其高昂的门票阻碍了一般民众使用。随着社会的发展，公园成为大众文化的一部分，人们只需购买低廉的门票就能享受；但即使是一元钱的门票，也把很多人挡在了外面。除了江门东湖公园、南海文化公园等少数公园，珠三角城镇现在大部分的公园不用购票就能进入，而且空间的品质也日益提高。

当然，公园并不是唯一形式的城镇公共空间。人们常常会聚集在一些其他公共场所，但这些场所并不是严格地以游憩娱乐为目的——如街道、广场、市场等。人们也会聚集在一些虽然是私人所有，但却被人们广泛用作游憩娱乐的场所，如建筑广场、购物中心、商业区等。这些空间并不对所有外来者开放，或者开放的时段是有限制和有一定目的的，与周围的城市环境和社会生活场所缺乏沟通，因此其开放性是有限的。近几年的城镇公共空间、设施也较以前更为开放，例如很多政府机关可以开放参观，很多单位开始破墙开店、破墙透绿，使得封闭、单调的城市街景因此变得开放而有活力。

4.3　珠江三角洲城镇公共空间的功能变异

城镇居民社会生活多方面的需要和城市多种功能，导致形成各种类型和不同规模、等级的城镇公共空间。由于承担着城镇中的政治、经济、历史、文化等各种复杂活动和多种功能，公共空间既是城镇生态和城镇生活的重要载体，也是城镇各种功能要素之间的联结体，而且它还是动态发展变化的。现作分析如下：

4.3.1 政治功能——规训、协商

珠江三角洲传统公共空间是伴随着城镇的产生，顺应城镇形态而形成的，与规整的中原城镇的政权影响力不同，其政治功能相对较弱。当然，明清时期珠三角城镇的府衙往往位于中心，祠堂也居于村落的重要位置，可见其重要性。在祠堂、府衙等正式的空间中，要求民众肃静回避而体现政权、族权的威严和规训功能；在会馆、茶楼这种公共空间中，则体现了民间政治的协商功能。

同样地，在城镇现代公共空间的主要功能中，政治功能是比较重要的，代表的也是政府机构的力量。珠江三角洲城镇现代公共空间的政治功能主要体现在市政广场中，这类广场设计多数为政府大楼配套服务，体现权威形象，并具有一定的规训功能，普遍不能为广大人民群众提供真正具有公共性、用于公共交往的场所。另外，由于现代法制体系的健全，传统公共空间中的协商功能也转向法院、律师等专门的仲裁机构。

4.3.2 经济功能——生意洽谈、购物

珠江三角洲地区手工业、商业发展历史悠久，因此公共空间的经济功能比较突出，例如传统公共空间中的墟市、会馆、埠头等。随着商业模式的改变，公共空间的经济功能在不断扩张和加强，除了单纯的购物、交易行为，逐渐演化成体验式的综合消费行为。因此其空间形式也不断变化，会馆、埠头等已经转型，而现代公共空间中的步行街、大型购物中心，就是传统墟市经济功能的一种延续。

目前珠江三角洲城镇现代公共空间则存在经济功能与文化功能分割的问题。主要表现在：商业性广场缺乏文化气氛的营造及与文化设施的配置，市政性、休闲性的公园则不同程度地排拒商业设施或商业活动；多数广场，包括文化广场忽视与重要文化设施的结合，对城镇中为数众多的小商贩问题缺乏广场营业活动的规划安排等，其结果是广场在不同程度上失去了应有的生机和活力。

4.3.3 文化功能——娱乐、宣泄和文化传承

毫无疑问，公共空间的文化功能是最主要和最本质的，也是民众所最需要的，其中包括了娱乐、宣泄等功能。通过公共空间的娱乐消遣性，普通市民可以获得一种精神的松解、释放；还可以通过大众参与活动，营造出一种和睦、友善的气氛。在传统的民间信仰

空间里，人与人之间的和谐关系和人与自然的和谐关系同等重要，例如众多的节日酬神活动，都是娱神兼娱人、人神共乐的。除了这些节日盛会，珠江三角洲的居民平日养成了去茶馆（楼）的习惯，茶馆逐渐变成重要的聚会场所，也是老人们获得精神寄托的场所。在茶馆空间里，人与人达成一种平等、简单、和平共处的关系，茶馆里的交往行为具有人际关系润滑剂的作用，也进而增进社会的整合和协调。当评书和曲艺退出茶馆，电视、录像成了重要的娱乐工具，但现在人们仍然需要参与在茶馆这类公共空间中的活动，体味其间的活力、精髓和宣泄生活工作的压力。

　　另外，公共空间还具有文化传承的作用，在社会的急剧转型中平稳过渡普通市民的生活方式，以及保护传统文化，包括物质文化和民俗等精神文化。公共空间的文化环境，可以具有熏陶与教化的功能，不仅服务于日常生活的需要，更是文化传承的过程。在现代化转型期，传统的人际关系类型及共同体的凝聚方式都在发生巨大变化，由血缘、地缘向小家庭模式、业缘为主的模式进化。那么，现代公共空间更应该起到塑造现代公共观念的作用，帮助人们用一种健康平等的眼光去重新认识生活和社会，以使他们能够尽快地适应变化。

4.4　珠江三角洲城镇公共空间的形态变迁

　　在传统公共空间的解析系统中，本书着重分析了祠堂、寺庙、会馆、墟市、茶馆、戏台、庭园、埠头等典型空间形态和对应的制度、内涵。传统公共空间形态的特点是"多核心"，不同规模的城镇有多种不同的中心公共空间；而且"线状"空间比较发达，以墟市、街道空间为主，广场空间多数是街道的自然放大节点。在现代化的发展过程中，珠三角城镇公共空间形态产生了很大变化；一些传统公共空间衰落甚至消失了，一些则转化成另外一种形态，还有一些新型公共空间也顺应时代的变迁而出现。本节将对传统公共空间到现代公共空间这个过程的形态演变作一分类和总结，并追踪时代发展的脉搏，探索新型公共空间发展的趋向（表4-3）。

珠三角城镇公共空间的形态演变　　　　　　　　　　　　表4-3

演变方式	传统公共空间	现代公共空间
衰落与消弭	寺庙(广场)	大部分寺庙被废弃,少数变成现代广场
	祠堂	少数祠堂还有使用及作为老人、戏曲活动场所
	会馆	已经消失,演变成商会及会所
	戏台	极少留存使用,演变成卡拉OK等娱乐场所
延续与异化	茶馆	较好地保留功能,在珠三角仍受欢迎
	埠头	仍然保留,但功能减少
	庭园	由私人空间转变为公共空间——公园
	墟市(街道)	演变成步行街或商业中心

演变方式	传统公共空间	现代公共空间
适应与发展		广场的休闲化和公园化
		公园的多功能化和开放
		步行街的商业化和室内化
探索与趋向		功能多元化
		空间立体化
		环境生态化
		场所意象化
		社区空间公共化

4.4.1 传统公共空间的衰落与消弭

1. 寺庙、祠堂的衰落

在中国传统社会，人们解决纠纷问题首先想到的往往不是官方机构，而是宗祠、会馆与公所等同族、同业或同乡组织。然而，随着近代化的步伐，人们的生活日益突破旧有的圈层和限制，层出不穷的新需求和新问题已经越出了同宗、同乡和同行的范围，不是宗祠和会馆所能解决的。随着社会流动的加强和经济的不断发展，尤其受到早期资本主义萌芽的冲击，跨血缘、地缘的业缘关系日益重要。在这种情况下，地域和血缘关系纽带不断淡化，传统的民间公共空间开始衰落。

当传统的公共领域衰落和发生变迁时，人们公共生活的空间场所相应地被转换。例如民国时期民智渐开，各地毁庙兴学的举措对宗教意识产生了一定的影响。在这种近代化的影响下，珠三角民众的传统宗教意识有所减弱，宗族观念进一步弱化，许多祠庙的功能有所衰退，或发生转换而被改作他用。最典型的是祠庙改为学校、避难所，例如顺德大良西山庙就曾经改为学校、粮仓，现在则仅保留了主殿用作宗教活动，而其他部分则改造为博物馆等向社会开放，容纳城市公共活动。杏坛镇龙潭乡的梁氏大宗祠也曾改为小学等。在"文化大革命"期间，由于"破四旧"等文化整改运动，乡村中的寺庙、祠堂被清除，或被改建为现代的广场。现存的祠堂一般已失去原来的功能，多作为当地村民的老人活动中心或者举办村中宴席等，继续发挥一点公共空间的余热。

当然，也有一些保存良好，或者经过重修的祠堂，则多被作为博物馆，例如佛山的兆祥黄公祠就重修后改为粤剧博物馆。还有一些寺庙经过翻新或易地重建，延续了鼎盛的香火（如顺德、南海一带的寺庙）。但总的来说，宗祠已经退出人们的社会生活，庙宇内的活动产生新的因素，如以经济交易和娱乐为主的庙会，介入旅游开发等。例如顺德桂洲的观音堂（图 4-1），每年正月二十六"观音开库"期间十分热闹，十多万各地信众赶来进香求福，该路段还需要临时交通管制。佛山祖庙由于重修后成为省级文物保护单位，在当地人心目中地位显赫，因此佛山人办喜事，流行新人坐着彩车，即"花车"过祖庙门前祈求神灵保佑，并要燃放鞭炮的习俗。

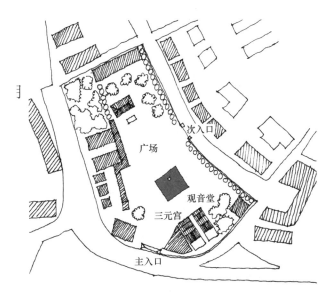

图 4-1　容桂观音堂（作者自绘）

2. 会馆、戏台的消弭

会馆是以地缘关系组织起来的活动空间，既是移民社会宗祠、庙宇等早期公共空间在城镇的转化形式，又具有传统社会向近代社会演化时期公共空间的新因素。会馆进入民国以后开始走向衰落，这既有内在因素，也有外在的原因。内在因素就是会馆本身固有的落后性，即封建性；封建性具体又表现为宗族性、地缘性和官府性。[①] 民国建立之后，"共和"观念深入人心，"中国人"的观念逐步改变狭隘的地域、乡党、宗族观念。随着经济、教育的发展，社会关系和人群的组织方式有所改变，会馆作用及其文化现象逐渐淡化。

近代以来，由于外国资本主义的侵入，国内商品经济的发展，近代的商会组织逐渐产生。同时，社会民主化进程的推进，建立在封建专制基础上的思想文化体制也解体了，这也促使了一部分会馆的解体。随着社会经济、政治、文化等各个方面的变化，会馆这一民间社会组织无论是在组织形式上还是在社会功能上都难以适应新的社会需要，于是会馆也经历了一些形式上的变化。第一种是会馆向同乡会的转化同乡会的产生，也就部分地代替了会馆的社会功能，于是不少会馆随形势之需转化为同乡会了；第二种是会馆向同业公会和商会的转化。

---

① 江红，涂上飙. 民国会馆的演变及其衰亡原因探析 [J]. 江汉论坛，2001 (4)：77-80.

商会是一种跨行业的统一联合组织，不限地域和行业，从横向上把全城行业联络和组织成一个整体，其组织基础比商人会馆广泛得多。与传统会馆内森严的等级制度与复杂的宗法关系不同，商会具有资产阶级民主色彩，是权利与义务结合的近代商人组织，并大力鼓励和倡导创新及竞争意识。传统会馆的消弭与商会的兴起，从根本上说是中国近代社会转型的结果，也是近代中国社会文化重建与嬗变的侧面反映。

同样地，在社会发展过程中，宽银幕舞台、歌舞厅、卡拉 OK 音乐厅等的出现，使古老的娱乐方式——看大戏逐渐式微。现代社会，娱乐方式多样化，晚上坐在家里看电视也成为普通市民的一大生活习惯，各种酒吧、舞厅、俱乐部，都分流了一部分市民。目前在珠江三角洲某些城镇虽然还保留着看粤剧的民俗，但并不十分流行，而且粤剧的表演场所已经移到乡镇广场（临时搭建舞台）、学校或地方政府礼堂等。由于需求的锐减，戏台无法延续昔日的辉煌，也宣告其历史使命的结束；除少数留做文物保护外，其他将自然消亡或被拆毁。现在珠江三角洲地区还可以作为正式表演场所的古戏台，只有佛山祖庙里的万福台了。

4.4.2　新旧公共空间的延续与异化

如前所述，很多传统公共空间由于不适应现代生活的需要而日渐衰落、消弭，从而形成了历史的断层。在传统聚落中，共同体的纽带是在"事物"的配置、排列、规模、装饰、形态等方面被表现出来的。制度、信仰、宇宙观等在本质上是属于不可视的领域范围，通过作为"事物"被表现出来，并被转换成可视的世界，就可以将共有的价值观、生死观、连带感等形式深深印入共同体每一个成员的意识当中。[①] 在一个快速变化的世界中，过去历史遗留下来的可视和可触的实物，通过它传递的场所感和历史延续性而获得价值。林奇认为，"变化是不可避免的，必须延缓和控制变化，以防止城市产生显著的历史断层现象，并最大程度地保存与历史的延续性"。[②] 因此，当今许多城市设计方法试图强调"延续"过去的历史特征和响应随之产生的场所感，而不是"割裂"过去的历史。

1. 茶馆、埠头的延续

茶馆在近代中国社会生活中扮演着十分重要的角色，它与民众的生活紧密相连，并承担了广泛而又复杂的社会功能，是最大众化的公共空间。在传统的人际交往空间如祠庙和会馆等逐渐衰退的近代社会，茶馆部分地替代了祠庙和会馆的作用，并适应新的政治经济条件，产生相应变化以维持社会的正常运转。茶馆作为另一种公共空间在平民社会生活中发挥着日益重要的作用，尤其在城市和场镇，几乎是唯一的平民公共空间。茶馆对传统公

① （日）藤井明 . 聚落探访 ［M］. 宁晶译 . 北京：中国建筑工业出版社，2003：7-16.
② （英）卡莫纳等 . 公共场所——城市空间 ［M］. 冯江等译 . 南京：江苏科学技术出版社，2005：202.

共空间部分替代，表明它在人群和社会的认同与整合方面所具有的可能性和实践意义。

解放初期，由于种种原因，在城市中茶馆几乎销声匿迹。① 改革开放以来，在珠三角的广州、佛山等地，以精美装修和茶点为主的高档茶楼一度成为时尚，大众化的茶铺再度卷土重来。一般中档茶坊，则多设在公园、河滨等地附近，环境良好、周全服务，因此也最受民众欢迎。以前的茶馆里还有曲艺活动，90 年代后则渐渐式微，最近则出现了以打麻将和棋牌娱乐为主的茶馆。从这个意义上说，茶馆的发展是与珠江三角洲社会现代化的进程相符，是民众社会和生活世界的一种积极反响。

当然，今天的茶馆与传统的茶馆在诸多方面有着深刻的差异。旧式茶馆几乎是一个社区的中心，可以构成一个相互联系的网络，无论市井新闻、商业行情，还是社会政治消息，均可以在这里传播整合。但现在的茶馆里，茶客虽仍然遍及各年龄段、各行各业，但各自的活动不同。例如 30～40 岁的生意人是茶馆的常客，但他们一般是在茶馆洽谈生意；其他人多是亲朋好友聚会，但都是自成一群，不认识的人几乎不可能搭腔，也很少有人旁听别人的谈话。另外，由于报纸、电视、广播、电脑甚至手机短信已经满足了人们的需求，无论是商人还是其他职业者都用不着跑到茶馆去探听消息，茶馆不再承担信息传播的功能。最主要的，过去的茶馆可以作为舆论的发表场地，还能规范社会风气与人们的行为准则；而现在的茶馆中，根本找不到舆论的所在，这种空间的"公共"色彩大大降低了。

由此可见，作为城镇的公共空间，今天的茶馆与往昔的茶馆相比，延续了茶馆的形态；但相比传统茶馆显著的"公共性"、复杂多样的社会功能，现在的茶馆几乎退缩为纯商业性质的服务场所。茶馆已经变得单一而不能满足人们的多方面需求，与市民的亲和力也下降了。茶馆的多数功能被社会变迁中新兴的其他机构或媒介取代了，但是老茶馆所代表的一种生活情调、方式，其他的机构或媒介是绝对无法替代的。

与茶馆一样，埠头是被保留下来的公共空间形式之一。经历了长期的发展、繁荣，埠头到今天还有用武之地，主要是因为珠江三角洲作为水乡的地理格局没有消失，乡村、集镇还继续存在；人们的生活方式虽然有了一定改变，但水乡情怀依然保留和延续下去。在水乡仍到处可见的埠头，由于目前航运的需求很少，一些乡村的埠头仅用做洗衣、汲水的地方，当然还有渔民运载鱼苗、饲料的作用。埠头的水运功能减少了，但作为公共空间的作用还是继续发挥，村落中老人聊天拉家常、小孩子聚集嬉闹，这里还是充满了生活的气息。

2. 庭园、墟市的异化

传统的私家庭园，虽然算不上完全意义上的公共空间，但在时代和社会的变迁中，却发生了功能的异化，由私人空间转化为城镇公共空间。现存的岭南四大名园（佛山梁园、

---

① 在文化大革命期间，喝茶被视为旧社会的陋习，茶馆被看作藏污纳垢、阶级异己分子与落后群众聚集的地方，强行取缔、关闭了茶馆。文革后，茶馆迅速恢复，又重新出现在城镇的街头。

顺德清晖园、番禺余荫山房和东莞可园）是其中的主要代表。例如最近才进行翻新重修的佛山新梁园（图4-2），继承了岭南文人山水园林的风格，塑造富有现代生活气息、有较高艺术欣赏价值的山水园林景观。在塑造岭南园林景致的同时，注入一些适合在园内开展的世俗生活的内容，如园内四角分别布置了寒香馆、泽居小筑（贵宾接待）、民俗馆、药膳堂（特色餐饮）。特别是春节、中秋、清明、重阳等传统节日，园内多处结合茶艺、插花、盆景等主题开展游园活动；一方面要符合梁园的园林、住居、祠庙三合一的原则，同时也要使之适合现代游客开展的各类游园活动，便于管理方进行经营与管理。另外，珠江三角洲地区近年还出现了新建古典园林而作为公共游乐场所的现象，例如番禺的宝墨园、中山的詹园等，虽然这一类园林多是水平一般的仿古建筑，但其受欢迎程度还是反映了人们对中国传统园林的眷恋和欣赏。

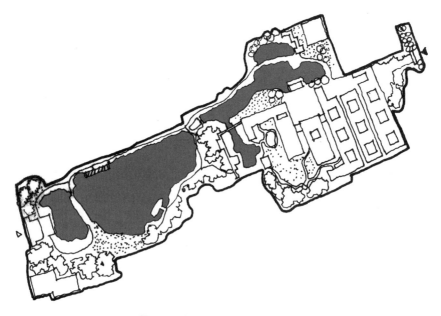

图4-2 佛山梁园（作者自绘）

同样，传统的墟市是水乡聚落中专供商业买卖使用的街道或场所，由于交通不发达和商品数量的原因，这类集市以一定的周期举行；所谓"三天一市""月半而市"指的就是这类集市举行的周期。墟市不断扩大而后来逐渐也发展出一些日常性的市场，场所也从无序的自由形态发展成有序的、经营规模较大、品种丰富的专业市场和商业街的形态。传统的墟市空间吸引人的原因，就在于其宜人的尺度、丰富的空间形式以及浓郁的生活气息，形成了广大群众都能融入其中的自由、轻松、亲切的步行环境与生活场景。

现在珠江三角洲一些不是很发达的村镇，还保留着定期的墟市；[①] 但大多是设有固定的市场，只不过墟市期间各地商贩会赶来售卖商品而显得热闹非凡。墟市能延续到今天，

---

① 例如鹤山、台山等地欠发达地区的乡镇，还有定期的墟市举办。

是因为人们有商品交易的需求；更重要的是，透过这种定期墟市，村镇居民不但进行经济上的交换，而且有许多社会活动也同时在这里举行，并由此建立起各种社会关系，买卖的过程还是农村居民社会生活和文化生活的窗口。

到了现代社会，步行商业街的出现和流行，则是传统墟市在现代城镇的一种变体。当社会生活中的传统墟市结合现代元素时，形成的城镇公共空间（步行街）既能体现对城市历史的尊重，又有利于满足人们对公共空间的精神、文化需求。虽然，从整体调查的结果来看，珠江三角洲商业步行街距离高质量的城镇公共空间尚有一段距离，也存在着很多问题，例如停车难、细节设计欠缺、整体环境差等。但是，步行街作为重要的城镇公共空间融入商业环境是一种与社会生活互动的方式，是一种提高环境质量的重要手段，也是一种恢复水乡城镇文脉特色、复兴人文景观的良好方法。近十年来珠江三角洲城镇流行的仿古步行街建设，反映了人民对步行空间的强烈需求，只不过还需要政府进行恰当的引导，以免出现不伦不类的低俗化倾向。

4.4.3　现代公共空间的适应与发展

如第 3 章所述，城镇现代公共空间主要存在三种类型：广场、步行街和公园，居住小区的内部空间也逐步开放成为公共空间。随着我国转型期社会经济的快速增长，人们的消费行为对消费环境有了新的需求，休闲时间和方式的改变也对广场、公园等公共空间提出了更高的要求。所以考察现代公共空间的发展，也是空间适应人们需求的一个过程，转型期社会文化已经呈现出一种兼容互动的格局。

1. 广场的发展

广场的本质是一种社会活动场所，作为一个公共的开放的活动空间，其基本功能是提供场所给市民开展各种休闲、运动、娱乐、集会等各种活动，因此广场应拥有良好的交通可达性和各种可利用的设施，体现出最大的公共性。近年来乡镇普遍兴建大型广场，但是从调查看，居民反映新建广场"千篇一律"，没有特色，人们也开始质疑以硬地草坪为主的广场设计模式。

当然，珠江三角洲地区一些广场的设计开始注重气候的适应性，对地方自然环境的关注成为广场设计的重要出发点，地方的自然特征在广场建设开始有所尊重。2000 年顺德德胜新城区中心广场的设计招标中，对适应亚热带气候环境的大型广场设计理念、方法进行了探索而形成的"沧海桑田"方案就是一个标志性的例子。该方案的主要思路是：广场运用多种设计手段，利用自然环境气候优势，改善当地热环境质量。该方案的特色就是"大树广场"，以大型植物为主，创造适应亚热带气候环境的、适宜多种活动的生态化广场。整个广场占地约 9hm^2，其中 2/3 为大片休憩草地，划分为若干 24m×24m 的绿地单元；绿地单元之间以通道连接，草地中按 8m 间隔阵列式种植树冠大、枝叶密的杆状乔木；以起到遮蔽阳光、调节气候的作用，为各种活动提供舒适宜人的环境（图4-3）。广场实际建成的效果也不错，基本达到了设计的目的，成为当地居民休闲的好地方。

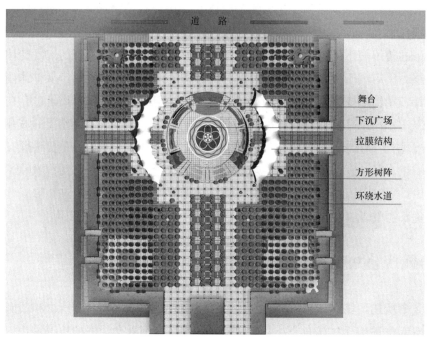

图 4-3　德胜广场平面（作者自绘）

2. 步行街的发展

由传统的墟市演变到现代的商业步行街，居民的购物行为已经与社会交往、休闲和娱乐活动密不可分。消费环境功能的复合化，城镇公共空间与消费空间的耦合也成为一种趋势。消费人群希望优化购物环境和增加购物乐趣，这种多层次、多方位的需要导致多元化的商业环境，开始融入更多的娱乐、休闲空间，并且室内外空间相互渗透，组成多变的复合性商业空间。除了东莞东城风情步行街、番禺易发商业街这些现代新建的步行街，一些大城市出现了集购物、餐饮、娱乐、休闲、交际、金融、商务为一体的一站式购物中心——"SHOPPING MALL"。[①] 这种商业形式不仅是满足了人们物质上的要求，还满足了人们精神消费的要求，也就产生了所谓的"体验经济"。

另外，由于居住区的扩张和华南板块的郊区化现象，导致了郊区商业网的发展。郊区用地比较宽松，可以建造大型的商场、购物中心，建筑面积往往有几十万平方米，还可以预留足够的汽车停车场。由于它的成本低、购物方便，郊区人口逐渐增加后综合性的商业中心就可以发展起来。当然，郊区购物除了物质上的满足，主要是文化上的享受、感受上

① 珠三角地区的购物中心以天河城为标志已经发展十多年，近年来各城镇也陆续建设购物中心，并且规模越来越大，东莞一个镇的购物中心（华南MALL）就达到了惊人的80万m^2，但实际经营困难。

的满足，而且向休闲化方向发展。

3. 公园的发展

传统的庭园发展到现代的公园，形式也随着时代需求而改变，例如公园逐步打破封闭，变成开放式公园等。另外一个趋势是"广场＋公园"模式的流行，其实是在弱化城镇中行政广场的功能，广场和公园的区别界限也逐步模糊。随着转型期社会休闲方式趋于多元化，居民对文体活动的需求增长迅速，同时向往自然和优美环境的欲望越来越强，因此公园的形式也趋向生态和自然化。珠三角很多城镇公园逐步增加了体育、文化艺术或生态教育等主题内容，特色鲜明、内容丰富多样、动静活动相结合的主题公园更有助于满足市民个性化的需求。例如鹤山的南山公园，就由 80 年代初期的小人工湖、简单绿化公园，在 2005 年投入 300 多万元后增加游乐设施而改造成现代休憩公园（图 4-4）。

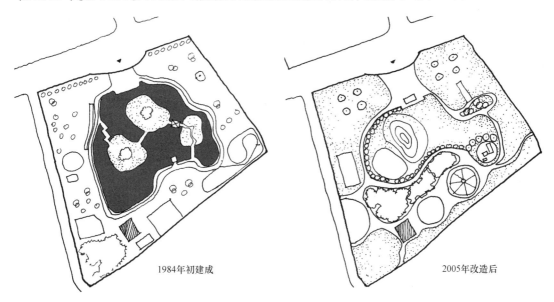

1984年初建成　　　　　　　　　　　　　　2005年改造后

图 4-4　南山公园改造前后（作者自绘）

目前珠三角很多城镇都开始建设文化艺术公园、生态公园、体育公园等主题公园，其中以中山市的公园建设状况最好、类型也比较丰富。例如，中山市位于城区中部的西山公园建于 1925 年，是珠三角城镇中现存最早的现代公园，园内保留了始建于明代的西山寺、1927 年加建了讨龙阵亡烈士陵园，1937 年增建中山纪念图书馆，较好地延续了其历史文化功能。在 1993 年修建了面积达 80 多公顷（水面面积 4.57hm^2）的紫马岭公园，是一座兼具城镇公园和生态园林功能的综合性公园，建成时号称广东最大的城市生态公园；在规划设计时就确立了加强生态建设的指导思想，以植物造景为主，充分发挥公园的植物景观效果和生态功能。始建于 1959 年的逸仙湖公园原来只有简单的人工湖，但设施简陋（一个水榭和一个土瓦亭）；20 世纪 70 年代中期、80 年代逐步增加设施，例如儿童游乐、老人门球场、游泳池、湖心喷泉等，成为设施齐全的大规模公园。

4. 社区公共空间

（1）社区公共空间的产生与发展

社区（Community）概念来源于社会学家滕尼斯的著作《社区与社会》（或译《共同体与社会》）。滕尼斯定义的"社区"是指由传统的社会关系组成的、有机的、结合紧密的世界，他眼中的社区是村庄的世界、乡村的世界，社区的观念使人具有强烈的归属感、临近感和总体感。因此，社会学意义上的社区是指有公共的价值观念的人群的地域共同体，又有共同的公共生活。在我国，社区成为地产商推介居住区时的常用词，社区成了居住区的同义词，所以研究社区的发展就是要研究居住区的发展过程。

新中国成立初期，我国很多住宅设计受苏联的影响，通常结合周边式住宅布置成内院，讲求轴线对称、图案美学效果而对不同的气候和居民生活习惯未能多加考虑。20世纪70年代前后，那些为解决居住问题而建设的住宅区，单一的立面设计、呆板的行列式布局空间（仅为满足日照间距基本要求），使居住区空间形态又走入"兵营式"的极端。

进入20世纪80年代，改革开放后经济的发展、人民生活水平的提高，也对居住条件提出了相应的要求。1986年起，建设部在全国开展城市住宅小区建设试点，这种"兵营式"的住区自然被放弃，成片的小区开发建设逐渐流行，住区环境设计普遍得到重视和加强。住区中开始重视中心绿化、公共活动空间，小区公共绿地和庭院成为规划设计的重点。从此"通而不畅、顺而不穿"的手法和所谓"四菜一汤"的模式逐渐成了流行。90年代，在住房商品化开发的时代背景下，住宅区的布置方式也有了许多新的尝试，各种商业味十足的口号和理念不断涌现，例如欧陆风情、郊区生活、新都市主义等（图4-5）。

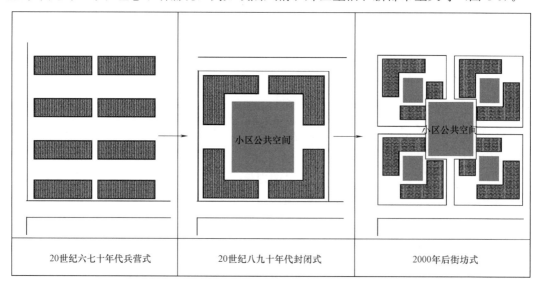

20世纪六七十年代兵营式	20世纪八九十年代封闭式	2000年后街坊式

图4-5　社区公共空间的变迁（作者自绘）

在珠江三角洲地区，经济的发展速度和住宅建设开发一直都走在全国的前列。由过去多层单元式住宅主要关注室内的功能空间，逐步转向关注社区室外环境的设计，因此住宅区环境进一步呈现出环境风格多样化和景观人性化的趋势。从开始的中国香港风格设计，到欧陆风格等，各城镇居住小区中心园林的设计手法也层出不穷，百花齐放。例如融入中国古典园林的传统设计手法，也有象征成功尊贵的欧陆风，或者崇尚自然休闲的东南亚风格等，在大规模的楼盘中成功的园林设计也引来了全国各地发展商的竞相模仿。

由居住区的发展过程可以看到在城镇的不断更新中，大杂院、筒子楼和老街坊构成的生活方式已经逐渐成为历史，居住形态的变化改变了以往熟悉的一切。由于交通、通信技术的发展，城镇居民的生活、活动空间范围日益扩展，不再限于传统的邻里范围；尤其是信息网络技术的发展，虚拟社区等新的人际交往、购物、娱乐甚至参与社会活动等方式的出现，打破了传统的邻里交往方式，使人们与他们所居住的社区邻里的关系松弛。另外，随着我国住房改革等一系列经济改革的深入，我国城市社区已开始由"单位型"社区逐渐向"契约型"社区过渡。而契约型社区的一个显著特点就是社区居民们来自社会的不同行业与不同层次，往往缺乏了解和沟通，邻里关系较为淡薄。

由此可见，住宅作为人类生存的基本空间环境，也是城镇空间的重要部分；而且居住问题历来与人民的生活最为密切，是关系到人民群众切身利益的一件大事。本书在第 2 章中初步探讨了传统社区的血缘和地缘关系对公共空间的影响，同样地，考察我国居住区建设的发展历程，现代居住区也强调生活的完整性，强调社区公共空间的可识别性和归属感。在社会转型时期，城市的改革、发展、稳定都依托于社区。加强城市规划建设与管理、提升社会服务功能，乃至解决社会问题、缓解社会矛盾、维护社会稳定都离不开社区。"重要的是我们要认识到随着生活变得越来越割裂，对多数人来说，社区的重要地位正在逐渐增强，现有的公共空间应该为各个社会阶层提供交往机会，让每一个人都视他人为城市中的同胞"[1]。可以说，要构建一个充满生机和活力、健康运行和秩序良好的社会，和谐社区的建设是一条有效的途径。

（2）社区公共空间的层次和分类

按照我国住宅小区规划设计规范，传统居住区结构是"居住区—居住小区—居住组团"模式，公共空间也按此分层分级设置。社区中心往往在形态上也是设置在居住区的中心位置，以达到理想的均衡性。但在实践的过程中，往往由于居住区尺度过大，造成它与城市之间的联系不畅，其公共空间资源也难以和城市公共空间资源相整合。同时，中心布置的住区公共空间由于其功能与住区周边的街区公共设施功能雷同，但在易达性上没有明显的优势，结果是社区中心缺乏凝聚力和活力。相应的中心公共空间的重要性下降，其形态也发生了变化，以往的团状的割据改变为线状的格局。

可见，传统的"居住区—居住小区—居住组团"空间模式不能适应现代城镇发展的变化，于是街坊型居住区开始出现并显示出它的优势。街坊式的空间布局采用周边围合或半

---

① 克莱尔·库柏·马库斯，卡罗琳·佛朗西斯 . 人性场所——城市开放空间设计导则 [M] 俞孔坚等译 . 北京：中国建筑工业出版社，2001：28.

围合形式，形成尺度适宜的院落公共空间，其构思灵感来源于传统的街坊尺度所营造出亲切和人性化的氛围。于是，"院落"成为"街坊"的核心，空间围合富有层次、外动内静，增强了居住者的归属感和安全感，保证居住区具有较强的私密性和可防卫性。其优点在于：充分利用住宅道路，街坊内为绿化和步行区域；形成连续的线性空间形态和亲切围合的住宅公共空间，有利于街景的营造和住宅公共空间亲和气氛的形成。

近年来，街坊式的布局以其更能体现空间的私密性和交通方式所带来的方便，在公共空间设计中逐渐受到越来越多的重视。例如：始建于2000年的番禺星河湾小区（图4-6），一期占地1200亩，分为6个街坊。在小区外围并没有设置关卡、围墙，住宅组团为城市支路所包围，组团居民的车辆由城市道路直接进入位于组团下的地下车库，而外来车辆就停泊在城市支路上的临时停车位。尽管临近道路，但围合的街坊组团处理使得住在这里的居民依然从容、娴静。而与此手法相近，并获得过1999年国家优秀工程设计金奖的深圳万科城市花园也同样是采用了半围合式总体布局而取得了较好的效果。此后，万科四季花城也是这种手法的延续与扩展，同样也受到社会的普遍肯定。

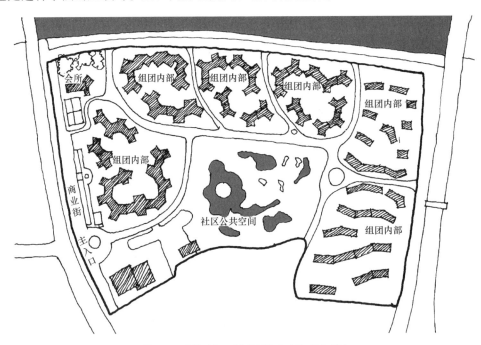

图4-6　星河湾一期总平面（作者自绘）

当然，社区中心应建成一个有机整体的由小到大的空间体系；它在形态层面上还可以是立体化的，包括地面空间、楼层空间和屋顶空间。例如地面公共空间包括居民生活广场、庭院和宅前宅后空间，是居民室外活动的场所。地面广场、庭院的功能主要包括：游戏、锻炼、休息与交往，还可以按各功能空间充分利用绿化以营造一种优美的环境。随着建筑用地的日趋紧张、人们交往活动需求的增加而底层架空部分也作为居住区公共空间的一种营造方式。从使用的角度来看，这类空间因易于到达、便于使用以及特殊的空间性质，其使用频率也很高，而且特别适合珠江三角洲地区炎热多雨的气候特点而得到广泛采用。例如中山石岐很多小区用平台作为架空联系走廊，底层设有公共服务商店，区内服务设施齐全，园林绿化优美，融生活、文化、休息服务于一体。另外，屋顶绿化也可以补充由于建筑所占用的绿地面积，以改善生态环境质量。而且，屋顶作为空中绿化场地的同时可作为公共活动和交往空间，也增加了建筑立体绿化的层次。

（3）社区封闭和开放的争议

随着我国住房制度改革、福利分房制度的结束，自主购房的市民把小区环境作为置业的重要标准。注重环境质量的花园社区受到购房者的青睐，逐渐衍生出强调居住区绿地的"封闭式"小区和"孤岛式"世外桃源的开发模式和理念。封闭式小区被广泛采用开始于20 世纪 80 年代初的美国，而它在我国的蔓延也十分快速，不仅是郊区新建大型住宅区的标准形式，同时也出现在市中心的旧城改造楼盘。据统计，上海 83% 的居住小区被封闭，而广东省的封闭小区则覆盖 70% 以上的城乡面积及 80% 以上的人口。

封闭式小区是指采用全封闭式管理模式，使小区的道路、绿化、公共设施等规划元素的使用独立于城市结构，通过自成体系满足小区居民领域感、安全感的需求。出于区内安全保卫的考虑，不但空间尽量封闭，设置围墙、隔断，在小区的主要出入口设置保安值守等管理手段，限制非小区居民进入。在规划上往往以小区自身功能和使用合理为出发点，强调小区独立与城市的封闭围合形态，因此与城市的边界被忽视、冷漠，变得更为不友好。

一个又一个封闭式小区建成并投入使用，逐渐引发了一系列的生活与城市问题，很多学者也对此进行了研究和批判。封闭小区的弊端，一是路网间距过大易造成交通堵塞，而且人们常常被迫要走很长的冤枉路才能到达想去的地方，更多的只是尺度夸大、无人的"人行道"，街道也就显得越来越没有吸引力；二是全封闭式管理难以形成良性的社会交流与互动，封闭式的街区不但使居住在其中的人们难于同外部自在地沟通，同时由于减少了入口而降低外出的欲望。一个隔离的社会环境中，社交距离产生成见及误解，时间长了将导致交流恐惧及产生更远的社交距离；三是公共设施的配置不合理，封闭式居住区附近的城市公共空间与居住区内部公共空间"各自为政"，界限分明，很少进行空间上的沟通，对游憩设施也没有经过统筹安排和合理分配，重复建设的现象严重。

开放式小区首先体现在较小的街坊尺度和较大街道密度有利于小汽车进入小区，改善了小区的交通状况，方便了住户的出行。发达国家的经验表明，人口高密度地区适当的人车混流、低速的汽车行驶不会妨碍街坊公共生活，反而有利于形成活跃的街坊周边景观。开放式小区可使公共设施城市化、社会化，可以根据周边情况补充、完善一些配套服务功能，形成与城市的互补与共享。

当然，开放式小区并不等同于放弃小区的安全性与居民的安全感。因为小区的安防改为以组团为防卫单元，将几栋住宅组成的建筑群封闭，设 2~3 个出入口，可以派人值守，也可以进行刷卡式管理。每个防卫组团门卫独立，设立的位置可使保安的视线既能到达内部庭院，也能兼顾公共道路及环境的情况。由于防卫单元小，使安防管理更有效、安全性提高；同时每个防卫单元（组团）由 100～300 户组成，由于居民对可享用的组团公共空间比较熟悉并互相了解，这种"防卫空间"产生的自然监视作用使得区域安全性更高。

社区的封闭和开放问题已经引起了广泛的争论，虽然居民开始接受的情况下开放式小区在不断增加，但总体来讲，目前封闭式住区空间还是占有数量上的优势。笔者认为主要原因可归为两方面：一是当前我国的住宅开发建设模式。在商业利益的驱动下和品牌竞争的压力下，房地产商往往是把地块围合起来加以精心打造、包装，期望产生最好的吸引力和销售。其二则来自转型期所出现的社会现象。人们的居住心理从最简单的寻找居所到希冀由此买到一个身份，为此开发商也常以最尊贵、最具个性的产品来吸引客户，要尊贵、要独特当然就要与他人保持距离；此外，转型期社会的动荡、贫富差距所造成的不安定感，也促成了居住区（不论大小，只要是一个公司开发的）都加以封闭，而且是用物化了的和高科技手段实实在在地加以封闭，以此使居住其中的人感到安全。

因此，要求所有住宅小区完全开放是不现实的，而部分有条件的社区公共空间对城市有限度的"分层次开放"是可行的。例如社区公共空间与道路绿地和街头公园结合，相互在空间视觉上形成贯通，在控制噪声、污染和限制外来人员出入的基础上适当允许部分城市活动的介入，并可以适当多布置一些健身、娱乐设施和场地。这样，有利于实现街道绿地和小区公共绿地在空间上的"双赢"；同时，在当前中国居住小区规模越来越大，社会生活难以封闭式小区普遍缺乏活力和生活气息的现实背景下，这种小区公共绿地对城市的有限度"分层次开放"策略会有一定的缓解作用。

4.4.4 新型公共空间的趋向与探索

由工业社会向信息社会的逐步发展过程中，城市理念的更新使近年来在城市规划探索方面出现了多元化的格局，也扩展到进一步运用现代高科技手段来对未来城市形体进行构想和探索。例如有的从土地资源有限的角度考虑，建设海上（底）城市、高空城市、吊城、地下城等；有的从不破坏自然生态的角度考虑，建设空间城市、插入式城市；有的从模拟自然生态出发，建设集中仿生城市等。这些构想在技术上仍处在探索之中，并带有一定的乌托邦色彩，但这些规划思潮的出现也带动了城镇公共空间设计的探索。

另一方面，由于生产力的提高、高技术的发展，现代建筑千篇一律、毫无人情味的弱点就显露出来，现代公共空间形态在考虑人类行为、情感、环境等方面的缺陷也十分明显。因此，目前珠三角城镇公共空间的建设仍以提高和改善城市物质空间环境质量为目标，强调形体环境设计适应社会文化价值、历史价值延续和发展。毫无疑问，注重人类情感的需求、依靠高科技手段、关注生态环境的思想是未来城镇公共空间发展的基本走向。

1. 新型公共空间的发展趋向

公共空间和公共生活之间的联系是动态的、交互的，新的社会生活形式需要新的空间。电视和互联网的普及使得公共生活深入到人们的居室空间，公共空间和私人空间往往相互交织在一起，公共空间的使用已经受到各种发展和变化的挑战。所以，随着人们生理、心理及精神上需求的增加与丰富，现代的城镇公共空间在继承传统空间形式及其文化内涵的基础上呈现出许多顺应时代生活发展需要的新趋势，例如：

（1）功能的多元化。休闲、多信息、高效率、快节奏的生活方式成为现代人所追求的生活目标，原来功能单一的政治性集会广场、绿化公园等已不再能满足现代人的生活需要，而以文化、休闲为主，其他功能为辅的多功能市民广场（公园）则取而代之。多样性功能越来越呈现一体化、复合化的趋势，并与城市其他体系紧密结合；各种年龄层次和背景的人们能在内进行多种多样的活动，公共空间因此变成了一个复杂多样的具有可塑性的环境系统。

（2）空间的立体化。随着科学技术的进步和处理不同交通方式的需要，立体化成为现代城市空间发展的主要方向之一。在现代城镇公共空间设计中，下沉式广场、空中花园、空中广场、地下步行街等多种空间形式都已出现。立体公共空间的出现为疏散人流、增加空间体验、丰富城市景观起了重要的作用。

（3）环境生态化。随着全球环境的恶化，资源的枯竭，生态和可持续发展已经成为时代的主题。由于我国人口众多，随着城市化的推进，区域环境面临的压力必将进一步加大。因此，中国传统的自然山水思想和现代生态思想的结合，建设生态化的城市公共空间环境，是新时代城市发展的出路，也是必然的选择。

（4）场所的意象化。场所既包括物质真实又包括历史，在场所内每一新的活动，在其中既含有对过去的回忆，也预示着对未来的想象。在今天的城镇公共空间设计中，注重表现地域文化和环境文脉，开始把民族文化形式尝试用于表达地方文化的内涵，力图创造一个具有清晰可识别性和深厚文化底蕴的场所。

2. 新型公共空间的探索

纵观珠三角城镇近年的公共空间建设和发展，虽然不能说进步巨大，但也是进行了很多更新和探索。在形态方面，有很多新的公园、广场、步行街类型，广场和公园也添加了许多现代的功能。在塑造场所精神这方面，中山岐江公园、南海千灯湖公园则进行了比较大胆的探索。

岐江公园是一个另类的反映工业特色的城镇公园，位于中山石岐城区西部岐江侧，占地约 10 万 m²，由一座破旧的造船工厂改造而成。首席设计师俞孔坚（哈佛博士，北京土人景观规划设计研究所所长）提出要保留原有造船厂的味道，采用现代景观语言改造成公园，并打破了一般"公园"或"园林"的概念，而是将之作为城市空间，为市民提供一个可达性良好的公共空间，而公园也渗透到了城市中（图4-7）。

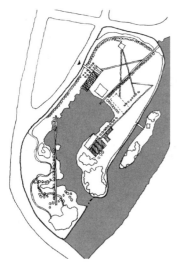

图 4-7　岐江公园平面及鸟瞰图（作者自绘）

图 4-8　岐江公园的工业及自然景观（作者自摄）

　　该设计通过对原中山粤中造船厂旧址的再利用，成功地完成了从工业废弃用地到市民公园的转变。特别是对场地中的自然与人文要素的保留、改造和再现，给予造访者独特的体验，也赋予公园强烈的场所精神。工业文明第一次在公园里得到追认并成为表现的主角，例如，整个钢铁厂的设施被部分保留而成为公园的景观，货运码头处的铁轨和龙门吊被保留下来单独展示，煤气厂的压缩机和涡轮机甚至被抹上各种亮丽色彩而一改曾经的灰暗形象。[①] 在岐江公园的设计中，很少运用公园里常见的园艺花木，而大量使用了乡土野草（如白茅、橡草和田根草等）来体现其自然性，通过与机器的强烈对比，成为营造公园

---

　　① 王向荣，任京燕. 从工业废弃地到绿色公园——景观设计与工业废弃地的更新 [J]. 中国园林，2003（3）：11-18.

历史与工业气氛的主要材料（图 4-8）。

　　岐江公园的反传统设计曾经一度引起业内争议，但建成后得到了广泛的好评。2002年 10 月，中山市岐江公园项目荣获美国景观设计师协会（ASLA）年度荣誉设计奖。属于本领域内国际最高奖项之一的荣誉设计奖，也是中国人和中国项目首次获得此奖，评委会认为岐江公园"建造在一片废旧的造船厂的场地上，反映了新中国成立后 50 年工业化的不寻常历史，设计保留了船厂浮动的水位线、残留锈蚀的船坞及机器等，很好地融合了生态理念、现代环境意识、文化与人性"。岐江公园是一个开放的公众场所，更像是一座延续地方文脉的城市艺术品，目前还变成了一个当地人婚纱摄影的最佳选择。

　　千灯湖位于南海区中心海三路至海五路之间的桂城城区中轴线上，总面积约 22 万m²；公园利用礌岗山和汾江河的自然环境，设计出一道从山到水，集园林亭阁、湖体灯饰为一体的水系景观，分为千灯湖区和市民广场区。千灯湖是由人工湖、历史观测塔、水上茶亭（12 座）、柏树茶店（5 座）、溪流（5 座，分别是知识、丰收、白鹭、凤凰、白鸽）、山上景观塔（六座）、南水门、二十一世纪岛、凤凰亭、凤凰廊、花迷宫等组成。此外，千灯湖还包括有湖畔咖啡屋、雾谷及观灯桥等附属景（图 4-9）。

　　千灯湖公园的设计特色，一是"掩体"式建筑，所谓"掩体"建筑，是沿山边建起的水泥混凝土建筑物的外墙和屋顶上填上厚厚的山泥，山泥与山岗连为一体，使商铺、卫生间等休闲功能建筑物掩盖在山体之下，成为山体的一部分，只有建筑物的大门面向湖体。这是千灯湖公园在建筑上的一大特点。二是大面积人工湖，湖体的面积约为 14 万 m²，沿湖岸水深均为 0.8～1.2m，中央最深处达 2.8m；在闹市中设置如此大的人工湖，在珠三角城镇近年公园建设中并不多见。三是灯饰，公园内最引人注目的景观是山顶上 6 座高28.5m 的大灯塔、48m 单跨钢拱桥以及 250m 长的廊架和历史观测塔；尤其是各色景灯1300 盏，通过一系列灯饰的合理组合和排布形成一个湖光山色相辉映，以绿树、茶亭、溪流点缀其间的休闲公园。

　　千灯湖是属于城市中轴线大型综合公园，建成之初就其形式、营造方法、设计理念等都有不少给人耳目一新之处。当然，对这些特别的设计形式（由外国设计公司中标）也产生了一些争议，既得到当地群众部分好评，又受到部分人批评。千灯湖公园规模宏大，围绕人工湖设有游艇码头、垂钓区，多人自行车环湖游等游乐设施，公园里的主要活动场地——市民广场是 2005 年亚洲艺术节艺术表演的主要会场之一。为了让更多的居民欣赏到湖光灯色的美景，千灯湖景现在免费开放。但是日间由于大树不多、遮阴地方少而使用人数不多；到了晚上亮灯之后，数千盏灯同时照耀湖面，流光倒影多姿，聚集活动人数迅速增加而热闹非凡。

　　由于 20 世纪 90 年代后国内旅游热潮，大大推动了珠三角产业性公园的发展，其中比较有规模和影响的是最早出现在深圳的民俗文化村和世界之窗等。① 据调查，近年来珠三

---

　　① 番禺曾经以旅游为产业发展的龙头，相继建设了飞龙世界、长隆野生动物园、飞图游乐园等大型游乐公园，但部分因经营不善而停业。

图 4-9　南海千灯湖公园（作者自绘）

角一些城市相继出现由企业建设和经营的游乐公园及文化旅游公园，这些集体与企业投资营建的公园，主要是将其作为一项旅游产品进行开发，或者作为一种盈利性娱乐场所。例如中山的詹园、番禺的宝墨园、长隆游乐园、顺德均安生态乐园等。

4.5　实例分析——佛山市公共空间演变

4.5.1　佛山市建制沿革与空间发展

　　佛山历史悠久、文化底蕴深厚，孕育了独具魅力的岭南传统文化。佛山"肇迹于晋，得名于唐"，早在秦汉时期已成为颇具规模的农渔业民聚居村落，又称为"季华乡"。唐宋年间，佛山的手工业、商业和文化已经十分繁荣，至明清时，更是我国"四大名镇"（湖北汉口镇、江西景德镇和河南朱仙镇）之一，也是全国"四大聚"（北京、佛山、苏州、汉口）之一。但到了清末，由于鸦片战争后大量洋货的冲击，佛山的手工业和商业开始衰落。1905～1949 年间，由于战争与半殖民统治，佛山几乎一蹶不振。

中华人民共和国成立后，佛山逐步恢复了生产和商业运作；特别是改革开放之后，生产力飞速发展，再次走到全国前列，成为全国城市综合实力 50 强之一。由于佛山市与广州相邻，因此佛山能充分接受广州的辐射和带动，与广州共享基础设施、交通网络、金融资本、人才教育、科技信息和市场服务等资源，实现联系紧密、产业联动和功能互补，共同构建"广佛经济圈"。佛山市在 2002 年进行了行政区划合并，现辖禅城区、南海区、顺德区、高明区和三水区。全市总面积 3875km²，2016 年常住人口 735 万人，其中户籍人口 385 万人①。据中国社会科学院发布的《2015 年中国城市竞争力蓝皮书》，佛山的城市综合竞争力在全国（包括港澳台）各大中城市排名第 11 位。

佛山又是珠江三角洲民间艺术的摇篮，孕育并保留了秋色、醒狮、舞龙、龙舟说唱、龙舟竞渡等大量体现岭南文化精髓的民间艺术及民俗活动；佛山还是粤剧艺术的发源地，著名的武术之乡、陶瓷之乡。佛山现有狮舞、粤剧、龙舟说唱、佛山木版年画、广东剪纸、石湾陶塑技艺、狮子头、香云纱染整技艺、祖庙庙会、秋色、十番、龙狮、灯彩等 13 个项目入选国家非物质文化遗产名录。俗语中"行通济、无闭翳"，始于清初，盛于乾隆年间的正月十六"行通济"这一传统习俗完好地延续至今，并逐渐被赋予了现代色彩，每年都有数十万群众参加。

2002 年行政区划调整后，佛山提出了建设现代化大城市的奋斗目标，确定了组团式现代化大城市的发展模式，即建设 2 个 100 万人口以上，5 个 30 万～50 万人口的新城区（简称"2+5"城市组团）的发展目标，各组团城市之间以现代化的快速干线交通网和高速信息传输拉近距离，形成紧密的联系。利用 2005 年、2006 年先后承办第七届亚洲艺术节和广东省第十二届运动会的机遇，佛山全面启动了构建现代化城市框架和雏形的十大工程建设，包括交通干线网路工程、城际快速轨道交通工程、生态环保工程、能源工程、现代化组团式城市建设工程、信息化工程等。目前，随着佛山"一环"城际快速干线的通车，中心组团城市建设呈现东平新城、千灯湖广东金融高新区、祖庙-东华里历史文化街区良好发展趋势，现代化大城市雏形初步显现。

根据佛山市规划局公布的《佛山市近期建设规划（2006—2010）》，佛山应与广州错位发展、优势互补，共建广佛都市区。② 初步形成紧密联系的组团城市新格局，基本建设成为城市功能完善、产业重点突出、生态环境良好、社会稳定和谐、水乡特色鲜明、历史文化底蕴深厚的现代化大城市。

4.5.2　禅城区的公共空间建设

在佛山市的城市发展过程中，禅城区作为中心城区，必然是建设的重心所在；强大的

---

① 资料来源：佛山市政府网，http：//www．foshan．gov．cn。
② 资料来源：佛山市规划局网，http：//www．fsgh．gov．cn/News．aspx？id＝20081008150329。

经济实力加上丰厚的文化底蕴，其公共空间的建设也将成为积极的示范作用。近期禅城公共空间的建设重点在三个方面，包括老城区公共空间的保护更新、新城区核心公共空间建设、城中村公共空间融合，如图 4-10 所示。

1. 老城区公共空间的保护更新

佛山老城区现存文物古迹多，另外也建设了不少现代公园，包括季华公园、亚洲艺术公园、儿童公园、文华公园、五峰公园、中心公园、滨江公园等（图 4-11）。所以老城区古建筑文物保护的压力比较大，同时公共空间的更新如何体现时代精神，也是一大难点。例如：

图 4-10 禅城公共空间建设重点区域① 图 4-11 佛山老城区公共空间分布（作者自绘）

（1）重点保护祖庙东华里历史文化街区；开发利用佛山祖庙及旧城风貌旅游区，构建文化、购物、美食街区，建设古文化一条街。并改建成新的庙会广场，成为佛山老城的主要入口节点（最近政府已经公布祖庙片区的保护更新方案，在此不作详述）。

（2）保护巷道肌理的完整性，控制主要街道宽度及重点保护汾宁路段骑楼街。

（3）改造市东路、卫国路、祖庙路断面，增加绿化，形成"绿色栅栏"。

（4）改造现存河道（例如汾江河），通过"印象"式的设计，恢复水乡河道的历史记忆。

2. 新城区核心公共空间的建设

由于禅城旧城区用地紧张，建筑密度高，交通拥堵不堪。所以在佛山新的城市区划调

---

① 根据佛山市城市总体规划绘制。

整后，就开始了新城区的开发和建设；目的是疏解旧城，建立新的行政、文化和商业中心，并带动周边地区的发展。佛山市中心组团新城区规划范围面积为 43.3km^2，核心区域设计范围面积为 18.2km^2 将建设成新的商贸金融、文化体育、休闲娱乐和信息服务中心，并在 2004 年针对该区域举行了一次国际城市设计竞赛。

　　该项国际竞赛最后采纳了美国 SASAKI 公司的设计方案（图 4-12）。其特点是：
(1) 依托东平河设置跨越两岸的中央公园，可作为城市标志和城市中心的凝聚力所在。(2) 中央公园北联行政中心，南接文教科研基地，形成带状城市轴线（约 600m 宽），是佛山传统城市轴线的延续。(3) 金融商业建筑布置在带状轴线两侧，成为核心区复合功能和持久发展的动力。(4) 沿东平河水道设置滨江休闲区，在开阔的绿色空间中布置多种文化及休闲设施，体现水乡风情。(5) 南北设置一系列线型绿带联系东平河滨水绿地和中央公园。

图 4-12　核心区总体规划图①

SASAKI 方案融世界先进的规划理念和佛山宏伟建设构想于一体，展示了未来佛山中心组团新城区的美好图景。该规划理念较为完整，城市设计独具特色、形态良好，尤其是对城市生态和绿化景观方面考虑周到。以滨河绿地景观和南北中心轴中央公园为整个城市景观的核心构架，设计理念符合世界城市规划潮流；对中心绿地的可达性以及人车分流的交通组织等问题考虑得比较细致；在北岸设立行政中心、南岸设体育中心的想法有一定的现实性；各类公共建筑沿河和绿轴布置，具有良好的城市景观效果；对地形、地貌、历史文化有一定的调查和分析。

3. 城中村公共空间融合

　　由新城区建设的现状来看，营造宏伟的核心区公共空间是重点，但如何与南部五个城

---

　　①　资料来源：佛山市新城区中心组团国际竞赛方案。

中村公共空间进行融合是难点。而且，村落的部分用地已经改为钢铁商业城，经济效益可观，将会大大增加城中村的改造成本。这五个现存村落分别是：腾冲村、荷村、大墩村、小涌村、岳步村（图4-13）。

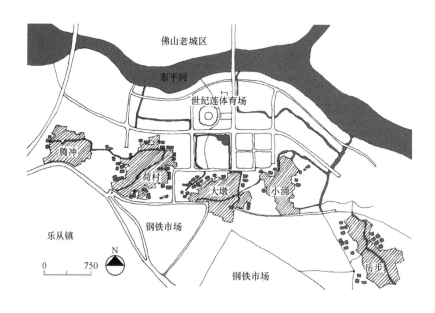

图 4-13　新城区与村落关系图（作者自绘）

公共空间改造设想：城中村是城市用地不完全城市化的产物，由于土地所有制的差别，城中村内部"抵御"了城市化浪潮的"侵袭"，村落大部分历史建设用地和村落原始形态基本保留了下来。[1] 因此，城中村的公共空间形态基本还是传统形式，例如水系、埠头、祠堂等，现代形式的公园只有在荷村有一个。但是，在巨大的出租屋需求下，很多村民拆掉原有一两层的旧房子，甚至侵占空地，违规建起了六、七层高的混凝土楼房；令村落建筑密度远远超过原来状况，公共空间日渐减少，质量也不断下降。有鉴于此，城中村必须对传统公共空间进行保护、改造，提高质量，以免村落的衰败。

（1）改造主体和原则：根据有关城中村的研究和日本传统街区的重建经验，应该积极推动村集体进行自主、自愿的改造。为解决资金筹措的难题往往由开发商主导城中村的改造，但广州的经验已经表明必然会出现越改越密和新旧混杂的问题。

（2）道路、水系、河岸改造：主要包括改变原规划平直的道路网、水体的净化工程和河岸的绿化改造。其中，以大墩村为例，利用现有水系、池塘环绕村落形成一个城市与村落的缓冲绿化空间，作为公共空间融合的一个主要手段。这种水系、河岸的实施，并附以一定的文化活动（例如龙舟比赛），可以让市民认识传统的村落形态与现代景观的对比，同时展示水乡特有的风情文化（图4-14）。

---

① 李俊夫. 城中村的改造［M］. 北京：科学出版社，2004：129.

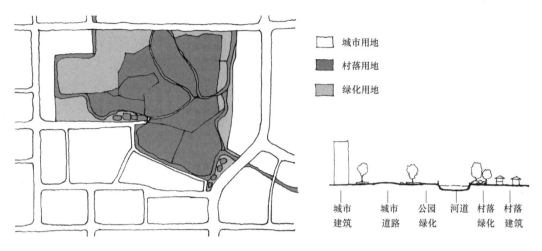

图 4-14　城市与村落空间过渡（作者自绘）

（3）重要节点实施：由于村落中建筑拥挤、现存公共空间数量不多，所以实施的重点应该在滨水绿化区（即城市与村落的过渡区）、村落中心和入口空间（图 4-15）。一些旧建筑、祠堂、寺庙应保护翻新，形成局部空间的标志；还可以在街道上局部空间增加一些活动设施，方便居民使用。

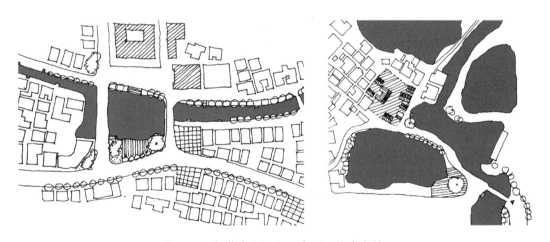

图 4-15　村落中心及入口布局（作者自绘）

（4）民俗保存和发展：继续保持和发扬赛龙舟、粤剧表演等民俗活动，适当增加平时的非节庆活动，例如看露天电影、球类比赛等。同时，逐步吸收外来人口所带来的民俗习惯，进行融合创新，提高村落所有居民的参与度，以创造和谐社区。

4.5.3　大良建制沿革与空间发展

顺德县始建制于明代景泰三年（公元 1452 年）农历四月二十七日。建县之前，其为禹贡扬州之域。唐天宝元年，属南海郡。明朝经历了黄萧养之乱后，南海父老罗忠等上书称："县十一都，五百有二里。……大海弥漫，民彪悍，易为乱，愿自为县，城大良，以统治之"①。三年，县成。建县后，迄至清末均属广州府管辖。民国初年隶属粤海道，民国8年（1919年）废道后直属广东省管辖。

大良城区在宋代时已有村落，以后不断扩大，自顺德建县以来一直都是县城（图4-16），因此其在县域政治上的核心地位是无可置疑的。所在的大良堡地，其聚落形态及其土地利用的景观构成完全体现了其作为"城"地所在的特性。立县之初，大良东、南、西、北"周围一千四百八十六步，计地五顷七十一亩"，皆为罗忠等捐的税地，同时所有的城池、衙宇、仓库等，亦为罗忠等所捐筑。由此可知，当时大良城完全是从上至下的新城建设，可谓极尽一方之力。

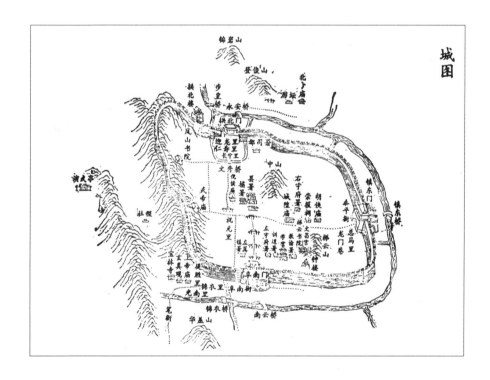

图4-16 大良古城图②

民国以后，随着商品经济的进一步发展，珠三角城镇的空间格局也急需向外扩张，而首当其冲的便是作为中国封建文化象征之一的城墙。据相关资料记载，民国初到20世纪二三十年代，珠三角的许多府州县城掀起以拆城墙、开马路为主的市政建设潮；大良的城墙，也在这一时期被拆除了。民国10年，由当时的县长周之贞带领下拆城墙、修筑马路；

---

① 清乾隆. 顺德县志. 卷三.

② 清咸丰. 顺德县志.

但因资金缺乏而中止，拖延 8 年后才筑成环城马路。以拆除大良古城墙，建环城马路为标志的城市化冲击，可以说是改变大良城原有发展模式的开始。[①] "民国 19 年（1930 年）修筑碧鉴路、鉴海路、华盖路、阜南路。民国 21 年兴筑县前路、县东路、县西路、文秀路、果栏路"。[②] 当时修筑的道路使得原来狭窄的街道具有一定的车行能力，但宽度也仅为十多米，路面质量也比较差，一旦下雨则泥泞不堪。在果栏路、华盖路沿街还出现了骑楼建筑形式，成为后来步行街改造的基础。

4.5.4　大良传统公共空间系统分析

考察大良城的建制与发展，可以发现除了经济和政治制度所限，还受到自然地理条件的影响、风水理论的影响和儒家思维方式的影响。根据公共空间系统分级，本书把大良古城的公共空间分成三个层级来研究。第一层级（区域级）是指大良堡整体层面的公共空间，即大良城与周边自然村落之间的空间，主要类型是墟市和寺庙，还有埠头等。第二层级（城镇级）是大良城内部的公共空间，即所有官方公共建筑、巷道，以及市场等属于城镇内部空间的场所形式；而这一层级还包括城镇的结构、秩序等内在的结构层次，对于它的分析有助于我们更清晰地了解城镇的空间脉络。第三层级（居住级）是住宅邻里层面的公共空间，这部分的空间区域所指是民居组团以及组团所形成的街坊，还包括院落内部的天井及庭园空间；这部分半私有形式的公共空间是研究城镇公共空间系统的最小单位。这三个层次由大到小，由外到内，用系统的观点将大良传统城镇的公共空间系统性的完整剖析，具体如下：

1. 区域级公共空间

由于城外以大片的居民区、墟市为主，大良堡整体层面的公共空间主要是墟市，当然也产生了庙宇、祠堂、社学等（图 4-17）。[③] 在明清两代，通过河运贸易和商品性农业的发展，墟市的出现和繁荣在顺德地区是一种普遍的现象，也造就了大良境内三墟六市。清乾隆十三年（1748）又开新墟，很快发展为一个"商贾如云"的大市镇。[④]

立县之初，顺德全县仅有大良城有固定的集市四处，分别为南门、东门、北门、碧鉴；至清代，随着城市向外的扩张，在城池之外，墟市大量增加。例如清代雍正、乾隆年间大良城及周边地带有墟两处，分别为庵前墟（在锦岩山麓）、碧华墟（在碧鉴海旁），另

---

① 沈静. 经济发达地区小城镇土地可持续利用研究——以顺德市为例 [D]. 广州：中山大学，2000.
② 顺德县志 [M]. 北京：中华书局，1996. 县前路、文秀路、果栏路等保留至今.
③ 当时大量的祠庙，如：文武庙、天妃庙、主帅庙、北帝庙等，多在城池之外，东、南、北三区.
④ 据历代县志统计，嘉靖年间，全县仅有墟市 11 个；万历年间，全县的墟市增加到 44 个；清雍正、乾隆年间，全县有墟市 50 个；至咸丰年间，境内有墟共计 59 处，市 29 处；光绪年间，由于蚕茧贸易的繁荣，又增加墟市估计超过了 60 处.

有栅口墟，跨大良、古楼两堡间；有市五处，分别在东门、南门、北门、伏波桥东、和南门迎恩桥下；光绪年间，因为顺德成为省内蚕茧业贸易中心，大良又增加了细墟、大墟、上街墟（城东上街庙）以及一些专业的市场，如鱼市、桑秧市、蚕市、蚕纸市，均位于城南下河口与伏波桥下[①]。

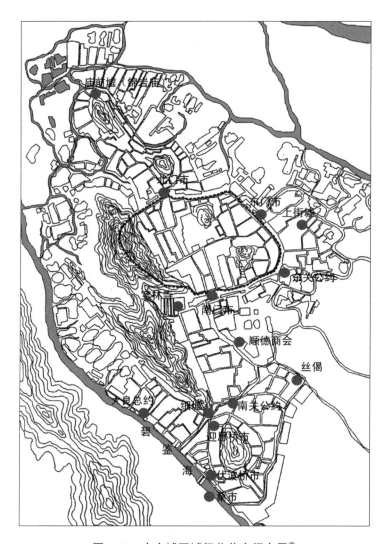

图 4-17 大良城区域级公共空间布局[②]

从墟市的类型来看，除城南鱼市及伏波桥下的桑秧市、蚕纸市、茧市为专业市场外，其余多服务于城镇消费。同时，其专业市场与遍布于县域内的其他村堡的专业市场相比很少，因为城内多居有本城官吏、富户及他乡迁入之绅贾，本身就有着很大的消费市场。从墟市的分布来看，这些"片"状的商市空间或位于城关处，或位于城池以外，南、北方向

① 莫浙娟. 解读明清顺德大良城 [D]. 广州：华南理工大学，2005：50-55.
② 作者自绘，底图描自民国版《顺德县志》.

上居民点密集、交通便利之处。形成这样布局的原因主要有三个：（1）大良城池规模小，功能以县署、学宫等公共空间为主，居民区的面积并不是很大，而大规模的居民点聚焦在城外，所以商市与居民区往往随行；（2）大良周边多水路、桥头、津渡，由于其交通便利、人流量大，所以城南地区集墟、市多处；（3）城北的锦岩庙香火鼎盛，往往吸引善男信女的聚集，成为"岭南一名区也"[1]。

除了各种墟市，大良城外还有一些重要的乡约、公约，以及寺庙。明代顺德的宗教，以佛教为最突出。例如大良西山下的西华庵、北门外的锦岩庵、古楼的金城寺等。明代在南门外凤山之麓的宝林寺，是顺德设县前已存的名刹。"宝林禅寺，创自南汉之世，其始海滨孤寺耳"。[2]可以说是先有宝林，后有顺德。刚刚开县之时，宝林寺便是顺德邑地最为重要的聚集地；每逢"开读诏书"，或其他重要的庆典活动，官吏、乡绅等必聚于此，于是逐渐成为重要的公共空间。

2. 城镇级公共空间

大良"城池十郭地"的范围并不大。清末民初时期，建成区（含山体与水体）大概仅为 5、6 个城池面积那么大，而城池面积也只有 30hm² 左右，所以估计建成区面积在 150～180hm²。城池区域集中了大量的行政、军事、礼制、宗教、文化等功能的建筑（群），以及一小部分的居民区。由《城图》中可以看到，基本呈散点状布置的众多礼制、宗教与文化建筑（图 4-18）是城镇精神的核心，体现了一种无形的控制力。同时，这些重点建筑物在整个城镇空间形态的构成中又是景观实体要素和视觉焦点。

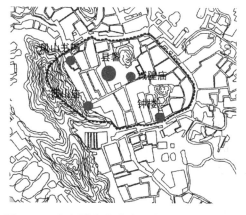

图 4-18 大良城内公共空间布局（作者自绘）

（1）县署。立于县城的核心位置，型制基本沿袭自明代，在清代只是略有改建与加建，形成全城中心建筑群（图 4-19）。这个空间的"中"位既是空间上的核心，又是权力的中心，从而把视线的中心与观念上的中心结合在一起，加强了尚"中"的涵义。城在南有"阜南门"，设"左翼镇署"；在东有"镇东门"，设"右守府署"；在北有"拱北门"，设都司署；三方"府署"，皆为掌管军政的官署，结合城关之设，控制"一门、一方"的治安与对外防卫。

（2）祠堂庙宇。祠堂是宗族行使权力、举行仪式的场所，大量祠堂的建立标志着宗法制度成为管理民间事务的最直接一级的"机构"。明代大良堡祠庙已经数目众多，但在城池中却数量不多。例如：关帝庙在县城凤山下、城隍庙在县治左、胡候祠与崇报祠在县治

---

① 乾隆五十一年，锦岩志略.

② 清咸丰. 顺德县志. 卷十六.

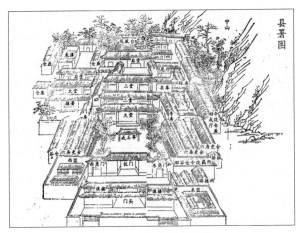

图4-19　大良县署图①

东等。大良县属左为城隍庙，因为城隍被赋予城市守炉神的面目与功能，御灾难、安生聚、庇百姓，城隍庙亦就因此成为一个城市不可或缺的祭典场所。"城，以盛民也"，"隍，城池也。有水曰池，无水曰隍"。可见城隍的祀典与后世的高城深池，捍外卫内功能是密不可分的。

清代大良城只设东、南、北三个城门，而西山庙在西边前设广场，成为城池形式上的西关，是大良城镇级公共空间识别体系的特有标志物。西山庙始建于明代嘉靖二十年（1541年），历代均有维修拓建，逐渐成为县中著名的风景名胜点。"筑城之初，拟开西门，跨西山而下抵金榜，凿山为道，得大刀，有'青龙偃月'字，青乌家谓邑不利于西，可创关帝庙镇之"。②现存西山庙为清代遗构，四合院式庙宇建筑。山门为牌楼形式，面阔五间；前、正殿建筑属硬山顶，小天井附歇山式香亭一座；殿堂是抬梁式木结构五架梁（图4-20）。

图4-20　西山庙平面及山门③

---

① 清咸丰. 顺德县志.

② 清咸丰. 顺德县志. 卷五.

③ 顺德规划设计院测绘图.

（3）书院。顺德早在宋代便有书院多间，立县后，又很注重立国以人才为先，故书院之建设更盛。大良最盛名的书院为凤山书院（图 4-21）、梯云书院（图 4-22）。梯云书院，在城内梯云山麓，乾隆十四年捐建，与文昌宫合设。"到宋代，儒、释、道三教相互融合……对中国传统建筑文化产生了重要的深刻的影响"。①因此，梯云书院与文昌宫合设可以说是建筑与文化上"儒、道合一"的表现。除书院以外，大良还有义学与社学，多建在村堡之中。

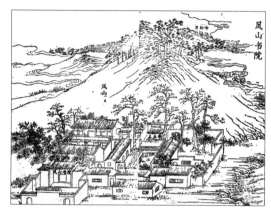

图 4-21 凤山书院②   图 4-22 梯云书院③

3. 居住级公共空间

居住区级的公共空间，一般指社区组团内部的街道空间和住宅庭园等。由于大良商业发达，商业网点深入居住坊巷，根本上改变了商市、与居民区的分布格局以及组织方式；因此街道与商业紧密结合，纵横交错，成为大良居住级公共空间的一大特色。

另外，大良作为邑地城治所在，多富商、官吏、文人，因此流行构筑私宅园林。据史料记载，至清末，顺德园林建筑计有 68 处，其中有大良清晖园、帆园等 16 处，陈村有玩芳园等 19 处，龙江有梅花庄等 7 处。④明清大良城不仅园林之多，而且可以说囊括了各种不同类型的岭南私家园林，且造园手法极为成熟。例如岭南园林最常见的布局方式：建筑绕庭、前庭后院、前宅后庭、书斋侧庭等，这些都可以在大良找到个例。⑤

大良城南有清晖园、飞盖园和澹园。城北亦有园林三个：帆园、石湖别业、慧花园。其中帆园是当时岭南园林中的佼佼者，其精美程度甚至超过了清晖园。帆园的整体格局

① 吴庆洲. 中国传统建筑文化与儒释道"三教合一"思想［J］. 建筑历史与理论，第 5 辑，中国建筑学会建筑史学分会编.

② 清咸丰. 顺德县志.

③ 清咸丰. 顺德县志.

④ 谭运长，刘斯奋. 清晖园［M］. 北京：人民出版社，2007：91.

⑤ 陆琦. 岭南造园艺术研究［D］. 广州：华南理工大学，2002.

为：环园皆水，自园门曲折而入，绕径池旁，达东白堂（此堂应为园之主体建筑物）；堂前为池，去堂前数十武，面北为森玉亭；折西而渡小桥面，至涣翠亭，亭在水中央，亭前石湫小台，旁植一水松，可憩数人，非船莫渡；亭右一径，外一荷池；迤北一桥，西行数武，有水栅筑立，仰视响云楼，登眺，可见外为一河环绕，有帆影。帆园的布局和余荫山房相似，均采用建筑绕庭的方式，且可能规模比较大。园中筑"高楼"，轩、亭边设于水庭，池中植亭等造园手法，都充分体现了岭南造园的特色。[①]

由于大良城内居民不多，城外居民也因墟市的布置而集中在城南一带，城东居民不多。但城东却集中了很多达官贵人，庭院建设形式各异，互相攀比。例如严大昌建的不窥园、无倦室、独醒斋，严仪生建的大园、无邪斋、绿琴轩等。由于这些园林建筑，普遍规模大于普通民宅而且多就园主意志而建，因此造成城东街区肌理极不规则，交通不畅。

4.5.5 大良现代公共空间概况调查

本书第 2 章第 4 节对大良古城的传统公共空间作了分析调查，对其分布、形态、特点有了一定的认知；在本节，将运用现场调查和使用后评价（POE）的方法，对大良现代公共空间的发展和使用情况进行详细评价。[②] 最后针对几个主要公共空间，简述对设计及服务的改进建议，以使该环境成为能满足人们使用和享受的空间。

城市化的过程首先体现在城市面貌的改变和公共空间的不断增加，新建的城市广场、公园、商业街、滨水景观带等大大改善了城市空间环境质量。那么，在经济发展的浪潮中一直走在前列的顺德，是否也在城市化过程中起到了示范作用？其公共空间的建设又有何特点和不足的地方？市民生活水平的提高对城市公共空间的要求及其发展水平是否相一致？因此，本次调查从大良入手，透过对已建成公共空间的实地调查和使用后评价方法，结合城市更新的相关理论分析其发展规律和特点。并重点对城市广场、步行街、公园这三种主要的公共空间进行个案研究，总结其实践经验和教训，对珠江三角洲地区中小城镇公共空间的建设发展具有一定的指导意义。

1. 调查的目的和方法

本次调查的目的：通过考察大良镇（街道）内的步行街、公园、绿地和广场，研究其城市公共空间是如何发展、更新的，及公共空间的使用成效——即该空间满足人们行为活动的水平和效率。本次调查的评价指标包括"使用度""满意度"和"愿望度"，以使用者的行为活动与心理需求作为参照系，从多层面、多角度加以综合评价之后，再反馈回后续

---

① 清咸丰. 顺德县志. 建置略.
② 使用状况评价是一种利用系统、严格的方法对建成并使用一段时间后的建筑（户外空间）进行评价的过程。POE 的重点在于使用者及其需求，通过深入分析以往设计决策的影响及建筑的运作情况来为将来的建筑设计提供坚实的基础。

的建设与管理工作中，从而有助于政府部门真实了解公共空间环境质量的成效，及时发现问题并加以解决（图 4-23）。作为评价使用成效的参照系，应当通过对一定数量、不同年龄段和文化背景的使用人群进行随机抽样调查，以及对公共空间作周期性观察统计得以建立，它由以下几个方面共同组成：

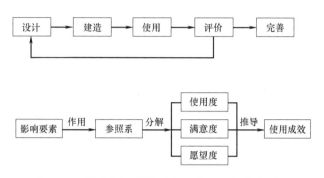

图 4-23　调查与评价的流程示意图（作者自绘）

（1）使用度。它包括被调查者在某个公共空间中每次滞留的时间；在一定时间内被调查者光顾某公共空间的频率；在一定时间里进入某个公共空间的总人数。

（2）满意度。指人们对某个公共空间是否满足他们使用所需，以及满足程度的内心感受，它体现了空间的环境品质同人们活动的密切联系。

（3）愿望度。指人们是否愿意在某公共空间内停留一定时间，或是否愿意再次光临同一处活动空间。它反映了公共空间对人们的吸引程度和人们使用它所耗成本的共同作用。[1]

本次调查的方法：统计城市公共空间内步行的人数及参与的活动类型，主要发生的文化活动和事件的数量、特点。数据是通过现场观察和记录每隔一小时人们在该区域逗留的情况而获得，另外还针对主要的城市广场（钟楼广场、德胜广场）进行了问卷调查，以了解更详细的情况。通过参与观察对空间进行的评价，每次考察场地时，非正式地与两三位典型的使用者交谈，例如：稍事休息的办公职员，时间充裕的老人，在此休息的购物者等。丹麦教授杨·盖尔说过"判断城市质量高低的方法不是观察有多少人在步行，而是调查他们是否把时间花费在了城市中，如停留、观望，或坐下来享受城市、风景和纷繁的人群"。[2]

本次调查的时间：集中在 1 月份（冬季）和 8 月份（夏季），覆盖南方地区两个重要的季节。具体时间是选择每个月每周一个普通的工作日和一个周末（周六或周日）天气比较晴朗的日子，时间段是 8：00～18：00，因为预期这些时间活动也是最多的。[3]

① 周振宇. 城市公共空间使用成效评价及应对策略［J］. 新建筑，2005（6）：50-52.

② （丹）扬·盖尔，拉尔斯·吉姆松. 公共空间·公共生活［M］. 汤羽扬等译. 北京：中国建筑工业出版社，2003.

③ 调查方法参见：陈建华. 珠江三角洲地区休憩广场的环境及其行为模式研究［D］. 广州：华南理工大学，2003.

2. 现状调查

大良城区面积（含新城区）约 80.3km²，常住人口约 19.65 万人。传统的地缘优势、深厚的历史文化底蕴、发达的教育水平、高素质的人才等都是大良文化的优势。但由改革开放到 90 年代末，大良城区发展缓慢、市容脏乱差现象严重，与其经济实力和政治地位不匹配。因此，大良从 1996 年开始启动旧城改造运动，并在此基础上于 2002 年提出"文化凤城"的概念，着力构筑新的城市品牌，迈出了城市更新重要的一步。

在城市空间的改造与升级的过程中，大良在城区中心的商业黄金地段相继建起了一批文化设施：钟楼文化广场、梁球琚图书馆、致尚美术馆、凤城影剧院（改造）、少年宫、凤岭公园、老人活动中心等。顺德历来以水乡闻名，所以近年大良投入得很大进行了大良河、桂畔河的沿岸整治、污水集中处理等工作。另外，桂畔河两岸改以建设公园绿地为主，辅以亲水步行道、活动广场、钓鱼游船等活动设施，增强了人居环境的活跃因素。在短短的几年内使城市总体形象有了很大的变化。

根据对大良现有的公共空间实地调查（图 4-24），大良的公共空间形态多样，有带状公园（桂畔河公园）、城镇中心广场（钟楼广场）、自然风景公园（锦岩公园、凤岭公园）、区域组团公园（新桂公园）等，也有中心步行街（华盖路）。从表 4-4 可知，大良的公共空间总数为 22 个，其中公共绿地、街心公园 20 个，广场 1 个，步行街 1 条，加上道路、

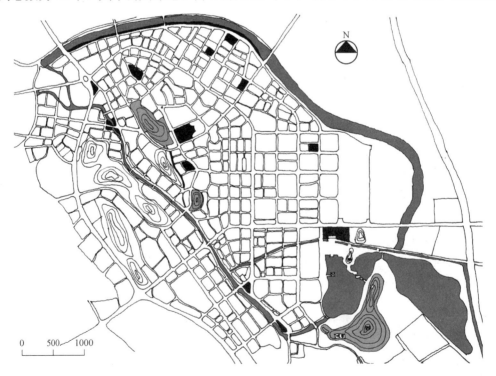

图 4-24　大良主要广场、公园分布图（作者自绘）

山体等总绿化面积约 122hm², 占大良旧城区面积 1580hm² 的 7.7％。从顺德区"青山、碧水、蓝天、绿地"环保工程（2006～2010 年）的统计数量来看,[①] 在全区 10 个镇（街道）中大良城市绿地的面积最多，其中新城区已建成的数量不多，但面积规模都比较大。

大良城区公园绿地、广场统计 表 4-4

分区情况	主要公园绿地名称	编号	面积(m²)
大良城区 北片绿化	桂畔海公园	1	84316(一、二期合计)
	新桂公园	2	17660
	丹桂公园	3	10115
	云桂三街公园	4	2618
	云桂公园	5	9524
	新宁公园	6	11956
	夏园	7	5328
	秋园	8	3567
	桂南公园	16	16748
大良城区 南片绿化	春园	9	4621
	冬园	10	4646
	牛岗公园	11	13763
	车站边绿化	12	9090
	龙的酒楼对开绿地	13	11884
	金桔咀公园	14	11744
大良德胜	顺峰山公园	15	5472940(含水面)
大型公园 广场	红岗公园	17	40517
	钟楼广场	18	61072
	顺德立交绿地	19	109122
	锦岩公园	20	10617
	凤岭公园	21	146183
步行街	华盖路商业步行街	22	638m(长)

3. 小结

通过对主要几个公园、广场（钟楼广场、新桂公园、桂畔海公园、顺峰山公园、凤岭公园）的使用状况调查分析可知（详见附录 2），目前大良绿地、广场的主要使用人群为老人、青年人，主要使用时段为下午 16：00～17：00，主要活动为散步、交谈（图 4-25、图 4-26）。城区公共空间具有以下几个特点：（1）公共空间的数量不少，但是面积不大，

[①] 顺德区"青山、碧水、蓝天、绿地"环保工程（2006～2010 年）方案 [J]. 顺德政务，2007（7）：30-35.

人均占有率偏低（约 8.13m²／人）。（2）形态多样，在旧城区内的分布相对均衡，与人口密集区吻合度较高。（3）公园多以绿化为主，各项设施未够完善，运动设施相对缺乏（只有四个公园配置了篮球场及少量健身设施），居民普遍反映需要增加运动设施。[①]

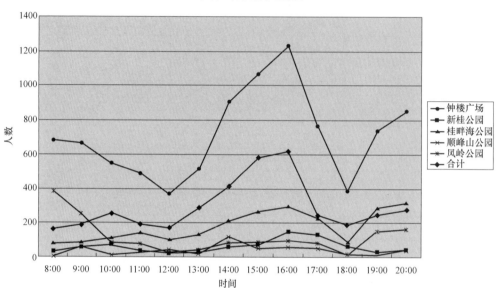

图 4-25 各主要公园、广场人数统计（作者自绘）

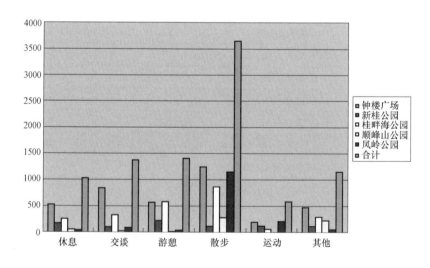

图 4-26 各种活动人数比较（作者自绘）

---

① 2008 年初才建成的桂南公园、桂畔海公园南延段、云桂公园已经注意设置了运动休闲设施，新增加 4 个篮球场。

4.5.6　大良现代公共空间形态演进

大良城区的公共空间改造、重建工程已开展数年，取得了一定的成果。本次调查除了在整体上了解其基本概况，更重点考察了几处重要的有代表性的公共空间，如中心广场、步行街和自然公园，详细介绍其建设过程和形态演进，如下：

1. 钟楼广场

（1）概况。钟楼广场（图 4-27）占地 6.1hm²，位于大良城区中心，原县政府南面；是由原来的政府运动场改建而成，因广场东南角有一保留历史建筑钟楼而得名。钟楼是顺德的一处古迹，始建于明嘉靖三年（1524 年）；楼上大钟是清乾隆二十九年（1764 年）重铸的，而原有钟楼早已损毁并于 1985 年由当时的县政府拨款重修（图 4-28）。

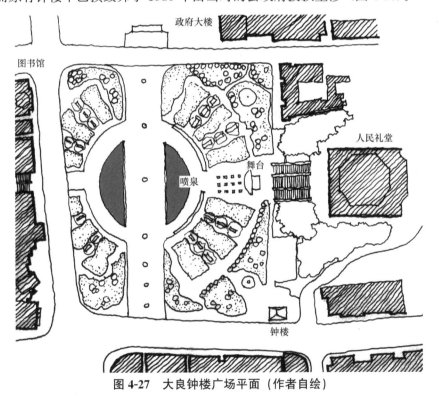

图 4-27　大良钟楼广场平面（作者自绘）

钟楼是基座以红砂岩砌成的两层双檐、楼上为十二檩四面出廊式结构，下开拱道贯穿东西。原有的政府运动场为 400m 标准场地，附设有文体局办公楼及运动辅助用房。广场的东侧山岗顶原为政府人民大礼堂，后改建为工业产品展览馆；广场西侧凤岭山上有西山庙和革命烈士纪念碑等文物古迹。钟楼广场于 1994 年 3 月开始改造，同年 12 月建成。

（2）改造内容。主要是拆除原有的政府运动场及其附属设施，改成设有中心音乐喷泉、表演舞台和集中绿地的广场，广场南侧的梁球琚图书馆也搬迁到广场西侧而令广场空间更完整。建成后的广场北面是市政府，西面是凤岭公园、西山庙和文化建筑，东面是半山人民礼堂，南面是城市商业建筑。广场以轴对称的图案化处理手法强调中心感，中央正对市政府是一条宽约 24m 的甬道，连接广场中心的两个半圆形水池，水池外围是柱廊。由廊和水池限定的圆形区域，虽然被甬道一分为二，但是"核心"的概念依然强烈。广场的绿化是整个广场图案的底纹，辅以放射形的绿化间小径而构成了花纹的绿色地毯（图4-29）。2002 年在推广全民健身运动的风潮中又在广场东北侧增加了健身设施，东南侧的绿地则改建为儿童游乐园，进一步丰富了钟楼广场的功能。

图 4-28　1985 年重建后的钟楼①

图 4-29　大良钟楼广场鸟瞰（作者自摄）

　　（3）改造效果。建成后的钟楼广场较好地发挥了城市客厅的作用，在这里可以举办各种的文化活动（表 4-5），逐渐凝聚成了顺德人心理上的城市中心点。本次调查我们还进行了街头访问和问卷调查，主要考察钟楼广场建成后的使用效果。这项调查是在 2007 年3 月 10 日（星期六）进行的，共成功访问了 100 人次，其对象是在广场上随机挑选的行人。调查结果显示市民对广场的认知度比较高，多数人比较满意这里的环境和设施（另见附录 3、附录 4）。

2005～2006 年钟楼广场主要活动② 表 4-5

年份	日期	活动	详情
2005 年	3 月 19～20 日	"健康·维权 3·15"宣传咨询活动暨"诚信加盟"活动	
	5 月 1 日	中国联通大良五一文化广场活动	
	5 月 21 日和 5 月 28 日	分别在钟楼广场举办的顺德残疾人工作"十五"成果展、书画展和书画义卖、工艺品义卖、企业捐赠物品义卖	

---

①　来源：顺德档案馆。

②　根据不完全资料统计，2007 年国庆和 2008 年春节活动详见附录 3、附录 4。

续表

年份	日期	活动	详情
2005 年	6 月 17 日	"信合之夜顺德戏曲新作巡演"活动	
	7 月 22 日晚 8 时	"中国移动映万家"电影启动仪式	放映抗战影片《举起手来》
	9 月 17 日	"2005 年中国质量月暨顺德名优企业展示"活动	
	11 月 11～17 日	第七届亚洲艺术节	巡游、文化展示、电影、音乐表演
2006 年	1 月 14 日上午	"2006 年元旦春节'春风送温暖'活动启动仪式"盛会	
	1 月 14 日晚上	"'卡拉 ok'大家乐暨法律知识有奖问答晚会"	
	2 月 12 日	欢乐闹元宵	
	3 月 3 日	"顺德之春"文艺花会	
	3 月 5 日	大良街道首届家庭文化节	
	6 月 4 日	第七届"千支彩笔绘凤城"绘画比赛	大良各小学、幼儿园和幼儿培训学校的 1100 多名儿童参加了此次活动
	6 月 10 日上午	节能宣传周开幕式暨节能产品与技术推介会	
	6 月 23～24 日	顺德质量月暨名优企业展示会	
	6 月 25 日上午	大型禁毒宣传咨询活动	
	6 月 25 日晚	"党的光辉照我心"——顺德区纪念中国共产党成立 85 周年影片巡映启动仪式	近 3000 名市民观看了影片《开国大典》
	7 月 21 日晚 19：30	第二届"歌 sing 魅影"首站顺德赛区的终极 PK——"决战之夜"	
	8 月 20 日	顺德儿童暑期缤纷月系列活动的重头戏——爱书少年儿童欢乐夜暨"八荣八耻"知识竞赛	
	8 月 22 日	"学法律·促和谐·保平安——顺德区妇联普法、防拐、家教志愿服务活动"	
	9 月 3 日晚	"大良地区首届家庭文化节闭幕式暨家庭才艺总决赛"	
	9 月 9～10 日	"和谐家庭，天长地久演绎新婚夫妇美好时光"活动	

年份	日期	活动	详情
2006 年	10 月 1 日	第八届顺德房地产展销会、2006 凤之采时尚文化节	现场有 120 个标准展位,共有 60 多家企业参加,除房地产企业以外,还有家装、建材等多个企业联动参展
	10 月 1~3 日	"动感地带杯"三人篮球赛	
	10 月 14 日晚	纪念长征胜利 70 周年文艺晚会	
	10 月 20 日	第 16 届(海天)中国厨师节暨顺德岭南美食文化节、中华风味美食展销会	共接待游客 30 多万人次
	10 月 23~24 日	区直属工会职工艺术展示大赛	

在适应南亚热带气候方面,钟楼广场有独特之处。广场用做纯粹硬地的部分即中轴甬道部分不大,面积约为 $24m \times 190m = 4560m^2$,其他皆为绿化、水面和绿化间硬地。另外,巨大的两个半圆形水面在调节小气候方面也发挥了重要作用,有一定的降温效果,还有柱廊和以紫荆花和小叶榕为主的乔木为广场遮荫。

(4) 不足之处。钟楼广场设计上的一个明显不足就是未能对历史建筑"钟楼"引起足够的重视。钟楼在广场的位置偏于广场西南角,完全不在广场的构图中;而且,钟楼紧靠路边,和书报亭、公交站挤在一起,广场的任何一个位置都不能够与钟楼产生视觉上的联系,没有突出历史文物的重要形象。广场东边加建的一个舞台,由于原先设计中没有考虑观演舞台,用地比较局促,显得与整体不相协调。从整体来,以钟楼公园为核心的文化娱乐核心区内,总体景观规划考虑欠缺。建筑档次不高、风格各异;广告牌和发射塔破坏核心区的整体和谐感,难以形成统一的整体感和展现城市特色。在交通方面,钟楼广场的四周除了东侧与展览馆(百步梯)相接外,其余三边均为城市主干道,车流量较大而令步行进入比较困难。另外,广场周边也没有预留足够的停车场地,只有把南端的部分绿地改造成临时停车场,仅能停放约 40 辆小车;所以当广场举办大型活动时,停车困难,交通拥挤,影响了广场功能的发挥。

图 4-30　70 年代华盖路

2. 华盖路商业步行街

(1) 概况。华盖路全长 630 多 m,平均宽约 10m,位于大良中心传统商业区。但是长期以来缺乏修整,功能混乱、交通不畅、设施落后,原来为骑楼风格的建筑破旧不堪(图 4-30)。由于旧城改造的需要和周边城市开始流行建设"步行街"(例如中山的孙文路步行街、广州上下九

步行街)，顺德也在 1998 年初把原来最古老的商业街——华盖路改造为步行街，并在
1998 年国庆完成工程（图 4-31）。

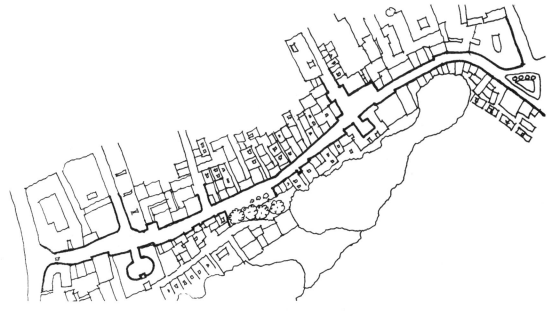

图 4-31　大良华盖路步行街（作者自绘）

（2）改造内容。华盖路的改造主要采取修旧如旧的方法，对原有骑楼建筑进行加
固、翻新。在建筑更新、立面整治和民居改善中，努力保持传统（民国时期）风貌，
并统一对商店立面的灯光、广告、招牌、橱窗等进行整治和规范。统一改造供水、供
电、通信、雨水、污水、路灯、煤气、有线电视等 8 大类市政基础管线系统，所有管线
全部埋入地下；并把原来破旧的路面改为石材铺装而提高了步行的舒适度。增加重点
绿化和休闲广场 2000 多平方米，加装路灯和休息座椅等。另外，由于华盖路改为步行
街，周边的交通系统也重新规划，利用周边道路和支巷停车并增加了 5 个停车场以方便
市民购物停车，可停车 213 辆；另外在步行街两端的华泰楼和顺客隆增设了地下停车
位 132 个。总共改造道路 3 条、翻建新建 83 栋建筑、新建休闲广场，大大改善了步行
街的购物环境。

（3）改造效果。多年来，华盖路已经升级过几次，步行环境不断得到改善并增强了文
化、旅游功能，成为顺德最热闹和最重要的商业街和体验古代顺德风情的旅游热点。另
外，华盖路的改造还促进人气汇集和商贸发展。据介绍，步行街的日均人流量，整治后大
幅增加。人气急增，最大的得益者莫过于众多的商家，销售额均比改造前增长了 10%～
20%；民信、仁信、李禧记等十多家保留的老字号，销售额平均增幅也超过三成。

（4）不足之处。由于步行街首次改造工程期间比较短，经验不足且施工质量不高，特
别是由于设计不细致，建筑立面风格与原有风格产生了一定的偏差。另外，由于考虑到顺
德人使用摩托车的习惯，步行街只是禁止通行四轮机动车而没有限制摩托车的出入；所以

并不是完整的"步行"街，导致交通混杂，对步行人群有一定的危害性和降低了逛街的舒适性。

3. 清晖园

（1）概况。坐落在佛山市顺德区大良华盖里，位列四大名园之首的清晖园，其造园意念由于主人、功能的不同而经历了四次主要的转折（图 4-32）。据史料记载，至清末，顺德园林建筑计有 68 处，其中有大良清晖园、帆园等 16 处，陈村有玩芳园等 19 处，龙江有梅花庄等 7 处等。① 这些曾经在顺德星罗棋布的园林名胜，大都因年代久远废弃或被改为民居，现存完整的只有清晖园一家。清晖园原来是龙庭槐的私人住宅庭园，中华人民共和国成立后龙家后代弃园移居海外，几经变迁的清晖园现在不再是私人所有而成为公共的场所。

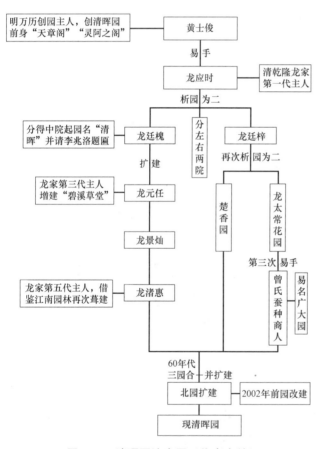

图 4-32　清晖园演变图（作者自绘）

（2）改造内容。清晖园在 1959 年由政府拨款重修，园内的碧溪草堂、紫洞船厅、惜阴书屋等一系列建筑物恢复了原来的样式，保持了原有的独特风格（图 4-33）；后作为一个政府招待所，主要接待国家领导人或者外宾参观。由于清晖园在改革开放以后逐步对普通游客开放，因此在 1996 年的扩建过程中，其造园意念也考虑到旅游的需要而"集岭南园林之精华，博采众家之长"，加建了红蕖书屋、一勺亭、九狮图石林、北入口门楼等新的景区。现在，清晖园作为城市公共空间的一部分，每年的参观人数达 25 万，② 并于 2008 年 3 月成功升格为广东首个国家 4A 级古典园林景区（图 4-34）。

（3）改造成果。一般来说，

---

① 谭运长，刘斯奋. 清晖园 [M]. 北京：人民出版社，2007：91.
② 根据清晖园管理处的统计资料。

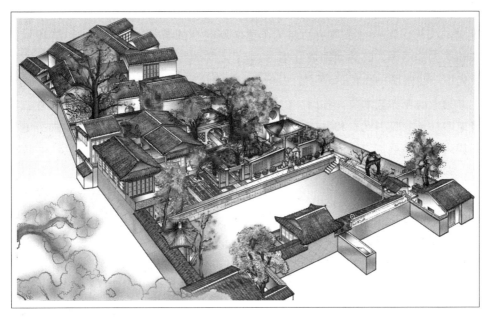

图 4-33　60 年代清晖园[①]

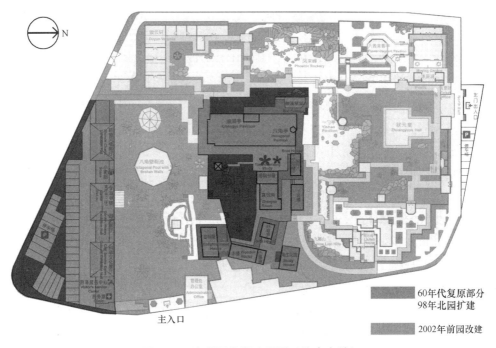

60年代复原部分
98年北园扩建

2002年前园改建

图 4-34　清晖园分期建设图（作者自绘）

岭南古典宅第式园林布局为了适应人多地少的特点，园林空间比较单纯，不作过多分割而刻意追求幽深意境，强调营造朴实的生活、休闲空间。始建的清晖园也体现了这一特点，

---

① 来源：清晖园管理处资料。

其占地面积仅为 6600m² 左右，如龙令宪在诗《清晖园》中写道："我园清晖，在城南隅。有馆有池，八九亩余。"收归国有后，为了适应新时期的游览、接待要求，清晖园在不断的修缮和扩大。中华人民共和国成立后 60 年代的清晖园扩建到 9795m²，1998 年的北园增建工程更令清晖园的面积达到了 22000m²，规模位居岭南四大名园之首。2005 年 11 月佛山承办第七届亚洲艺术节，各国文化部长参加峰会的主会场就是清晖园状元堂。管理处更积极地增加新的吸引元素和发挥了清晖园的文化功能；例如在园中适当增加历史文物展览和顺德风情展等展览，在清晖艺廊的二楼率先成立了顺德历史研究会，每年的端午节、国庆节、春节举办大型活动等。

作为四大名园之首，清晖园的发展历史有其自身特性，反映了城市文化变迁的一个侧面，也体现了城市空间由传统到现代的转型过程。以历史的角度来看，近代的清晖园重建取得了两方面的主要成果。其一是在物质形态上对历史文物"修旧如旧"的高水平修复和重现；其二是在城市化的背景下由私家花园到城市公共空间的转变尝试，在保护的基础上把一个纯粹的园林功能提升到文化发展的高度，也为众多的传统私家园林转型为公共空间提供了新的思路。

4. 顺峰山公园

（1）概况。顺峰山公园位于大良南部和顺德新城区西北部太平山麓交接处，因在顺峰山北侧而得名，原来是一片农田、鱼塘。顺峰山是顺德区内最高峰，山上存有旧寨塔、青云塔等古建文物，并新建了宝林寺等。公园占地 8209 亩，包括太平山、神步山、桂畔湖、青云湖等。全园建设以山水为题并分两大片区，其中青云湖区为中国古典风格大型休闲性园林，桂畔湖区为自然性、生态性环境区域。公园自 1999 年开始兴建，2004 年 10 月完工向社会开放（图 4-35）。经过 10 多年的不断完善和建设，顺峰山公园已经成为当地居民最喜欢到访和流连的公园。

顺峰山公园最引人注目的是巨大的入口牌坊，三跨式巨型中式牌坊，整座牌坊宽 88m，总高度 38m，基座厚 3m，主跨 35m。牌坊正反两面拱门之间有 16 条用大理石雕琢而成的龙柱，单条重量就达 25t，全部在门楼顶上用螺栓栓紧倒挂，营造出凌空而下巧夺天工的气势。其规模之大，造型之雄伟，图案之华丽，石艺之精湛均为国内外所罕见，因此享有中华第一牌坊的美誉（图 4-36）。

（2）建设内容。顺峰山公园的两大片区中，青云湖区（一期）以中国古典园林为主基调，仿古建筑配合自然山林景象，由前广场、石牌坊、迎春亭、青龙阁、桂海芳丛、雅正园、南薰别馆、步云迳、汀芷园、青云艺苑、文心画院与曲凤梨园等景区与多项重要景点所组成。桂畔湖区则以回归自然为主题，突出自然生态环境，拟建现代简洁建筑与展示自然生态景区，分别由自然生态区、中心观鸟区、水上活动区、森林绿化区、休闲度假区组成。园内两湖设环湖休闲步道，全长约 8km；太平山上设环山车道与多路登山小径，可供游人上下，在山顶上设有多个休息廊亭，可俯瞰山下全园。

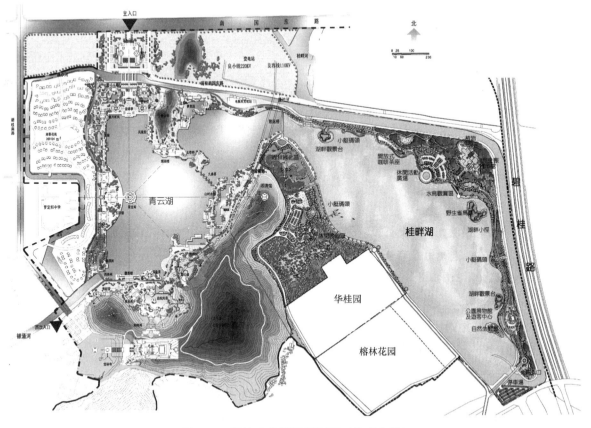

图 4-35　顺峰山公园总平面图（作者自绘）

2007 年 7 月，区政府计划在顺峰山景区兴建一个全民健身的体育公园，采取政府投入启动资金，同时向社会筹集建设资金的方式建设。美的集团获此消息，率先出资 1000 万元人民币，独家冠名赞助了体育公园的建设。据顺德城区建设开发中心副主任黄建武介绍，全民健身体育公园建在顺峰山景区桂畔湖西侧，南邻华桂园，总用地面积 9.86hm²。体育公园一次性建设标准足球场 1 个，7 人制足球场 2 个，网球场 4 个，排球场 6 个，标准篮球场 12 个等，工程在同年 11 月中旬竣工。

（3）建成效果。顺峰山公园以湖面和一系列低山地为主体，依托湖泊、山林、自然水道、小岛、野生水鸟等自然景观资源和牌坊、塔、桥、亭、榭、廊、观音庙、华桂园等人文景观资源，形成了湖山一体、交融相汇的景观环境（图 4-36）。主要景观可分为：人文景观（古典园林和原有文化景观）、地文景观（山体、湖泊、岛屿）、生物景观（植被、树木）等三大类型。公园以满足本地青少年、老人、家庭需求为主要目的，兼顾社团、外地游客需求；可以举行公共节事活动、交流活动。建成开放后的顺峰山公园体现了顺德地方传统文化与城市文明，受到了群众的喜爱和成为公众日常休闲游憩、晨运、健身以及公共社交活动的中心，因此成为顺德"新十景"之一。

（4）不足之处。由于顺峰山公园位于大良城区南端，距离大良中心（钟楼广场）超过

图 4-36　顺峰山公园现状（作者自摄）

3km，但公园主要入口并没有设置公交车站而影响了大部分没有私家车的使用人群；故此只有节假日才有大量群众自驾车到公园游玩，平时则比较冷清。另外，公园牌坊尺度过大（号称亚洲第一牌坊），影响自然山体景观；公园植物配置略显人工化而不够自然，随着公园开发的深入，园内景观资源内涵还有很大发掘空间。

（5）持续改造。大良城区经过近 10 年的发展，人口已经从 2003 年的 20 万人增长到 2015 年的 40 万人，家庭拥有汽车量也达到每户一辆的水平。2017 年开工建设的广州地铁 7 号线与佛山地铁 3 号线将连接广州、佛山、大良城区，因此，轨道交通带来的便利，大良将会迎来又一轮城市建设高潮。其中，钟楼公园由于地铁站施工已经开始重新规划功能，引入更多的商业元素；顺峰山公园则停车不足，人满为患，旧建筑年久失修，急需维护和扩容。

通过全面和深入地考察大良城区的公共空间现状，见证了顺德在城市化过程中公共空间的重生和惊人变化；也可以了解人们对于良好公共空间的强烈需求，以及生活水平是如何随着新的、高质量的公共空间的出现而不断提高的。调查结果显示，作为经济发展的领头羊，顺德在佛山地区乃至珠江三角洲的中小城市公共空间建设方面起到了积极的示范作用。

在调研过程中，市民普遍反感大而空的城市广场（例如新城区德胜广场），对街旁绿地、小游园等小型开放空间则表示喜爱，反映了对城镇公共空间宜人尺度的需求。大广场、大绿地确实壮观，有气魄，而舒适感和亲切感却相对缺乏，小的空间和构件则显得亲切。可以说，现代城镇公共空间的相对小型化、个性化以及灵活分割更符合人性尺度的要求，也更容易让人们感觉到被环境所尊重，可以作为建立与社会生活良好互动关系的途径之一。

在对市民现场访谈中，还普遍提出增加现有公园绿地的文化氛围和文化娱乐活动的要求。现有公园绿地中的一些简易文化设施，存在着功能单一、维护管理不善的问题，常常缺少一种文化艺术氛围，不能充分满足日益增长的社会文化生活需求。这反映出城市居民对城镇公共空间的需求已不仅限于生理、感官方面的低层次需求，开始追求更高层次心理、精神上的愉悦感。所以，作为佛山的副中心城区，要求更应该提高，公共空间还需要进一步的完善，例如：

（1）公共空间的文化复兴

由于新的高楼大厦和宽阔的马路更替了历史原有由小尺度建筑形成的精致肌理，原有空间秩序被打乱。城内的小区建设也以规整的行列式住宅布局为主，缺少对地方传统街巷体系和居住模式的研究，原来富有人情味的街巷所剩无几。因此，公共空间的建设还负担了大良传统空间的延续与复兴的历史责任。大良旧城和历史文化街区不仅范围大，而且作为"活"的肌体是一个有许多人在其中生活的环境。所以对老城和历史文化街区的保护，不仅涉及历史文化遗产的物质实体方面，还有它的人文化环境方面，要求能满足人们新的生活观念的要求。也应注重保护传统公共空间文化，提倡在该区域内振兴传统产业，成为柔和现代生活与传统习俗、传统节日的聚集场所。

（2）公共空间的尺度与层次

目前，大良主要的街道和广场已改造完毕，接下来是如何增加和完善城市中更多层次的小广场、小公园，从而使良好的公共空间与活动场所由城市延伸至居住社区中。城镇不是单纯的一个居住区、一个工作场所或一个娱乐区域，它是所有这一切均衡的综合体。城市公共空间应作为一个系统考虑，分层次地把它们编织成完整的网络，为人们创造一个富有生机和魅力的聚会场所。

（3）步行交通、停车的策略

通过对钟楼广场和顺峰山公园等重点城镇公共空间的考察，发现这些空间的交通体系处理比较粗糙，人性化考虑不周，停车场地不足、公交系统不完善。另外，公共空间周围被城市主干道割裂，空间连续性不佳。建议逐步改善交通、整治街道以创造高质量的公共空间。

（4）建筑边界的策略

由于牵涉到产权、经济利益和成本的原因，城镇公共空间周边的建筑群体反而难以整治，因此产生与公共空间不协调的现象。可以通过公共空间边界的一些处理手法，例如绿化、亮化工程，模糊活化这些边界空间并考虑当地文化传统的延续性，尽量采用协调方式逐步改造。

（5）公共空间的维护与公众参与

事实上公共空间的维护是一个很令当地政府头疼的问题，因为要投入大量的人力物力。顺峰山公园一年的维护费用大约 150 万元，还不包括一些重要的维修工程和节假日的装饰工程。在现场还可以看到钟楼广场的主要文物建筑——钟楼受到了污损。所以政府要投入维护工作，也不能忽视平时对群众公德的教育，公共空间的维护有赖全体市民的参与。

第 5 章　中国城镇公共空间的营建策略

本书第 2、3 章对珠江三角洲传统和现代公共空间的建设和发展进行了分析评价，在第 4 章进行了整体的变迁对比研究。通过对现代公共空间的案例分析才能发现问题，并从传统中或者从外国的先进经验中探寻解决的方法；其主要目的，就是为了不断提升中国城镇公共空间的建设水平，为居民提供更好的生活环境。本章在上述基础上，通过借鉴传统公共空间和外国先进经验，从设计的层面提出中国城镇公共空间营建策略。

5.1　中国传统公共空间的历史经验和外国先进经验的借鉴

5.1.1　中国城镇传统公共空间的历史价值

中国是一个历史悠久的文明古国，许多城镇都具有相当深厚的文化积淀；作为城镇空间的核心，"公共空间"一方面见证了其历史变迁，另一方面也深刻地反映了当时的社会生活情况。传统和现代并不是一对截然分离的二项变量，而是由两个极点构成的连续过程。在从传统到现代化的过程中，社会犹如一个游标，愈来愈远离传统的极点而愈来愈趋近现代的极点。[①] 在当前公共空间逐步兴起，对城镇发展的作用越来越重要的背景下，公共空间的建设既要注重历史文化的传承，又要避免过度地、不切实际地强调所谓的"传统文化形式"。因此，必须本着客观、扬弃和历史的态度来考察城镇传统公共空间，传承优秀的传统文化并与外来文化有机结合。对城镇传统公共空间的研究，其认识和价值主要可以从以下三个方面入手：

1. 传统公共空间的功能价值

由于受到地域自然时空的限制，传统聚居形态往往与自然环境空间保持着密切的联系。在对地形、通风、日照等自然条件的利用上，因势利导、趋利避害，也体现了传统重实用的功能主义。例如，珠三角水系的运输和商业功能，促成了墟市的出现和城镇商业的

---

① （美）王迪. 街头文化——成都公共空间、下层民众与地方政治，1870—1930 [M]. 李德英等译. 北京：中国人民大学出版社，2006：8.

发达；祠堂等公共空间则反映了血缘和氏族的凝聚功能和强大的精神力量。可见传统公共空间的形成和发展，都是源于具体的生活和实际功能需要。

2. 传统公共空间的形态价值

珠江三角洲的民居、祠堂等建筑，是在特定环境下产生的地方建筑形式。这种传统建筑形式的尺度宜人，风格多样，对当代建筑设计提供了取之不尽的创作思路。而传统的聚居形式，以及公共空间的布局方式，对当前城镇布局和空间结构的发展也具有相当的影响。对公共空间的形态研究和分析，结合传统社会的组织与结构特征，才可以形成较为系统化的传统公共空间思想和理论。

3. 传统公共空间的审美价值

传统的聚居心理和审美取向往往是建立在人地关系的思考上，对"数化"的追求以及"天人合一"的理想，其实是在审美层面追求与宇宙同构的理想模式。在千百年的演变过程中，除了打上封建时代的政治烙印外，同时也凝聚了工匠的聪明才智，积淀着中国的历史文化，体现着民族的审美意趣及艺术成就。[①] 在珠三角地区则不强调"居中"而体现在对自由布局和亲水空间的关注和美感，传统公共空间往往在对自然环境的借景方面渗透了一定的审美思想。虽然具有一定的局限性，传统的审美心理模式在当前的城市风貌的探索中，仍然具有非常重要的影响作用。

由于时代的发展，城镇公共空间建设的条件基础、价值取向都有很大不同，因此不可能照搬我国传统空间模式。但中国有着悠久而丰富的传统文化，是十分珍贵的精神财富，也可提炼出在城镇公共空间设计中不可或缺的历史经验。文化是最根深蒂固的因素，有时大众文化表面上看随着时代改变了，但骨子里仍然是传统的。一个有特色的公共空间设计，其文化内涵必然反映传统形式、民族风格及地方色彩，同时也体现了设计者对当地居民的尊重和体现人文关怀。

5.1.2　中国城镇传统公共空间的营建理念

"营建"是经营、建造之谓，包含了从筹划到兴造、修缮、管理的完整过程。正是建筑史学中关于城市历史研究的经典范畴；在古代汉语文献中，国家、城市、建筑的构建都经常使用营建一词，其所指不仅是建造，也同时有形而上的意涵。[②] 从城市规划到具体的公共空间建设，中国传统理念体现在如下四个方面：

---

①　吴焕加. 中国建筑：传统与新统 [M]. 南京：东南大学出版社，2003：51.
②　吴庆洲. 巨变与响应——广东顺德城镇形态演变与机制研究 [M]. 北京：中国建筑工业出版社，2014.

1. 务实的传统造城理念

历史上影响中国古代城市规划有三种思想体系：（1）体现礼制的思想体系；（2）《管子》为代表的重环境求实用的思想体系；（3）追求天地人和谐合一的哲学思想体系。西周时期，制定的体现礼制思想的《考工记》匠人营国制度是在城市营建上对宗法和等级制度的反映。战国后期的作品《管子》，在论述城市的规划与建设上，提出"凡立国都，非于大山之下，必于广川之上，高毋近旱而水用足，下毋近水而沟省"；"故圣人之处国者，必于不顷之地，而择地形之肥饶者"；还有"城郭不必中规矩""道路不必中准绳"等"务实""重环境"的城市规划的思想。珠江三角洲城镇由于在形成阶段尊重天然水系而表现为分散、弯曲的自然形态，这一带的城镇建设多数遵循的是《管子》这种务实的造城理念。

2. 和谐的传统环境理念

"天地人合一"的思想是我国古代哲学的重要特色之一，对中国古代城市规划与建设的影响表现在"象天法地""阴阳五行"等的运用上。《老子》中对"象天法地"的概述为"人法地、地法天，天法道，道法自然"。"象天法地规划意匠的发展与天上诸神体系的造就和完成是相伴而行的"。"阴阳、五行、易术"可以说是风水理论成型的哲学基础。[①]"风水"在相地、空间组织、吉凶观上，无论从城市、村落，还是到宗教建筑、民宅等，都有重要的影响。汉代时人们已将阴阳、五行、八卦等互相配合形成宇宙架构，这个结构对风水具有特别重要的意义，它使风水终于由卜宅、相宅的活动升华到理论阶段，体现了古人追求与自然和谐的环境理念。

3. 自然的传统造园理念

中国园林与五千年的民族文化同步发展，具有深厚的民族文化底蕴，与相关的文化艺术息息相通。那些向往和赞颂自然的哲学思想、文学理论、绘画手法、民风民俗等都巧妙地变成了园林营造语言，形成了一个独特的美学体系。尤其是南方的私家园林，在很小的天地空间中经营，为了满足隐居、宴客、读书、游憩等多方面的功能要求，创造了许多手法。例如以拳石斗水喻山川大河，以寺观塔影来作借景，在不对称中获取平衡等，实现了小中见大的妙境。这不仅体现了园林主人的个性、爱好、品位和崇尚自然的宇宙观，而且留下了园林营造的宝贵经验。

4. 复合的传统公共空间营造

从某种意义上说，我国古代城镇没有纯粹的公共空间，只有在庙宇前有前庭（广场），有的设戏台可举办庙会或节庆等公众活动。此外，珠三角等水乡在交通便利的埠头和桥头

---

① 吴庆洲. 建筑哲理、意匠与文化 [M]. 北京：中国建筑工业出版社，2005.

等处由于商业活动的繁荣会形成墟场或集市。但这类公共空间不能成为城镇空间的主体，只是在线型街道空间体系中以放大的点的形式出现，是从属于整个城市街道网络系统的。因此，作为中国古代传统公共空间的主体是"街巷空间"，不仅具有交通功能，而且具有商业、游憩功能，是邻里交往、城市生气形成的重要场所。这种半开放、半私密的复合空间系统满足了社会交往心理需要，诱导、促进了邻里交往的形成，培养了邻里情谊，达到物质生活与精神生活的和谐。

5.1.3　外国城镇公共空间建设的先进经验

除了尊重中国传统文化和从传统城镇公共空间吸取灵感，中国城镇公共空间的建设还要善于学习外国城市公共空间建设的先进经验。对于正在繁荣发展的中国城镇来说，西方发达国家的城市设计理论和实践似乎是唯一的借鉴。在本小节列举了一些优秀的国外城市公共空间建设实例，如英国爱丁堡、丹麦哥本哈根、美国海滨城等城市就有很多值得学习的地方。当然，这些欧美国家的政治体制、经济条件和文化背景与我国差异太大，其公共空间建设的经验及理论框架也需要有针对性地学习，不可能原封不动地模仿。最重要的差异包括我国城镇的人口密度更高、公共空间面积更小、缺乏广场建设传统、公共空间超负荷使用等。因此，还专门研究了以新加坡和日本为代表的亚洲国家的公共空间建设实例，以作为更有效的补充参考。

1. 欧洲模式——传统公共空间的改造与适应

国外城市公共空间的理念，主要来源于古希腊的市民社会产生的论坛——广场，广场是市民生活的主要场所。公共空间发展比较辉煌的时期集中在中世纪。中世纪的城镇广场或方场（Piazza）通常是一个城市的核心，它是城市的户外生活和聚会场所；是集市、庆典及执行死刑的场地；还是市民了解新闻、购买食物、打水、谈论时政或观察世态万象的场所。例如古希腊以圣地和卫城为代表的城市中心，集宗教神庙、广场、公共建筑以及游憩活动为一身的空间，它是"公众欢聚的场所，是公众活动的中心"。[①]

欧洲中世纪广场周围包括教堂、剧场、住宅、商铺等类型丰富的建筑，并且所有建筑都直接面对广场。因而广场活动复合性较强，宗教、文化、商业等各种活动给广场带来了无限生机和活力。作为城市公共空间的主体——城市广场，除了原有的集会、市场职能外，还包括了审判、庆祝、竞技等。其中，罗马城市的广场群最为壮丽辉煌，其四周一般多为庙宇、市政厅、商场等，如市政广场、波波罗广场和佛罗伦萨的安农齐阿广场等（图 5-1）。

---

① 圣地在公元前 8～6 世纪希腊共和制的城邦里发展起来。圣地里定期举行节庆，人们从各地汇集，举行体育、戏剧、诗歌、演说等比赛。节日里商贩云集，圣地周围也建起了竞技场、旅舍、会堂、敞廊等公共建筑。参见：沈玉麟. 外国城市建设史 [M]. 北京：中国建筑工业出版社，1989：23.

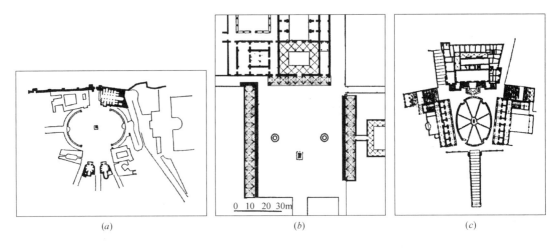

图 5-1　罗马的城市广场①

（a）波波罗广场；（b）安农齐阿广场；（c）市政广场

　　欧洲进入资本主义社会后，工业革命和经济的进一步发展推动了城市扩张和旧城更新的浪潮。例如英国伦敦在 1666 年大火后雷恩主持的重建规划，采用中央大街连接三个主要广场的方式确立了城市的新结构。素有"北方雅典"之称的苏格兰首府爱丁堡则在 18 世纪初把位于新城与老城之间的带状谷地（原是湖沼）排干水后，建成供人休憩的王子街公园；结合皇家古堡、纪念塔、圣吉尔斯教堂、国家美术馆等重要建筑群构成市中心的主要公共空间（图 5-2）；公园还设有威弗利火车总站，北侧是全市最繁华的商业区——长约 1500m 的王子大街。

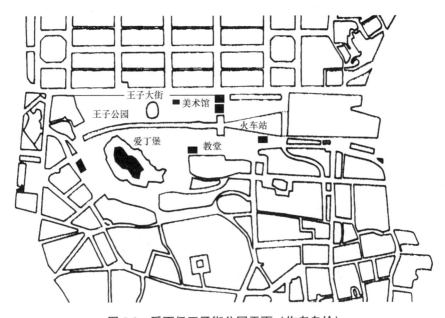

图 5-2　爱丁堡王子街公园平面（作者自绘）

---

　　① 沈玉麟. 外国城市建设史［M］. 北京：中国建筑工业出版社，2007：80.

法国巴黎则在 1853～1870 年间在奥斯曼的主导下，完成了著名的主轴线——爱丽舍林荫大道，构成由罗浮宫到明星广场的凯旋门等一系列的步行公共空间，并在全市修建了大量的广场和公园（图 5-3）。丹麦的哥本哈根则在 1962 年建成了第一条步行街，到 1996 年，无机动交通的街道和广场面积增加到了 $95750m^2$，在 30 年间增长了 6 倍；这样既保持了城市中心的中世纪道路格局，又可从以汽车为主导的城市逐步改变成以人为本的尺度亲切的步行城市中心（图 5-4）。欧洲的其他城市也进行了类似的步行系统建设，英国伯明翰、德国汉堡等城市还建立了许多室内步道和拱廊以补充步行交通网络。

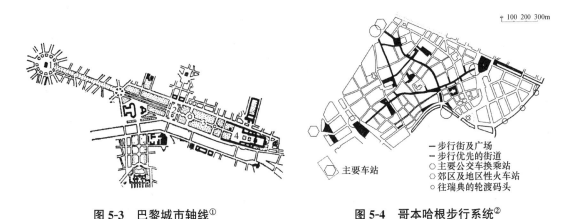

图 5-3　巴黎城市轴线①
1—明星广场；2、3—丢勒里花园；4—罗浮宫

图 5-4　哥本哈根步行系统②

2. 美国模式——对传统的借鉴与现代公共空间的创新

与欧洲悠久的广场历史不同，美国现代城市公共空间建设中强化了"公园"的作用。例如 1893 年世界博览会在芝加哥举行时掀起了"城市美化运动"；其目的是通过修建宏伟的公园而创造一种新的物质空间形象和秩序，恢复由于工业化的破坏而失去的城市景观与和谐生活，来创造或改进社会的生存环境。当然，后来的实际效果证明，这种单纯追求城市景观的公共空间设计具有很大的局限性，并不能带来良好的居住和工作环境。

除了关注传统的广场、公园等形态本身，美国城市公共空间在建设方式上进行了许多创新和改革。例如 1961 年，纽约市新分区法（以芝加哥市先期颁布的法律为模板）首开先河，通过提高容积率来刺激开发商提供更多的地面步行广场和拱廊街道。但后来发现，一批广场建造出来，但其设计完全脱离了人们的需要，而且常常缺乏人的活动；重要的是政府认识到开发商为公众提供开放空间所给出的代价是相当小的。后来该市于 1985 年采纳了一项意义深远的"中心城区规划"。在新规划下，每 50 平方英尺的新办公空间必须有 1 平方英尺可接近的开放空间用于公共使用。新规划划分了不少于 13 类的城区空间（包

---

① 沈玉麟. 外国城市建设史 ［M］. 北京：中国建筑出版社，2007：80.

② （丹）扬·盖尔. 公共空间·公共生活 ［M］. 汤羽扬译. 北京：中国建筑工业出版社，2003：11.

括城市公园、阳台、硬质广场和商业街廊等），而且每一类型都有关于尺寸、材质、座位、植被、水景、日照、商业服务和食品、开放时间等的一整套导则。①

20 世纪 80 年代末，随着对美国郊区化增长模式的反思，诞生了"新城市主义"（New-urbanism）思想。新城市主义强调的是通过新改造那些由于郊区化发展而被废弃的传统的旧市中心，以及对郊区城镇采用紧凑开发的模式。其核心精神就是：在保持历史旧的面貌和尺度的前提下，以现代需求改造旧城市中心的精华部分，使之衍生出符合当代人需求的新功能；以一种有节制、公交导向的"紧凑开发"模式进行郊区开发。②

新城市主义的倡导者提出了"传统邻里发展模式"（Traditional Neighbourhood Development，TND）和"公交主导发展模式"（Transit Oriented Development，TOD③），可以说 TND 和 TOD 是新城市主义关于城市空间重构的典型模式，它们体现的特点是：紧凑、适宜步行、功能复合、可支付性以及重视环境。从城市规划的角度它们提出了三方面的设计思想：（1）重视区域规划，强调从区域整体的高度来看待和解决问题。（2）以人为中心，强调建成环境的宜人性以及对人类社会生活的支持性。（3）尊重地方特色和自然，强调规划设计与自然、人文、历史环境的和谐性。"新城市主义"明显是在为居民寻求能够改善市区、郊区、地段和邻里的途径，其理论主要立足于公共空间设计，这也是目前珠三角郊区大盘蔓延所最应该反思的问题。

新城市主义是西方城市设计理论的人文主义回归的一个代表，其成功的建设实践是美国的海滨城。从传统的本土建筑和美国小镇富有人情味的布局研究，设计师尝试重新塑造城市和郊区形态，以创造人们能与其邻居互动的场所，享受公共开放空间。他们认为促进人们的互动与社区生活的设计和追求效率的设计具有同样重要的价值，除了驱车外出，也能步行或骑自行车去上班、上学和逛商店。新城市主义综合考虑了一些现代城市的新事物，如电子通勤（Telecommunity）工作方式的发展；通过采取一系列措施，如强调混合利用和混合收入的开发（Mixed-Income Development），来提高用地密度以及创建或恢复有活力的步行公共空间。

相比欧美等发达国家的城市发展阶段和公共空间建设、设计方法和导则，目前我国城镇公共空间的建设还处于一个比较低的认识与实践水平：基本仍停留在促进经济发展和景观美化的层次，而城镇公共空间的深层社会价值、生态价值还没有被注意到。此外，一些城镇公共空间牺牲地方特色而模仿西方城市空间形态（特别是广场建设），与市民日常生活联系不够紧密。因此，在借鉴西方城镇公共空间发展的先进理论的基础上，有必要进一步考察我国城市居民的实际生活状态和实际需求，以此为根据对城镇公共空间系统进行适当的调整，与市民生活更好地融合，发挥其更大的社会、生态价值。

---

① （加）约翰·彭特. 美国城市设计指南——西海岸五城市的设计政策与指导［M］. 庞玥译. 北京：中国建筑工业出版社，2006.

② （美）加里·赫克，林中杰. 全球化时代的城市设计［M］. 北京：中国建筑工业出版社，2006：37-41.

③ 构成 TOD 的基本结构是"核心"，它通常由商业中心、主要市政设施和公交节点组成并处于步行的范围内。

当然，除了欧美先进国家的案例，在亚洲的一些发达国家的城镇公共空间建设经验，更贴近我国的气候、历史、人文条件，例如：

3. 新加坡的经验

主要的成功之处是系统性强、注重连续步行设计、滨水处理有特色和高度整合的手段。

（1）目前的新加坡城市核心由四个区域组成：中心商业区（CBD）、市政厅（City Hall）、滨海中心（Marina Center）和白沙浮（Bugis）。每个区域都包括一个或多个显著的节点空间。中心商业区的节点是丹戎巴葛（Tanjong Pagar）地铁站和莱佛士坊（Raffles Place）地铁站的绿地。这些空间是位于中心商业区枢纽地带高层建筑中间的珍贵的绿洲，这里的容积率高达 12.6（莱佛士坊地区）。在市政厅区，最显著的集中点是巴东（Padang，马来语"活动场地"）。巴东的周围是重要的公共建筑，通常用于举行国家庆典，是目前城市核心区中最大的绿化空间（图 5-5）。

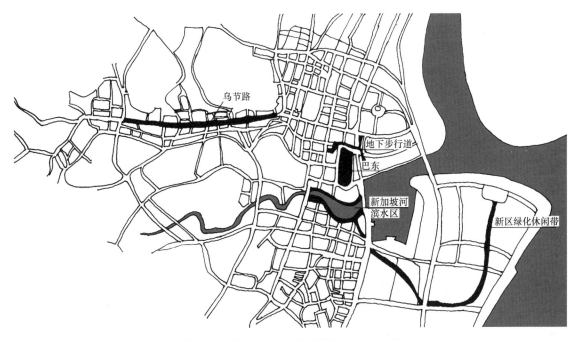

图 5-5　新加坡中心区总平面（作者自绘）

除了这个强有力的核心公共空间，新市中心规划在更大的规模上将建立起贯穿整个新市中心的重要的公共空间序列，这一序列从广阔的滨海公园延伸到新市中心的广场，其中散布着很多中间的公共空间。通过花园平台、步行地面购物中心，以及连接了地铁站和停车场的地下行人道等，序列将所有的节点都连接起来。新市中心规划的首要目标之一就是在区内鼓励步行限制使用汽车，因此在新市中心投资修建了越来越多的步行基础设施，以实现这种期望。

（2）新加坡是一个著名的商业城市，其购物环境一流，因此非常重视商业步行系统的建设，例如乌节路和海滨购物区。而且为了把公共通车站、开车者转乘公交的停车场以及城市地区里的所有目的地全部都连接起来，规划设计了几种类型的步行系统，形成了多层面的联系。这是一种适合在高密度城市里的立体的步行交通设计，其中，最值得关注的是地面走廊（Colonnaded Walkway）、风雨廊（Galleria）、室外平台（Park Deck）、天桥（The Skywalk）以及地下通道（Underground Link）（图5-6）。

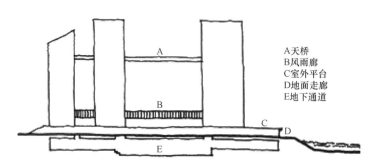

图 5-6 立体步行系统（作者自绘）

例如在繁华的乌节路（Orchard Road），两侧步行道宽达 20m，从而形成了十分舒适的步行环境；而且街道两边的购物商场设计形式丰富，高差变化在新的人行道一侧创造了受欢迎的界面。除了在一段街道内增加临街铺外，都能看到位于夹层或者二层的商店，还吸引着人们在这里俯瞰下面的街道或观看其他行人，也是私人谈话的好去处（图5-7、图5-8）。怀特指出：对于一个成功的城市公共空间来说，与街道相邻"是最关键的设计因素"。[①] 就像走在传统的人行道上一样，多层人行道上的人们能看到地面上的其他行人，甚至可以拦截到计程车，同时街面上的人也能看到他们。另外，不同高度的商店与街道之间存在着微妙的不同关系，可以产生不同的租金和混杂各异的租户。

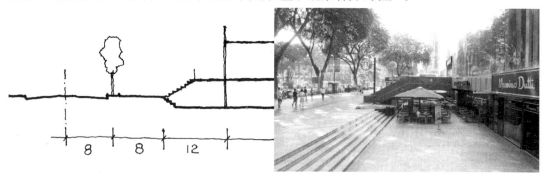

图 5-7 乌节路街道截面形式 1（m）（作者自绘）

---

① William Whyte. The Social Life of Small Urban Spaces [M]. Washington，DC：Conservation Foundation，1980：54.

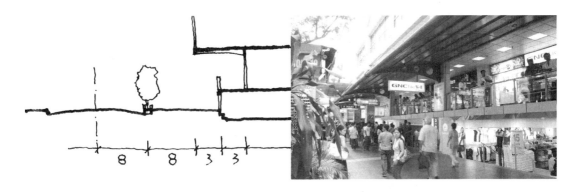

图 5-8　乌节路街道截面形式 2（m）（作者自绘）

另外，在一个地下零售和文化综合体——艾斯普奈购物中心（Espanade Mall），则通过一座多层的地下零售结构与市政厅区（地铁站）连接起来。当这个购物中心在 2000 年完工的时候，从中心商业区（CBD）沿着市政厅区一直到滨海区，连接中心商业区的新加坡河沿岸的休闲区域，向滨海中心延伸形成一系列步行空间。

（3）新加坡河两侧是著名的夜间餐饮、休闲娱乐地区，靠近中央商业区成为晚上最热闹的滨水公共空间。在新城市规划中，还准备增加滨水步道的长度，从目前的 1km 延长至 2.8km。步行道将从填海而来的滨海湾延伸到新加坡河沿岸的内陆区域，把滨水公园、零售商业以及旅游景点连接起来。人们可以将这条步行道作为河流与海湾之间的交通线路，或者作为散步道。而且，在海滨区域已经广泛运用了公园平台这种建筑形式。这些露天的平台通常会高于街道平面 8～10m，对于周围的建筑来说起到了桥梁连接作用，从街道平面或建筑的二、三层都能够进入公园平台空间。

（4）在高密度的城区，稀缺的土地资源需要得到有效的利用，这方面新加坡也有政策上的经验。例如，在新市中心大多数的建筑中，居住、商业和停车区将会分别占据建筑物的顶层、底层和地下层。这种功能上的"垂直分区"通过多层的交通路线得以完善，从连接屋顶花园和俱乐部的顶层天桥，一直到底层的地铁站。无论是白天还是夜晚，这个布局策略将使新市中心成为一个充满生机和活力的地方。

第二个策略是私人开发商与政府之间形成紧密的合作，这是从目前的房地产开发过程中得出的经验。例如在 Esplanade 购物商场，在实现了商业用途的同时也满足了在市政厅和海滨区之间建造人行道联系的需求。对于形式多样的公共空间和步行通道系统的建设来说，不可能完全由政府单一建设，而是需要在强有力的政府管理指导下，融入大规模的私人投资。新加坡目前法律上仍然要求私人开发商建造临街建筑时距离人行道要求的宽度最少 3m，主要街道的步行交通繁忙，因此要求的人行道宽度增加到不少于 3.6m。[①]

---

① 部分资料来源于缪朴编著的《亚太城市的公共空间》，部分来源于笔者在新加坡实地考察测量。

4. 日本的传统街区重建

这种重建的主要特点是自下而上的、着重地方居民参与的"社区营造"方式，与传统的政府主导、技术取向为主（博物馆式）的保护方式完全不同。西村幸夫教授所参与的 17 个日本小城镇的历史保护与社区营造，是 60 年代开始的草根社区运动的结果，表现了日本地方社会的活力与自我组织的能力。这些"社会键结"具体表现在各式各样的"俱乐部""协会""组织""义团""研究会""协议会"等，是所谓"都市社会运动"动员团结网络的关键。[①]

（1）北海道小樽市的运河变迁。小樽市由 1873 年幌内发现煤矿开始变成繁华的商业都市，在 1923 年开挖而成的小樽运河是其鼎盛时期的标志。但由于城市和交通方式的发展，港湾设施现代化后运河无法使用而逐步遭到填埋而变成大马路。1973 年 12 月，24 名小樽市民组成了"小樽运河保存协会"，开始了长达十年的运河保护运动。

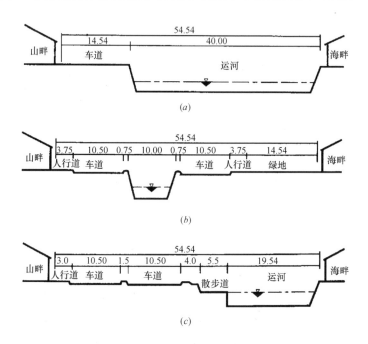

图 5-9　小樽运河填埋方案变迁[②]

（*a*）从前状况；（*b*）1966 年计划方案；（*c*）1980 年计划（现在）

1984 年运动达到高潮，超过半数的市民签名反对填埋运河。最关键的是，在这个过程中，由市民提出了运河与交通计划均可两全的解决方案，并逐步得到政府认可（图5-9）。

（2）北海道函馆市的色彩保护。函馆市保留了许多明治末年到昭和初期的西洋式建

---

①（日）西村幸夫. 再造魅力故乡——日本传统街区重生故事［M］. 王惠君译. 北京：清华大学出版社，2007.

②（日）西村幸夫. 再造魅力故乡——日本传统街区重生故事［M］. 王惠君译. 北京：清华大学出版社，2007：39.

筑，经过仔细的改造融入现代生活之中而成为函馆的象征。例如在码头附近的"加州宝贝"咖啡馆、改成小旅馆的"古稀庵"，一个私人团体在 1983 年把函馆邮局转化成"联合广场"等。函馆有很多类似的私人团体或协会，例如"函馆历史风土保存协会"，还发行《风行》杂志，每年选出"历风文化奖"，鼓励对传统建筑的更新使用。还有一个"元町俱乐部"，则主要研究了那些古老的西洋式建筑的外墙保护问题，后来发展成为"函馆色彩文化研究协会"的活动，主张通过色彩来回顾建筑的历史，并从新的视点挖掘城市的特色。该协会成立"函馆色彩基金"，旨在帮助社区营造团体，更好地保护历史建筑（图 5-10）。

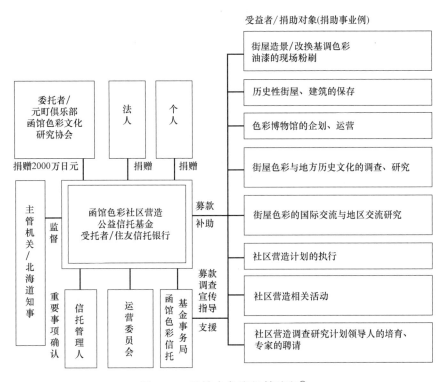

图 5-10　函馆市色彩保护流程①

5.2　以文化为导向的中国城镇公共空间营建策略

5.2.1　文化与城镇发展

文化是人类社会历史发展过程中所创造的文明成果，是人类延续发展的纽带。不同国

---

① (日) 西村幸夫. 再造魅力故乡——日本传统街区重生故事 [M]. 王惠君译. 北京：清华大学出版社，2007：63.

家、地区具有不同的文化形式和多种多样的传承方式，以一种无形的精神力量来支持和推动人类社会的发展。关于"文化"的定义可谓纷繁，一般可以分为物质、制度、精神三个层面；不同学科由于聚焦的问题不同，研究的方法差异，对文化的定义都不甚相同。但是不论"文化"如何被定义，都应该把它放在现实生活的具体场景中，放在特定的时间和空间中研究。[①] 联合国教科文组织早在 1976 年就指出"历史地区是各地人类日常环境的组成部分。它们代表着形成其过去的生动见证，提供了与社会多样化相对应所需的生活背景的多样化，并且基于以上各点，它们获得了自身的价值，又得到了人性的一面"，"自古以来，历史地区为文化、宗教及社会活动的多样化和财富提供了最确切的见证，保护历史地区并使它们与现代社会生活相结合是城市规划和土地开发的基本因素"。[②] 正如"北京宪章"所说，文化是历史的积淀，存留于城市和建筑之中，融汇在人们的生活中，对城镇的建造、居民的观念和行为起着无形的影响，是城市和建筑之魂。文化对于一个地区来说还具有形象价值，有利于外部认识并关注一个地区，形象价值的提升有利于增强一个地区的文化自豪感。

文化的产生是在人类社会性的聚居过程之中，并对聚落的发生、发展以及城镇形态格局起着重要作用。著名城市学家芒福德认为，城市是文化的容器，并提出形成最早城市的地点，"是先具备磁体功能，尔后才具备容器功能的：这些地点能把一些非居住者吸引到此来进行情感交流和寻求精神刺激；这种能力同经济贸易一样，都是城市的基本标准之一，也是城市固有活力的一个证据"。[③] 文化的表现是一套完整的思想和价值观念，它们一方面控制、引导人们的聚居行为，另一方面赋予各地的生活方式、聚居形态抽象的人文内涵。聚居发展促进、影响着文化的维系与繁衍，文化的思想和价值观念也引导和制约着人居环境的发展与建设。从原始聚落到现代都市，文化的思想和价值观念贯穿于人居环境建设的始终，并赋予其抽象的人文精神。

每个城镇都拥有自己的历史和文化遗产，其自我成长、自我丰富的能力决定着这个城镇的地位和发展潜力。对城镇建设而言，不仅包括文物保护名单上寥寥的几个历史建筑，还包括了城镇的文物化格局（它是活的历史）与历史地区，也包括了一个地方的民俗民风。城镇的乡土文化包括了当地的生产、衣、食、住、行、婚姻、家庭、宗教、语言、文字、艺术、文学等物质与精神方面的文化因子。城镇文化是城镇居民在内外社会交往中形成的社会风尚、道德观念与价值取向，是由各种礼俗、传统、时尚所集中反映出来的城镇人格，是对城镇居民的社会行为具有引导作用和感召力的社会气息和文化氛围。因此，从历史的角度来看，城镇文化的传承发展是一个复杂的过程；城镇文化与空间相互依存，城镇文化的发展，最终会反映在具体的城镇空间或物质实体上。

---

① （英）迈克·克朗. 文化地理学 [M]. 杨淑华，宋慧敏译. 南京：南京大学出版社，2003：2.

② 引自联合国教科文组织：《关于历史地区的保护及其当代作用的建议》，1976 年 11 月 26 日在内罗毕通过。

③ （美）刘易斯·芒福德. 城市发展史 [M]. 倪文彦等译. 北京：中国建筑工业出版社，2005：6.

当前，社会经济快速增长，大规模城镇建设以及生态环境巨变，极大地冲击着地方传统文化的生存语境，城镇文化繁荣发展的背后，暴露出文化评判标准与价值取向迷失的问题。例如，城镇发展过程中"建筑文化垃圾"泛滥，建设过程中文化取向的欧化、低俗化、庸俗化倾向明显，罗马式柱廊大广场到处出现等，这些现象均发人深省。

5.2.2　文化与现代公共空间

作为社会生活的物质载体和城镇文化具体表现形式，公共空间反映了一定的场所意义和文化内涵；而公共空间的文化意义就在于它是文化的一种载体，信息交流的平台。伴随人的社会生活与活动，在公共空间中留下了深刻的人文印记：城镇发展的沧桑变化、具有地域特色的文明、不同民族的风俗习惯、不同时代的哲学思考。可以说，文化是公共空间的灵魂，人文特质使公共空间充满魅力；通过对文化的诠释和解读，可以增强居民对公共空间的认同感和归属感。

如第 2 章所述，珠江三角洲传统城镇公共空间有着丰富的文化内涵，例如寺庙广场的庙会活动，通常成为城乡居民普遍接受、喜闻乐见的娱乐文化形式和居民的盛大节日。但是，中华人民共和国成立以后，这些活动逐渐被作为封建迷信的旧习俗而成了改造、清除的对象。1978 年后，有些寺庙得到恢复并向社会开放，庙会活动也在一些地区有所复苏，但总体而言寺庙的修复仍受到主流舆论的限制，尤其是民间的自发立庙活动仍被视为迷信活动。随着社会和经济飞速发展，人们精神文化需求也逐步提高，传统形式的公共空间已不敷使用。在这种条件下，传统的城镇公共空间就需要有新的替代形式，必须增加现代公共空间以满足百姓的文化生活需求。

当然，现代公共空间的建设不仅仅是形态的问题，还应该注重文化内涵的充实。在当前地方政府逐步重视公共空间建设，对城镇发展的作用越来越重要的背景下，现代公共空间的建设既要注重历史文化的传承，又要避免过度地、不切实际地强调所谓的"传统文化形式"。例如，有特色的地方文化活动是公共空间艺术的有机部分，它能够为促进城镇生活及其居民的健康等作出积极的贡献，通过对地方的传奇、寓言、神话或历史的吸收，创造乡土的文化环境，激发人们的社会认同、社会凝聚力。因此，必须本着客观、扬弃和历史的态度，把优秀的传统文化并与外来文化有机结合，再运用到现代公共空间建设中。另外，对城镇公共空间产生的社会条件和文化内涵进行深刻的理解，不仅有助于把握公共空间发展的趋势，而且有助于认知现代公共空间在城镇文化中的重要地位。

1. 现代公共空间是实现和谐社会的必要条件

所谓和谐社会就是全体人民各尽所能、各得其所而又和谐相处的社会。构建和谐社会是一个系统工程，包括经济与社会的和谐，政治与社会的和谐，文化与社会的和谐，自然与社会的和谐等。其核心是人与社会和人与人的和谐。从伦理学意义上讲，和谐社会乃是多元利益主体通过道德的认同和行为选择的协调而形成的一种有利于满足人的需要、促进人的发展的社会秩序和精神氛围。进入 21 世纪，我国社会经济的整体全面平稳发展，下一步的目标是：树立科学发展观、构建和谐社会，建立环境友好型、资源节约型的社会。具体到城镇建设和发展方面，公共空间更能发挥在丰富人们生活、调节社会矛盾方面的重要作用。随着城市规划实践的发展和理论的进步，人们认识到城镇不只是为公众提供居所的物质空间，它还是公众个体感情归属的精神空间。新的城镇功能定位要求城镇管理必须考虑人、空间和时间这三大要素。城镇的现代化功能要求对城市的时空使用方式的管理，必须以给公众带来情感的乐趣为出发点。城镇功能的变化表明，只有公众才是城镇生活的主体，因此，现代城镇公共空间不断适应民众生活的变化，满足人民的需求，才能创造和谐的社会气氛。

2. 现代公共空间是中西文化冲突和融合的集中体现

公共空间的中西文化冲突体现在广场和公园的建设中。中国传统的城镇中心广场多为礼制场所，其封闭型的空间象征的是尊卑有别、上下有序的等级社会秩序，其用途多与普通的庶民百姓无缘。西方的广场是一种开放性的格局，象征在上帝面前人人平等与公民民主参与社会事务的文化模式与政治体制。西式广场引入中国后，这种开放型的空间形式却与中国传统的封闭格局形成了明显对照，也给传统的城镇空间格局形成了挑战。

中国古代本来有悠久的园林设计和优秀的文化传统，随着社会的发展与世界的交通，本来也可以在传统的基础上通过借鉴西方的形式而使其有所继承和发展，创造出具有民族风格和时代特色的城镇公共空间。但就公园形式而言，80 年后的公园深受西方的影响，建设或改建的多是几何型草坪式公园。有些公园的建设也进行了民族形式风格的探索，但未进行深入的总结，反而在否定民族文化的道路上愈行愈远。由于对中西公园历史未进行具体深入的分析，结果是生硬地移植或照抄西方的公园形式，中断了自己的公园传统。在这种背景下，城镇公园的形式与内容都发生了转折性的变化，体现了中西城市理念的冲突与融合。

3. 现代公共空间是民俗生活多元化的物质基础

所谓城镇民俗，就是存在于城镇人们群体中的民俗文化；它从三个层面反映城镇社会生活，即：反映城镇物质生活的民俗，如服饰、饮食、民居、交通运输、交换、贸易、生产等习俗；展现城镇制度生活的民俗，如家族、宗族、亲属称谓、民间组织、婚丧、人生礼仪、岁时节日、游艺、市民公约等民俗；表现城镇精神生活的民俗，如宗教、信仰、禁忌、民间工艺、传说、故事、歌谣等。民俗的嬗变、式微到中西合璧是社会转型期的生活和文化的深刻反映，民俗的更新是民俗改革、民俗走向文明的端始。一种民俗的消失或更替，除了社会的发展和民俗心理的变迁之外，就民俗本身而言，就取决于它本身所包含的意义和具体可感受的现象是否能激发人们不同的审美机能，特别是民间节日的兴废更是如此。①

　　从历史的角度来看，现代珠江三角洲的民俗文化具有强烈的过渡性，在文化表现上同时兼具城市民俗和乡村民俗的部分特征。从空间的迅速发展来看，其昨天是乡村文化，明天则可能是城市文化。由于珠江三角洲地方经济发展的历史原因，商业文化在城镇中随处可见，而许多具有地方特色的民俗也与商业相结合，以新的形式展现在公共空间中。例如城镇广场经常举办的车展、房展、婚纱展，商业街的步行化等；而且，公共空间的发展也为具有娱乐功能的表演艺术发展提供更大和更多的空间，有助于保存、继承传统的民俗文化。当然，这种传承并非是一成不变地进行的，而是有所变异并逐渐融入到现代生活当中。例如，传统的秋色游行变成现代的文化巡游，粤剧表演变成卡拉 OK，也可以同时在城镇现代公共空间中发生。

5.2.3　中国城镇公共空间发展的文化策略

　　公共空间作为城镇设计的主要内容，强调建筑与城镇的关系，以建设具有可识别性的社会活动场所、创造具有文化氛围的情感空间作为城镇设计的目标。公共空间的发展不只是自然资源和自然环境意义上的，而且也包含人文资源和社会环境方面的可持续发展；它是自然尺度和人的尺度的综合，是具有多重维度的复合体。新时期下城镇社会生活的复杂性对公共空间提出了更高的要求，日益向着多意义、多核心的方向深化，公共空间承载了更复杂、丰富和模糊的功能。

　　全球化进程中城镇发展的竞争，是科学技术与经济实力的竞争，也是文化的竞争。"文化是经济和技术进步的真正量度，即人的尺度；文化是科学和技术发展的方向，即以人为本。文化积淀，存留于城镇和建筑中，融会在人们的生活中，对城镇的建造、居民的观念和行为起着无形的影响，是城镇和建筑之魂。"② 目前，中国城镇发展亟待解决的问题是尽快建立文化自信，塑造城镇地域特色，公共空间正好为此提供了一个发展的舞台和契机。因此，尊重地域历史文化民俗风情，走人文之路，以文化为导向是中国城镇公共空间建设的重要发展策略。具体的文化发展策略主要包括文化梳理、文化保护、文化整合、文化创新四个部分：

1. 城镇公共空间文化梳理

　　很多小城镇的传统文化影响力有限，经济利益高于一切，城镇建设容易被长官意志所左右，文化建设往往不被重视。城镇快速发展过程中，产生了时空系统的错接，文化观念的混乱、传统文化的断裂等问题。另外，从区域城镇等级结构体系上看，由于小城镇在区

---

① 叶春生. 岭南民间文化 [M]. 广东：高等教育出版社，2000：209.
② 吴良镛. 国际建协《北京宪章》[M]. 北京：清华大学出版社，2002：209.

域中政治、经济上的弱势，其在地域文化上处在上一等级大中城市的覆盖和影响下，自身文化意识缺少广泛的认同感。

文化发展战略首先要求对城镇发展中的文化历史进行全面深入地研究，梳理其体系、特征和不足。例如，具有名人足迹、著名事件以及古建筑等历史文化遗产的小城镇，在文化的发展上有待挖掘；一些当初被忽略的文化遗产需要重新重视。因为城镇景观的保护或者重塑就是要首先挖掘这些存在于市民头脑中的集体记忆，即空间的塑造在某种意义上就是城镇"时间"脉络的塑造。[①] 城镇所在的等级越高就越开放，越容易接受外来文化的影响；城镇等级规模越小，越封闭，越容易保留原始的乡土文化，并沿着自己的道路发展。因此，地方性、民族性的生活习惯和民俗风情构成了小城镇最具特色的文化内容；发掘地方民俗风情，展现城镇特色，增加公共空间的地方文化特性，可以树立地方民族自信心，又为塑造具有地域特色的公共空间提供了有利的条件。

2. 城镇公共空间文化保护

毫无疑问，历史文化遗产是一笔宝贵的财富，是城镇独特的稀缺性资源，是塑造城镇特色的重要因素。结合公共空间的开发、建设，保护历史遗产，恢复历史地段生气，是公共空间自身发展的需要，也是保护文化遗产的责任。公共空间要想成为市民理想的活动场所，必须赋予空间以精神意义，使人们感受到一种心理归宿和熟悉的文化氛围，以及民俗习惯、地域风情。目前主要可以分为针对公共空间本身（物态）和传统公共活动（文态）两方面进行：

（1）传统城镇公共空间的物态保护。可以参考传统的文物建筑保护方法，根据不同建筑空间的情况进行维护和修复。因而对城镇历史的保护不仅意味着对单体建筑进行所谓的风格修复，也意味着保护文物古迹及具有历史传统风貌的街区，保护和延续古城的传统格局和风貌特色，保护和发扬传统文化、艺术、民俗精华和著名的传统产品，保护原有居民与传统空间的聚落关系。[②] 当然，由于现代城镇的发展，传统建筑也可以在适当的情况下局部改变功能并对外开放。对于传统商业街的保护与改造，则须建立新的步行系统，减少机动车的干扰，突破原有商业活动范围，创造新型的连续空间。对具有历史遗迹的公园进行改造，建立历史遗迹的核心保护区以及周边的公共绿地区域，即能够以历史吸引游人，又能以普通公园的形式发挥社会、生态功能，有助于减少历史公园超负荷使用的压力。另外，针对公共空间的场所特性，传统建筑（如祠堂、寺庙）外部的空间、场地等都应纳入保护范围。

（2）传统聚落公共空间的文态保护。作为文化保护的一种方式，不能仅仅重视物质形态的保护工作，而是更应强调其文化意义的继承，并在适应当代人的生活方式的情况下作

---

① 成砚. 读城：艺术经验与城市空间 [M]. 北京：中国建筑工业出版社，2004：134-135.

② 中国历史文化名城研究会. 中国历史文化名城保护与建设 [M]. 北京：文物出版社，1987.

出相应的调整。文脉是一城之"神"，也是它的风韵和魅力所在，强调历史文脉的"神韵"，从城镇的历史文化背景和资源着手分析其历史性延续的特征，提炼文化主题；注重其地域性特征、地域性文化与自然环境条件的结合，营造文化主题。同时，也要注重其贯通性和叠置性，通过有机的加工和组织，形成完整统一、协调呼应的文化主题。

为了继承和发扬传统水乡文化，需要对传统活动进行研究和挖掘群众喜闻乐见的形式，并加以现代演绎。例如各地的巡游活动，共同之处都是取材于历史故事，构造不同人物造型，配合彩车、舞蹈、锣鼓等；同时展出各种精美工艺品，乡土气息至为浓厚，场面也很壮观，吸引大批游人观赏。这些富有地域文化特色的活动，是值得继承和发展的；而同时让更多的人了解传统聚落公共空间，才能更自觉地参与保护这些空间。

李允鉌先生指出："中国城市的组织形式虽然经历着不少变化，但是无论在哪一种形式中，一种传统的精神仍然不断地保留着，它们所表现出来的一切就成为'中国式城市'一种真正的性格。"[1] 凯文·林奇则提倡体现"历史的延续性"，通过插入新建筑产生的"暗示和对比"来强调历史，以创造"一个随着时间流逝而越来越聚集的，而不是从来不变的城市环境"。[2] 这种方式强调，有必要通过新的公共空间开发来体现城镇的时代精神。

3. 城镇公共空间文化整合

公共空间的文化整合策略，不仅包括对传统文化的继承，还包括现代文化的创新、外来文化（西方和国内其他地方）的融合。例如对建于不同时代，具有不同功能、形式，不同位置的广场及周围环境的各元素、各组成部分所体现的各种文化品位加以整合，使之相互关联而成为一个有机整体。在整合文化关联时，应特别注意以下两点：一是历时性与共时性的文脉贯通；即建于不同年代、不同社会背景中的广场及其周围环境的各元素、各组成部分，从时间的纵向上应是一种批判性的继承关系；从时间的横向上，应当是多样和谐地共处于同一时空之中。二是地域性、民族性与国际性的互融共生，在当今全球化的背景下，多元互补已成为文化发展的潮流。因此，立足于地域、民族文化，积极、批判地吸收外来文化，促进发展是大势所趋。

大众在公共空间中的活动、体验也常常是连贯、整体的。很多传统公共空间的关键特质是针对步行者优先的"连续性"或"整体性"。因此要设计成功的公共空间，就必须理解穿过公共空间的运动是城镇体验的核心。对步行者来说，"地点"之间的联系非常重要，成功的公共空间一般都是整合在当地的运动系统中的。[3] 可以参考传统公共空间文化中的"巡游"方式整合一个城镇内部的公共空间，令分散的空间连接成有意义的整体。

另外，公共空间整合的方法就是鼓励城镇空间的多元化和混合开发，打破旧有的一元

① 李允鉌. 华夏意匠 [M]. 天津：天津大学出版社，2005：400.
② （美）凯文·林奇. 城市形态 [M]. 林庆怡等译. 北京：华夏出版社，2001：236.
③ （美）埃德蒙·培根. 城市设计 [M]. 黄富厢等译. 北京：中国建筑工业出版社，2003.

和分区开发模式。亚太城市则以不同土地功能混合而闻名，传统的亚洲公共场所和城市一样，都体现出多功能特点，在宗教、商业和娱乐功能之间建立联系。① 例如新加坡是一个多种族、多元文化混合的国家，在城市规划实施过程中高度重视传统文化、地域文化的保护、继承和发扬，以及本土多元文化的相容和整合。

4. 城镇公共空间文化创新

对外交流的频繁，特别是各种文化活动的不断增多，人们价值观念的开放性与多元化，也促进了整个地区公共文化生活的发展。在公共空间中的活动，则反映了青年人中生活方式的西化现象，例如出现了许多洋人的节日，如"圣诞节""情人节""母亲节""父亲节"等，而相应有了圣诞倒数等集中热闹的广场活动。另外，伴随着大量外省移民的迁入，珠江三角洲公共空间发展中所代表的"广府文化"，也逐步糅合移民所带来的文化及其他外来文化而形成，既带有传统平民性、重商性特色，也带有浓厚工业文明色彩的综合文化。因此，中国城镇公共空间的发展，必须在糅合了多种文化之后进行一定的创新，才能产生属于自己的新的公共空间文化。

5.2.4 城镇公共空间发展的系统构建

公共空间是城市系统的一个分支，这句话的深层含义有两个：第一是公共空间本身就是一个系统；第二层意思是这个系统从属于城市巨系统。作为一种系统具有内外的两种特性，内部特性讲的是公共空间的精神内核；外部特性讲的是公共空间与城镇整体的外部融合以及形态的表现因素。因此，中国城镇公共空间发展的系统构建必须从两个方面来把握，一方面是内部价值取向（核心要求），主要包括人文、生态、生活三个方面；另一个方面是外部特征（形态要求），主要包括：整体性、结构性、层次性、连续性，在每个局部的公共空间，又要讲究易达性、功能性、开放性、多样性、人文性等质量要求。具体如下：

1. 核心要求（价值观）

从城镇发展的战略选择和公共空间所容纳的内容看，公共空间具有两大价值核心："人文核""生态核"，这也是城镇发展的基础价值。其中人文核主要包括：历史建筑、历史街区、古遗迹、名人故居等历史物质文化遗产，还有地域传统生活方式、审美意识和人文精神，是城镇的灵魂所在；② 生态核主要包括：具有生态敏感性的河流、山川、水系、湿地、自然保护区等，是城镇的健康基础。人文核和生态核是客观存在的，其空间位置是

① 缪朴. 亚太城市的公共空间［M］. 司玲司然译. 北京：中国建筑工业出版社，2007：10.
② 单霁翔. 从"功能城市"走向"文化城市"［M］. 天津：天津大学出版社，2007：41-43.

确定的、客观的，具有一定的地域特征。

如果从整个公共空间的战略选择来看，还有一个价值核心，那就是"生活核"。生活核主要包括：商务中心、步行街、市政广场等重要的城镇生活场所。城镇是为生活其中的"人"所设计，而不是为"神"而设计。对生活质量的追求，才是公共空间存在的价值所在。因此，公共活动，才是现代公共空间建设的重点所在和应该表达的内涵。毫无疑问，"人文核""生态核"是公共空间系统的最本质内容，也是公共空间系统的战略选择，公共空间系统的构建正是围绕这些价值核心来实现。

2. 形态要求（整体观）

在上述文化导向的策略指引下，如何实施统筹兼顾更完善的规划政策，如何通过具体的城市设计手法令公共空间达到其核心价值取向。因此，根据上述核心要求，基于对该地区的评价以及公众咨询和参与来制定完整的设计导则；其范围从城镇尺度的战略规划导则，到特定区域的大规模更新、保护或开发项目的规划导则，直至特定基地与开发的设计导则。这样的公共空间保护既体现了对人精神需求上细致的人性化关怀，又塑造了具有鲜明地域特色的城镇面貌，同样有利于城镇文化的发展。

在《城市设计新理论》中，亚历山大（Alexander）认为，旧城镇的有机性在今天建设的城市中没有而且不可能存在，因此需要一个创造"城市发展整体性"的过程。"正是这个过程保证了整体性……而不仅仅是形式。如果我们创造一个合适的过程，城市就有希望再次成为整体。如果我们不改变这个过程，那么根本就没有希望"。[①] 而且，应该把更多的注意力集中在城市设计层面而不仅仅是土地使用方面，必须在规划中考虑到城镇结构以及街道设计在视觉、空间效果上达到的质量。因此，在公共空间的系统构建（形态）上应该做到以下几点：

（1）总体布局

公共空间设计成功与否始于圆满的规划布局，例如正确选择地点、功能和开发策略。首先，在开发策略上，中小城镇没有必要做一个涵盖整个城镇的轴线系统（如西方文艺复兴以后的城市——巴黎的罗浮宫—拉德方斯轴线或者古希腊、罗马的朝圣路线等）。其次，在总体布局方面，可以学习新加坡干线式步行系统和哥本哈根等欧洲城市的分散式广场、公园布局。凯文·林奇（Kevin Lynch）在《城市形态》附录中也探讨了公共空间布局的两种方式：集中且连续的巨大空间形成了城镇的视觉框架，同时为拥挤的城镇提供了一个缓解空间。另一种是将公共空间分为众多小块，广泛地分散在整个城镇范围内，那么人们就能够更方便地进入和使用这些空间。[②] 在城镇里布置众多的袖珍公园以及小广场，显然更符合群众的使用习惯，并以最小的成本获得最大的成效。

---

① （美）C·亚历山大等，城市设计新理论 [M]. 陈治业，童丽萍等译. 北京：知识产权出版社，2002：3.
② （美）凯文·林奇. 城市形态 [M]. 林庆怡等译. 北京：华夏出版社，2001：296-304.

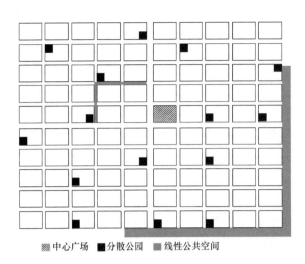

▨ 中心广场　■ 分散公园　▨ 线性公共空间

图 5-11　理想城镇公共空间布局模式（作者自绘）

在此，本书参照上述理论和结合中国城镇发展的特点，提出理想城镇公共空间总体布局模式，即设置中心广场＋线性步行系统＋分散式广场、公园的布局（图 5-11）。

（2）中心广场

第一类是少量的大型公共空间，用以展示城镇目前的发展状况和形象。这些公共空间通常是在城镇商业中心的现代风格的广场并结合政府中心的纪念性建筑物或购物中心、大面积绿地等，还有就是在旧城中心被保护的历史性公共空间等。当然，一些模仿西方的中心广场设计并不适应当地气候和当地居民的生活方式。例如自从20世纪80年代的改革开放以来，许多城镇建设了新城中心，通常设有一个巨大的广场，周围环绕着宽阔的主干道，街道另一边矗立着高层建筑，仿佛是由巴洛克广场和西方商务中心区的现代景象拼贴而成的图景。但实际上没有几个使用者会停留在这些裸露的地方，而且，穿越马路的困难和交通噪声都使大多数居民不太愿意来到这个广场。因此，可见中心广场的设计最重要的是选点和尺度问题。

（3）分散公园

在欧洲的城市里，人们的集会活动通常是在广场举行，相对而言中国几乎没有这方面的传统，人们更喜欢去公园进行活动。因为在中国的很多城镇里，除了拥挤的街道之外，公园是仅有的可作多种用途，收费又不高的公共空间。早晨可以在这里练习气功、锻炼身体，也可成为非政府性质的社团组织活动的场所，可用做举办展览和节庆的文化活动中心，是年轻的情侣们聚会的客厅，也是青少年为了准备考试而复习的教室。

因此，公园应该是城镇公共空间的主要组成部分，而且应当分散、均匀地布局在城镇当中，以方便当地普通居民日常活动的需求。另外，由于公园不需要承担象征意义，也不须有意追求自己的风格，可以呈现一种不定型的状态，兼有现代/西方和传统/本土和某些特征。在密集的建成区中，这类公共空间的形态结构接近传统的线性和小型节点模式（迷你型公园），同时构成外形上又完全具有现代特点。当然，公园里的应预留部分铺砌好的地方，可以让更多的人把公园当做空间来使用，而不仅是无法触摸的风景。其次，适当增加篮球场、老人门球场等活动空间，以满足年轻人工余和老人的活动需求。

（4）线性公共空间

包括街道和线性的公园。日本建筑师黑川纪章（Kisho Kurokawa）指出："尽管东方城市缺乏广场之类正式留出的空间，但是城市中的街道成了聚集的场所。"[①] 美国城市学者简·雅各布斯的研究指出，街道应该是一个人们可以进行各种社会活动的公共场所，而不仅仅是为了解决机动车的交通问题。如果街道不是根据人们的需要而设计的，就会缺乏行人及行人能提供的监督，结果会导致街道成为一个滋生犯罪的地带。此外，街道也应该是反映当地文化与气候的步行活动的地方。

传统的街道能够展示城镇生活丰富多彩的一面，小贩、街边的咖啡馆、人行道商品展示、露天市场、展览、旗帜、繁忙的商店橱窗、公共艺术、吸引人的标志以及繁盛的树木。在现代社会中，线性公共空间这一主题在不同的城镇中有着丰富多彩的变奏，例如河岸、街道、有顶或者多层的人行道、步行小巷、有空调的室内街道或者空中街道。这种线性公共空间有如下优点：

1）线性娱乐空间鼓励步行、骑自行车、慢跑等活动——这些活动有益于提高人们的健康，因此越来越受欢迎。

2）与广场或矩形公园相比，线性公园的边界提供了更多进入公园的机会。

3）大多数线性公园的宽度相对较窄（30～50m），从公园的两侧视线都能够穿越，要比广阔幽深的公园安全感强，这对女性特别重要。

4）线性公园的建设与当前对注重生态的规划。

5）一般公园设施——老人休闲区、儿童活动场、篮球场、体育活动区等在线性公园中比在传统的广场公园中更便于分散布置，可以形成串珠式的布局，因此降低了不同使用群体之间的潜在冲突。

因此，对应线性公共空间的建设，城镇规划需要对现有的交通政策进行修改，通过改善公共交通系统来限制私人汽车进入城镇中心地区，还要提供一个完善的行人连接系统；它应当采取不间断的人行道形式，这个系统应该将城镇中所有重要的公共节点空间连接起来（中国近年推广的绿道建设也是这样的效果）。从而鼓励人们尽可能地使用街道，使生活重新回归街道。

3. 质量要求（要素观）

城镇公共空间的主要功能就是满足不同居民的不同需要，建设公共空间的根本目的应当是引发、促进人的社会交往和交流。所以除了对整体布局层面对公共空间的研究，还需要在具体的空间特性上进行总结归纳，目的还是希望能吸取好的经验并运用在现代公共空间的设计和建设之中，提高人们对于城镇公共空间的使用度、满意度、愿望度。[②] 那么，要如何提高公共空间的质量？关键是要明确城镇现代公共空间的基本质量要求，根据对相关资料和现场观察，总结出以下若干关键的影响要素。

---

① Kisho Kurokswa. Rediscovering Japanese［M］. Tokyo：Johneatherhill，1988：19-20.
② 周振宇. 城市公共空间使用成效评价及应对策略［J］. 新建筑，2005（6）：50-52.

（1）易达性。公共空间的易达性对使用度、愿望度具有决定性的作用。尽管不同规模等级的公共空间辐射不同范围的人群，其基址选择有所区别，但易于识别、地理位置的可达和易达是至关重要的因素。相反，如果选址位于较为隐蔽、不易被子人发现的城镇地带或交通不便、不易到达的区域都会缺乏人气，造成空间使用效率的降低。

（2）功能性。不同年龄、文化背景的人对于公共空间环境特色的需求有所不同，有人喜欢幽静，有人喜爱喧闹；青年人崇尚时尚，中老年人趋向怀旧。因此公共空间要满足不同的需求，即公共空间具有各种的功能，吸引人们参与到活动当中；相比之下，功能匮乏、内容单调的公共空间常常会因缺乏吸引力而降低了人们使用的愿望。城镇公共空间必须注重均衡和功能性，能够让不同人群各得其所。

（3）安全性。安全性影响着使用者满意度、愿望度。例如步行区与行车区合理的分离、地面高差处理的安全合理、公共设施的可靠性、植物的无害性等；或者公共空间与城镇道路或其他存在危险的区域（河流湖泊、城镇电线、管井）之间拥有足够的缓冲距离或安全围护设施。青少年儿童活动较为密集的公共场所更应注重安全问题，不能给人安全感的地方肯定没有人愿意停留。

（4）多样性。几年前各地竞相建造大广场、大草坪，造成了千城一面而令使用者深感乏味而降低满意度、使用度。公共空间的单调而招致广泛的批评与质疑，因此必须植根于自身的文化、经济、地理环境、气候特征，突破固定模式的新思维，做到因地制宜，创造多元化、个性化、地域化的公共空间环境与形象。中国传统公共空间的一个基本特色就是它的模糊的边界，建筑物与公共空间混杂、重叠而非单一功能。多样性要求公共空间的形态多变、功能复合多样，才能更好地满足居民的使用要求。

（5）人文性。主要指毗邻城镇著名历史、文化名胜建造的公共空间，以及依托于风光优美的自然景观而建造的活动空间，需要强调对历史文化遗产、地方民俗风情的充分尊重。一方面，可以让本地居民产生具有主人翁的责任感和归宿感；另一方面，也可以塑造具有特色的城镇空间面貌，从而促进地方文化的发展。另外，还要在微观环境和细节设计中"以人为本"，关心到人的行为和感受，使公共空间更具有人性化、更具舒适性，从而提高满意度。它包括为使用者提供灵活多样的座椅；营造亲切宜人的空间尺度；创造形态丰富、可以接触的环境小品等。

杨·盖尔的研究表明，"人及其活动是最能引起人们关注和感兴趣的因素，正是人们的相互交往和丰富的激情感受构成了富于生气的城市生活，而单调枯燥的体验则使城市死气沉沉"，如果对城市公共空间进行科学的规划设计，为户外活动创造适宜的条件，就可以提高户外空间质量，有助于诱发和延长自发性活动；从而间接地促成社会性活动，"就不必为了使建筑物更加'迷人'而去刻意追求那些耗资巨大而又生硬、牵强的戏剧化建筑效果"。①

---

① （丹）杨·盖尔，交往与空间 [M]. 何人可译. 北京：中国建筑工业出版社，2002：25-33.

新时期下社会生活的复杂性对公共空间提出了更高的要求,日益向着多意义、多核心的方向深化,公共空间承载了更复杂、丰富的功能。本书提出以文化为导向的中国城镇公共空间发展策略。其中包括"文化梳理、文化保护、文化整合、文化创新"的文化策略;然后是城镇公共空间的系统构建,其中包括核心要求(价值取向)、形态要求和质量要求三大部分。在形态要求方面,本书提出了理想城镇公共空间总体布局模式,主要考虑了三种类型公共空间(中心广场、分散公园、线性步行空间)的分布方式,并对具体的建设质量提出了"易达性、功能性、安全性、多样性、人文性"五点的要求。

附 录

附录 1　顺德大良钟楼广场、新桂公园现场使用情况调查（节选）

顺德大良钟楼广场、新桂公园现场使用情况调查见附表1-1。

顺德大良钟楼广场、新桂公园现场使用情况调查

地点:钟楼广场　（2006年12月19日星期二）　温度:11~18℃　气候:阳光充沛、干燥、风和日丽

时间	8:00			9:00			10:00			11:00			12:00			13:00			14:00			15:00			16:00			17:00			18:00			19:00			20:00		
类别	老	青	少	老	青	少	老	青	少	老	青	少	老	青	少	老	青	少	老	青	少	老	青	少	老	青	少	老	青	少	老	青	少	老	青	少	老	青	少
休息	8	3		9	12	1	7	7		4	6		3	14		8	30		4	36	1	6	30		3	26		2	9		3	6		7	3		10	5	
交谈	17	7		39	11		16	7		4	22		19		1	4	15	1	2	48	1	4	52		2	67	1	1	10			13		44	28		48	30	
游憩	13			21	6	2	37	13	2	14	4			19	1	10	12	5	20	8	4	10	12	4	12	22	4	17	9			3		1	13		1	18	
散步	22	15		19	12	4	21	14	11	5	15	3	1	22		8	20		10	27	5	15	37	3	9	41	1	9	25	2	14	32	1	69	38	6	72	40	7
运动	48	19		27	9	2	21	3		5	1								1	5		5	8		1	30	11	2	3	1	1	4		1	29	8	3	31	12
其他	7	11		14	11		36	23		12	8	7	10	7		5	12		4	16			41		1	58			7		1	4			20		4	18	
合计	170			199			222			119			80			125			192			235			286			97			82			266			299		

观察说明　50岁左右的人喜欢在这里打扑克牌。

地点:新桂公园　（2007年1月14日星期日）　温度:13~20℃　气候:多云、微风、干燥、偶有阳光

时间	8:00			9:00			10:00			11:00			12:00			13:00			14:00			15:00			16:00			17:00			18:00			19:00			20:00		
类别	老	青	少	老	青	少	老	青	少	老	青	少	老	青	少	老	青	少	老	青	少	老	青	少	老	青	少	老	青	少	老	青	少	老	青	少	老	青	少
休息	4	10		6	13		7	16		5	10		8	46		5	47	3	9	49	8	20	56	5	22	67	3	7	22	3	2	16		3	21		5	25	
交谈	21			2	26		4	33		2	27		3	19		1	56		4	80		4	156	1	2	189	1	6	64	2	2	53	5	17	20	2	16	30	2
游憩	16	8		21	10		25	19		20	17		3		17	12	7		26	14	25	27	25	52	31	29	61	16	2	23	5		16	2	15		1		18
散步	9	47	7	11	61	12	16	69	26	11	51	14	5	27	18	3	62	17	9	89	15	8	129	13	6	137	16	16	41	14	8	28	8	31	90	6	37	87	8
运动	11	12	9		4	7		5			3		2	4		3			7			7	9	2	3	2		7	7		3	9		3	17		2	19	
其他	13			19			25			17			4	17	8	1	54		1	66	7	17	51		15	34	1	6	29		3	33	3	1	16	2		23	4
合计	167			192			259			191			173			287			414			582			619			247			189			246			277		

观察说明　有喷水池开放的时候，人特别多。

附录2 顺德大良钟楼广场满意度调查问卷

年__月__日

您好：

打扰您2分钟时间，这是一份华南理工大学建筑学院对大良钟楼广场满意度的调查。您宝贵的意见会是我们研究的重要基础。谢谢您的积极配合！

---

1. 您来钟楼广场的频率是？

　　□ 每天一次　□ 两三天一次　□ 每周一次　□ 每月一次　□ 半年一次　□ 其他

2. 您通常在钟楼广场的活动是什么？

　　□ 朋友聚会　□ 参加活动　□ 休息　　□ 运动　　□ 参观　　□ 散步　　□ 其他

3. 您选择来钟楼广场是因为哪些因素？

　　□ 离家近　　□ 交通便捷　□ 健身设施齐备　　□ 景观绿化迷人　□ 举办活动多

　　□ 有特色　　□ 知名度大　□ 停车方便　　　　□ 其他（请注明）_____

4. 您是如何来到钟楼广场的？

　　□ 步行　□ 自行车　□ 小车　　□ 公共汽车

5. 钟楼广场对您的生活很重要吗？　　□ 是　　□ 否　　□ 无所谓

6. 针对在钟楼广场活动，您的感受在以下方面如何？

	非常满意	满意	无所谓	不满意	很不满意
舒适性	□	□	□	□	□
安全性	□	□	□	□	□
便捷性	□	□	□	□	□
清洁度	□	□	□	□	□

7. 如果您家周边地区的公共活动空间需要进一步增加，您认为首先应该增加什么？

　　□ 广场　□ 公园　□ 休闲绿地　□ 商业街或饮食街　□ 滨水活动场所　□ 运动场地
□ 其他_____

8. 除了钟楼广场外，您平时经常去的公共场所是哪里？

　　□ 体育馆　□ 商场/超市　□ 电影院　□ 棋牌游戏室　□ 网吧 □ 茶楼/餐厅　□ 图书馆
□ 博物馆　□ 其他_____

9. 其他您所知道的或满意的公园（广场）有：_____

最后，再花费您一点点时间，了解一些您的个人资料，以便比较人们对于本议题的不同看法。再次衷心感谢您的参与！

　　1. 性别：　□ 男　　□ 女　　　　　2. 年龄：_____

　　3. 您目前的居住地：　　□ 大良　□ 顺德其他地方　□ 其他城市

参 考 文 献

[1] 嘉靖. 广东通志.

[2] 道光. 广东通志.

[3] 咸丰. 顺德县志.

[4] 民国. 顺德县续志.

[5] 道光. 南海县志.

[6] 同治. 南海县志.

[7] 光绪. 南海乡土志.

[8] 同治. 番禺县志.

[9] 嘉靖. 香山县志.

[10] 民国. 香山县志续编.

[11] 宣统. 新会乡土志.

[12] 嘉庆. 三水县志.

[13] 光绪. 高明县志.

[14] 宣统. 东莞县志.

[15] 康熙. 肇庆府志.

[16] 顺治. 九江乡志.

[17] 光绪. 九江儒林乡志.

[18] 嘉庆. 龙山乡志.

[19] 乾隆. 佛山忠义乡志.

[20] 民国. 佛山忠义乡志.

[21] 明史.

[22] 清史稿.

[23] （清）读史方舆纪要.

[24] 道光. 佛山街略.

[25] 新佛山杂志. 1929.

[26] （明）游岭南记.

[27] （清）屈大均. 广东新语 [M]. 北京：中华书局，1985.

[28] （清）刘献廷. 广阳杂记 [M]. 北京：中华书局，1957.

[29] 梁嘉彬. 广东十三行考 [M]. 广州：广东人民出版社，1999.

[30] 黄佛颐. 广州城坊志 [M]. 广州：广东人民出版社，1994.

[31] 明清佛山碑刻文献经济资料 [M]. 广州：广东人民出版社，1987.

［32］ 孙施文. 城市规划哲学［M］. 北京：中国建筑工业出版社，1997.

［33］ 王建国. 城市设计［M］. 北京：中国建筑工业出版社，1999.

［34］ 于雷. 空间公共性研究［M］. 南京：东南大学出版社，2005.

［35］ 吴庆洲. 建筑哲理、意匠与文化［M］. 北京：中国建筑工业出版社，2005.

［36］ 周进. 城市公共空间建设的规划控制与引导［M］. 北京：中国建筑工业出版社，2005.

［37］ 齐康. 城市环境规划设计与方法［M］. 北京：中国建筑工业出版社，1997.

［38］ 王世福. 面向实施的城市设计［M］. 中国建筑工业出版社，2005.

［39］ 夏铸久. 公共空间［M］. 台北：艺术家出版社，1994.

［40］ 许学强，刘琦等. 珠江三角洲的发展与城市化［M］. 广州：中山大学出版社，1988.

［41］ 李允鉌. 华夏意匠［M］. 天津：天津大学出版社，2005.

［42］ 赵世瑜. 狂欢与日常——明清以来的庙会与民间社会［M］. 北京：三联书店，2002.

［43］ 屈大均. 广东新语——地语［M］. 北京：中华书局，1985.

［44］ 司徒尚纪. 广东文化地理［M］. 广东：人民出版社，1993.

［45］ 朱光文. 岭南水乡［M］. 广东：人民出版社，2005.

［46］ 李秋香. 宗祠［M］. 北京：三联书店，2006.

［47］ 仲富兰. 图说中国百年社会生活变迁［M］. 上海：学林出版社，2001.

［48］ 王日根. 中国会馆史［M］. 上海：东方出版中心，2007.

［49］ 谭运长，刘斯奋. 清晖园［M］. 北京：人民出版社，2007.

［50］ 叶春生，凌远清. 顺德民俗［M］. 北京：人民出版社，2005.

［51］ 俞孔坚. 理想景观探源——风水的文化意义［M］. 北京：商务印书馆，1998.

［52］ 许学强，等. 中国乡村——城市转型与协调发展［M］. 北京：科技出版社，1998.

［53］ 罗一星. 明清佛山经济发展与社会变迁［M］. 广东：人民出版社，1994.

［54］ 曾昭璇，黄伟峰. 广东自然地理［M］. 广东：人民出版社，2001.

［55］ 王沪宁. 当代中国村落家族文化［M］. 上海：人民出版社，1991.

［56］ 梁漱溟. 中国文化要义［M］. 上海：学林出版社，1987.

［57］ 蒋祖缘，方志钦. 简明广东史［M］. 广东：人民出版社，1987.

［58］ 李俊夫. 城中村的改造［M］. 北京：科学出版社，2004.

［59］ 李孝悌. 中国的城市生活［M］. 北京：新星出版社，2006.

［60］ 钱穆. 中国文化丛谈［M］. 台北：联经出版事业公司，1998.

［61］ 曾昭璇. 岭南史地与民俗［M］. 广东：人民出版社. 1994.

［62］ 谭元亨. 广府寻根［M］. 广东：高等教育出版社，2003.

［63］ 黄淑娉. 广东族群与区域文化研究调查报告集［M］. 广东：高等教育出版社，1999.

［64］ 王日根. 明清民间社会的秩序［M］. 长沙：岳麓书社，2003.

［65］ 费孝通. 乡土中国［M］. 北京：三联书店，1985.

［66］ 顾朝林，甄峰，张京祥. 集聚与扩散——城市空间结构新论［M］. 南京：东南大学出版社，2000.

［67］ 周一星. 城市地理学［M］. 北京：商务印书馆，1995.

［68］ 贺业钜. 考工记营国制度［M］. 北京：中国建筑工业出版社，1985.

[69] 李秋香. 中国村居 [M]. 北京：百花文艺出版社，2002.

[70] 龙庆忠. 中国建筑与中华民族 [M]. 广州：华南理工大学出版社，1990.

[71] 陆元鼎. 岭南人文、性格、建筑 [M]. 北京：中国建筑工业出版社，2005.

[72] 阮仪三，王景慧. 历史文化名城保护理论与规划 [M]. 上海：同济大学出版社，1999.

[73] （美）加里 赫克，林中杰. 全球化时代的城市设计 [M]. 北京：中国建筑工业出版社，2006.

[74] 朱喜钢. 城市空间集中与分散论 [M]. 北京：中国建筑工业出版社，2002.

[75] 李芸. 都市计划与都市发展——中外都市比较 [M]. 南京：东南大学出版社，2002.

[76] 邹兵. 小城镇的制度变迁与政策分析 [M]. 北京：中国建筑工业出版社，2003.

[77] 蔡禾. 城市社会学：理论与视野 [M]. 广州：中山大学出版社，2003.

[78] 吴良镛. 建筑学的未来 [M]. 北京：清华大学出版社，1999.

[79] 金经元. 近现代西方人本主义城市规划思想家 [M]. 北京：中国城市出版社，1998.

[80] 王受之. 当代商业住宅区的规划与设计——新都市主义论 [M]. 北京：中国建筑工业出版社，2001.

[81] 王伟强. 和谐城市的塑造——关于城市空间形态演变的政治经济学实证分析 [M]. 北京：中国建筑工业出版社，2005.

[82] 王蔚. 不同自然观下的建筑场所艺术——中西传统建筑文化比较 [M]. 天津：天津大学出版社，2004.

[83] 单霁翔. 从"功能城市"走向"文化城市" [M]. 天津：天津大学出版社，2007.

[84] 谭元亨. 南方城市美学意象 [M]. 广州：华南理工大学出版社，2003.

[85] 吴志高. 千年水乡 [M]. 北京：人民出版社，2007.

[86] 苏禹. 历史文化名村碧江 [M]. 北京：人民出版社，2007.

[87] 吴焕加. 中国建筑：传统与新统 [M]. 南京：东南大学出版社，2003.

[88] 朱晓明. 历史、环境、生机——古村落的世界 [M]. 北京：中国建材工业出版社，2002.

[89] 张国雄. 岭南五邑 [M]. 北京：生活·读书·新知三联书店，2005.

[90] 吴庆洲. 巨变与响应——广东顺德城镇形态演变与机制研究 [M]. 北京：中国建筑工业出版社，2014.

[91] 冯友兰. 中国哲学简史 [M]. 北京：新世界出版社，2004.

[92] 陈弱水. 公共意识与中国文化 [M]. 北京：新星出版社，2006.

[93] 吴良镛. 人居环境科学导论 [M]. 北京：中国建筑工业出版社，2001.

[94] （德）迪特·哈森普鲁格. 走向开放的中国城市空间 [M]. 上海：同济大学出版社，2005.

[95] （美）阿摩斯·拉普卜特. 建成环境的意义 [M]. 黄谷兰等译. 北京：中国建筑工业出版社，2003.

[96] （美）柯林·罗，弗瑞德·科特. 拼贴城市 [M]. 童明译. 北京：中国建筑工业出版社，2003.

[97] （英）芒福汀. 街道与广场 [M]. 张永刚，陆卫东译. 北京：中国建筑工业出版社，2004.

[98] （美）凯文·林奇. 城市形态 [M]. 林庆怡等译. 北京：华夏出版社，2001.

[99] （美）凯文·林奇. 城市意象 [M]. 项秉仁译. 北京：中国建筑工业出版社，1996.

[100] （美）克莱尔·库珀·马库斯，卡罗琳·弗朗西斯，人性场所（第二版）——城市开放空间设计导则 [M]. 俞孔坚等译. 北京：中国建筑工业出版社，2001.

[101] （美）道格拉斯·凯尔博. 共享空间 [M]. 吕斌等译. 北京：中国建筑工业出版社，2006.

[102] （丹）扬·盖尔. 交往与空间 [M]. 何人可译. 北京：中国建筑工业出版社，1992.

[103] （美）刘易斯·芒福德. 城市发展史 [M]. 宋俊岭等译. 北京：中国建筑工业出版社，2005.

[104] （英）卡莫纳等. 公共场所——城市空间 [M]. 冯江等译. 南京：江苏科学技术出版社，2005.

[105] （加）简·雅各布斯. 美国大城市的死与生（1992）[M]. 金衡山译. 南京：译林出版社，2005.

[106] （日）藤井明. 聚落探访 [M]. 宁晶译. 北京：中国建筑工业出版社，2003.

[107] （美）缪朴编. 亚太城市的公共空间 [M]. 司玲译. 北京：中国建筑工业出版社，2007.

[108] （日）西村幸夫. 再造魅力故乡 [M]. 王惠君译. 北京：清华大学出版社，2007.

[109] （英）迈克·克朗. 文化地理学 [M]. 杨淑华等译. 江苏：南京大学出版社，2005.

[110] （美）施坚雅. 中华帝国晚期的城市 [M]. 中光庭等译. 北京：中华书局，2000.

[111] （丹）扬·盖尔，拉尔斯·吉姆松. 公共空间·公共生活 [M]. 汤羽扬等译. 北京：中国建筑工业出版社，2003.

[112] （美）C·亚历山大，城市设计新理论 [M]. 陈治业，童丽萍译. 北京：知识产权出版社，2002.

[113] （美）埃德蒙·培根. 城市设计 [M]. 黄富厢等译. 北京：中国建筑工业出版社，2003.

[114] （意）阿尔多·罗西. 城市建筑 [M]. 施植明译. 台北：博远出版公司，1992.

[115] （意）L·贝纳沃罗. 世界城市史 [M]. 薛钟灵等译. 北京：科学出版社，2000.

[116] （美）E·沙里宁. 城市——它的发展衰败和未来 [M]. 顾启源译. 北京：中国建筑工业出版社，1988.

[117] （英）迈克·詹克斯等. 紧缩城市———一种可持续发展的城市形态 [M]. 周玉鹏等译. 北京：中国建筑工业出版社，2004.

[118] （英）尼格尔·泰勒. 1945年后西方城市规划理论的流变 [M]. 李白玉等译. 北京：中国建筑工业出版社，2006.

[119] （英）埃比尼泽·霍华德. 明日的田园城市 [M]. 金经元译. 北京：商务印书馆，2002.

[120] Peter Hall. The Cities of Tomorrow：An Intellectual History of Urban Planning and Design in the Twentieth Century [M]. Oxford，UK：Basil Blackwell，1988.

[121] A Rossi，The Architecture of the City [M]. MIT Press，1982.

[122] Kisho Kurokswa. Rediscovering Japanese [M]. Tokyo：Johneather-hill，1988.

[123] Steven Tiesdell，Taner Oc，Tim Heath. Revitalizing Historic Urban Quarters [M]. Elsevier Science Ltd，1996.

[124] Patsy Healey Abdul Khakee. Making Strategic Spatial Plans [M]. UCL Press，1997.

[125] Luc Nadal. Discourses of Urban Public Space [M]. Columbia University，2000.

[126] 王鹏. 城市公共空间的系统化建设 [D]. 北京：清华大学，2001.

[127] 周毅刚. 明清时期的珠江三角洲城镇发展及其形态研究 [D]. 广州：华南理工大学，2004.

[128] 陈泳. 城市空间：形态、类型与意义——苏州古城结构形态演化研究 [D]. 南京：东南大学，2000.

[129] 曹文明. 城市广场的人文研究 [D]. 北京：中国社会科学院，2005.

[130] 邱衍庆. 明清佛山城市发展与空间形态研究 [D]. 广州：华南理工大学，2005.

[131] 陆琦. 岭南造园艺术研究 [D]. 广州：华南理工大学，2002.

[132] 胡冬香. 广州近代园林研究 [D]. 广州：华南理工大学，2007.

[133] 陈建华. 珠江三角洲地区休憩广场的环境及其行为模式研究 [D]. 广州：华南理工大学，2003.

[134] 武进. 中国城市形态：类型、特征及其演变规律的研究 [D]. 南京：南京大学，1989.

[135] 戴俭. 住居形态的文化研究 [D]. 南京：东南大学，1997.

[136] 周霞. 广州城市形态演进研究 [D]. 广州：华南理工大学，1999.

[137] 林冲. 骑楼型街屋的发展与形态的研究 [D]. 广州：华南理工大学，2000.

[138] 王健. 广府系民居建筑及文化研究 [D]. 广州：华南理工大学，2002.

[139] 张凡. 城市发展中的历史文化保护对策研究 [D]. 上海：同济大学，2003.

[140] 王纪武. 地域文化视野的城市空间形态研究 [D]. 重庆：重庆大学，2005.

[141] 李少云. 城市设计的本土化 [D]. 上海：同济大学，2004.

[142] 陈楚. 珠江三角洲明清时期祠堂建筑初步研究 [D]. 广州：华南理工大学，2001.

[143] 王璐. 中国城市中心区的步行系统研究 [D]. 广州：华南理工大学，2001.

[144] 何韶颖. 顺德城镇发展研究 [D]. 广州：华南理工大学，2004.

[145] 莫浙娟. 解读明清顺德大良城 [D]. 广州：华南理工大学，2005.

[146] 杨展辉. 岭南水乡形态与文化研究 [D]. 广州：华南理工大学，2006.

[147] 中国统计年鉴 2000. 中国统计信息网：www.stats.gov.cn.

[148] 佛山市政府网. http：//www.foshan.gov.cn/zjfs/fsjj _ 2.

[149] 佛山市规划局网. http：//www.fsgh.gov.cn/News.aspx? id＝20081008150329.

[150] 佛山市禅城区规划分局. http：//ghfj.chancheng.gov.cn/infomation/readInfo.asp.

后 记

本书是我在博士论文的基础上进行更新研究后完成，书稿修改完毕之际，回想在华南理工大学的读博历程，历时数年的艰辛探索依然历历在目。

首先要衷心感谢我的导师孙一民教授，感谢他在这么多年时间里的悉心指导和不倦教诲。孙老师学识渊博，治学严谨，对设计、教学、研究均有独到的见解，他虽获无数荣誉却仍保持积极的批判和探索精神更是对学生无形的鞭策。在此，对孙老师及夫人张春阳教授——我在华工读本科建筑设计的启蒙老师表示衷心的致意和感谢。

在论文的写作过程中，特别是关于传统城镇村落空间的资料和调研，我得到了吴庆洲、陆琦教授等老一辈专家的悉心指导；感谢田银生、王世福、周剑云、刘管平等老师在预答辩时对我的论文提出了宝贵的修改意见。我曾有幸与他们共事，也深知他们学问之广和对学生提出的更高要求。对魏开老师亦师亦友的指导和帮助，不胜感激。

感谢冯江和周毅刚老师在论文写作方面的指导，感谢林昆、江泓、李敏稚、王璐、苏平、孙永生等兄弟姐妹在生活、学习上的关心和友爱。还要感谢同室好友涂劲鹏在整个学习过程中的互相鼓励，互相支持。在历时数年的调研过程中，我走遍珠三角大小城镇，对各地历史图书、规划资料进行收集。在此也要感谢广州中山图书馆、文献馆和佛山市图书馆、档案馆，各地规划局系统有关人士提供的热情支持和协助。特别感谢顺德的朋友萧志华、黄建武和陈碧云，顺德规划设计研究院的欧阳尚贤，北教文化站的苏禹、陈蕾等同志的多方面帮助，使我获得了许多一手的资料。

当然，给我帮助和指导的良师益友不能一一尽数。最后要感谢的是父母、妻女的无私奉献和关心，没有他们，我无法独自完成如此艰巨的任务。

在博士毕业后，我在设计院、房地产公司、高校都有工作过，体会到不同的工作内容切换、压力增加、沮丧喜悦共存。近年对城镇公共空间的持续关注和研究，也是跟我的工作性质息息相关，也算内心保留着的一点点热情。掩卷而思，文字虽告一段落，但尚有许多改进之处。人生的路还长，仍需继续努力！仅此自勉。

梅策迎

2019 年 4 月 8 日